"信息化与信息社会"系列丛书编委会名单

编 委 会 主 任　曲维枝

编 委 会 副 主 任　周宏仁　张尧学　徐　愈

编 委 会 委 员　何德全　邬贺铨　高新民　高世辑　张复良　刘希俭
　　　　　　　　刘小英　李国杰　秦　海　赵泽良　杜　链　朱森第
　　　　　　　　方欣欣　陈国青　李一军　李　琪　冯登国

编委会秘书处　廖　瑾　刘宪兰　刘　博　等

高等学校信息管理与信息系统专业系列教材编委会名单

专业编委会顾问　（以汉字拼音为序）
　　　　　　　　陈　静　杜　链　冯惠玲　高新民　黄梯云　刘希俭
　　　　　　　　王安耕　汪玉凯　王众托　邬贺铨　杨国勋　周汉华
　　　　　　　　周宏仁　朱森第

专业编委会主任　陈国青　李一军

专业编委会委员　（以汉字拼音为序）
　　　　　　　　陈国青　陈　禹　胡祥培　黄丽华　李　东　李一军
　　　　　　　　马费成　王刊良　杨善林

专业编委会秘书　闫相斌　卫　强

本 书 主 审　杨善林

工业和信息化部"十二五"规划教材
"信息化与信息社会"系列丛书之
高等学校信息管理与信息系统专业系列教材

决策支持系统
（第2版）

谭跃进　黄金才　朱　承　编著

电子工业出版社
Publishing House of Electronics Industry
北京·BEIJING

内 容 简 介

决策支持系统是信息管理与信息系统专业领域的重要研究内容之一。随着管理科学、人工智能，尤其是互联网、物联网、大数据、云计算等新兴信息技术的不断发展，决策支持系统的作用更加突出。本书从理论方法和设计开发等方面讲述了决策支持系统的基本概念、关键技术和应用案例。全书分为 9 章，主要内容包括，决策支持系统的基本概念、发展现状、典型结构、决策方法、关键技术、分析设计和应用案例。本书既可作为高等学校管理类和计算机科学与应用专业本科生的教材，亦可作为相关专业研究生和信息管理与信息系统设计开发人员的参考书。

未经许可，不得以任何方式复制或抄袭本书之部分或全部内容。
版权所有，侵权必究。

图书在版编目（CIP）数据

决策支持系统 / 谭跃进，黄金才，朱承编著. —2 版. —北京：电子工业出版社，2015.11
（"信息化与信息社会"系列丛书）
高等学校信息管理与信息系统专业系列教材
ISBN 978-7-121-27546-3

Ⅰ. ①决… Ⅱ. ①谭… ②黄… ③朱… Ⅲ. ①决策支持系统－高等学校－教材 Ⅳ. ①TP399

中国版本图书馆 CIP 数据核字（2015）第 267040 号

策划编辑：刘宪兰
责任编辑：徐蔷薇　　特约编辑：贺云飞
印　　刷：北京虎彩文化传播有限公司
装　　订：北京虎彩文化传播有限公司
出版发行：电子工业出版社
　　　　　北京市海淀区万寿路 173 信箱　邮编　100036
开　　本：787×1092　1/16　印张：18.5　字数：371 千字
版　　次：2011 年 6 月第 1 版
　　　　　2015 年 11 月第 2 版
印　　次：2021 年 3 月第 6 次印刷
定　　价：78.00 元

凡所购买电子工业出版社图书有缺损问题，请向购买书店调换。若书店售缺，请与本社发行部联系，联系及邮购电话：(010) 88254888。
质量投诉请发邮件至 zlts@phei.com.cn，盗版侵权举报请发邮件至 dbqq@phei.com.cn。
服务热线：(010) 88258888。

第一作者简介

谭跃进，1985年国防科学技术大学系统工程专业研究生毕业，硕士学位，1994年任国防科学技术大学信息系统与管理学院教授，管理科学与工程和军事装备学博士生导师，享受政府特殊津贴，现任国防科学技术大学社会科学学部常务副主任。

主要学术兼职：中国管理科学与工程学会副理事长，中国系统工程学会和中国管理现代化研究会常务理事，总装备部某专业组副组长，全军装备科学管理专家组副组长，国际系统工程协会（INCOSE）中国南方分会副主席，湖南省系统工程与管理学会名誉理事长，湖南省电子学会、宇航学会副理事长等。

主要学术成就：曾获军队科技进步一等奖2项、二等奖7项，获国家级教学成果二等奖1项、省部级教学成果二等奖5项；发表学术论文100余篇，其中SCI检索34篇、EI检索58篇，出版著作、教材12部。

第 2 版总序

信息化是世界经济和社会发展的必然趋势。近年来，在党中央、国务院的高度重视和正确领导下，中国信息化建设取得了积极进展，信息技术对提升工业技术水平、创新产业形态、推动经济社会发展发挥了重要作用。信息技术已成为经济增长的"倍增器"、发展方式的"转换器"、产业升级的"助推器"。

作为国家信息化领导小组的决策咨询机构，国家信息化专家咨询委员会按照党中央、国务院领导同志的要求，就中国信息化发展中的前瞻性、全局性和战略性的问题进行调查研究，提出政策建议和咨询意见。信息技术和信息化所具有的知识密集的特点，决定了人力资本将成为国家在信息时代的核心竞争力。因此，大量培养符合中国信息化发展需要的人才是国家信息化发展的一个紧迫需求，也是中国推动经济发展方式转变，提高在信息时代参与国际竞争比较优势的关键。2006 年 5 月，中国公布《2006—2020 年国家信息化发展战略》，提出"提高国民信息技术应用能力，造就信息化人才队伍"是国家信息化推进的重点任务之一，并要求构建以学校教育为基础的信息化人才培养体系。

为了促进上述目标的实现，国家信息化专家咨询委员会致力于通过讲座、论坛、出版等各种方式推动信息化知识的宣传、教育和培训工作。2007 年，国家信息化专家咨询委员会联合中华人民共和国教育部、原国务院信息化工作办公室成立了"信息化与信息社会"系列丛书编委会，共同推动"信息化与信息社会"系列丛书的组织编写工作。编写该系列丛书的目的是力图结合中国信息化发展的实际和需求，针对国家信息化人才教育和培养工作，有效梳理信息化的基本概念和知识体系，通过高校教师、信息化专家、学者与政府官员之间的相互交流和借鉴，充实中国信息化实践中的成功案例，进一步完善中国信息化教学的框架体系，提高中国信息化图书的理论和实践水平。毫无疑问，从国家信息化长远发展的角度来看，这是一项具有全局性、前瞻性和基础性的工作，是贯彻落实国家信息化发展战略的一项重要举措，对于推动国家的信息化人才教育和培养工作，加强中国信息化人才队伍的建设具有重要意义。

考虑到当时国家信息化人才培养的需求，各个专业和不同教育层次（博士生、硕士生、本科生）的需要，以及教材开发的难度和编写进度时间等问题，"信息化与信息社会"系列丛书编委会采取了集中全国优秀学者和教师，分期、分批出版高质量的信息化教育丛书的方式，结合高校专业课程设置情况，在"十一五"期间，先后组织出版了"信息管理与信息系统"、"电子商务"、"信息安全"三套本科专业高等学校系列教材，受到高校相关学科专业师生的热烈欢迎，并得到业内专家与教师的一致好评和高度评价。

但是，随着时间的推移和信息技术的快速发展，上述专业的教育面临着持续更新、不断完善的迫切要求，日新月异的技术发展及应用变迁也不断对新时期的人才队伍建设和人才培养提出新要求。因此，"信息管理与信息系统"、"电子商务"、"信息安全"三个专业教育需以综合的视角和发展的眼光不断对自身进行调整和丰富，已出版的教材内容也需及时进行更新和调整，以满足需求。

这次，高等学校"信息管理与信息系统"、"电子商务"、"信息安全"三套系列教材的修订是在涵盖第 1 版主题内容的基础上进行的更新和调整。我们希望在内容构成上，既保持第 1 版教材基础的经典内容，又要介绍主流的知识、方法和工具，以及最新的发展趋势，同时增加部分案例或实例，使每一本教材都有明确的定位，分别体现"信息管理与信息系统"、"电子商务"、"信息安全"三个专业领域的特征，并在结合中国信息化发展实际特点的同时，选择性地吸收国际上相关教材的成熟内容。

对于这次三套系列教材（以下简称系列教材）的修订，我们仍提出了基本要求，包括信息化的基本概念一定要准确、清晰，既要符合中国国情，又要与国际接轨；教材内容既要符合本科生课程设置的要求，又要紧跟技术发展的前沿，及时地把新技术、新趋势、新成果反映在教材中；教材还必须体现理论与实践的结合，要注意选取具有中国特色的成功案例和信息技术产品的应用实例，突出案例教学，力求生动活泼，达到帮助学生学以致用的目的，等等。

为力争修订教材达到一贯秉承的精品要求，"信息化与信息社会"系列丛书编委会采用了多种手段和措施保证系列教材的质量。首先，在确定每本教材的第一作者的过程中引入了竞争机制，通过广泛征集、自我推荐和网上公示等形式，吸收优秀教师、企业人才和知名专家参与写作；其次，将国家信息化专家咨询委员会有关专家纳入各个专业编委会中，通过召开研讨会和广泛征求意见等多种方式，吸纳国家信息化一线专家、工作者的意见和建议；最后，要求各专业编委会对教材大纲、内容等进行严格的审核，并对每本教材配有一至两位审稿专家。

我们衷心期望，系列教材的修订能对中国信息化相应专业领域的教育发展和教学水平的提高有所裨益，对推动中国信息化的人才培养有所贡献。同时，我们也借系列教材修订出版的机会，向所有为系列教材的组织、构思、写作、审核、编辑和出版等做出贡献的专家学者、教师和工作人员表达我们最真诚的谢意！

应该看到，组织高校教师、专家学者、政府官员及出版部门共同合作，编写尚处于发展动态之中的新兴学科的高等学校教材，有待继续尝试和不断总结经验，也难免会出现这样或那样的缺点和问题。我们衷心希望使用该系列教材的教师和学生能够不吝赐教，帮助我们不断地提高系列教材的质量。

曲伟枝
2013 年 11 月 1 日

第 1 版总序

　　信息化是世界经济和社会发展的必然趋势。近年来,在党中央、国务院的高度重视和正确领导下,中国信息化建设取得了积极进展,信息技术对提升工业技术水平、创新产业形态、推动经济社会发展发挥了重要作用。信息技术已成为经济增长的"倍增器"、发展方式的"转换器"、产业升级的"助推器"。

　　作为国家信息化领导小组的决策咨询机构,国家信息化专家咨询委员会一直在按照党中央、国务院领导同志的要求就信息化前瞻性、全局性和战略性的问题进行调查研究,提出政策建议和咨询意见。信息技术和信息化所具有的知识密集的特点,决定了人力资本将成为国家在信息时代的核心竞争力。因此,大量培养符合中国信息化发展需要的人才已成为国家信息化发展的一个紧迫需求,成为中国应对当前严峻经济形势,推动经济发展方式转变,提高在信息时代参与国际竞争比较优势的关键。2006 年 5 月,中国公布《2006—2020 年国家信息化发展战略》,提出"提高国民信息技术应用能力,造就信息化人才队伍"是国家信息化推进的重点任务之一,并要求构建以学校教育为基础的信息化人才培养体系。

　　为了促进上述目标的实现,国家信息化专家咨询委员会一直致力于通过讲座、论坛、出版等各种方式推动信息化知识的宣传、教育和培训工作。2007 年,国家信息化专家咨询委员会联合中华人民共和国教育部、原国务院信息化工作办公室成立了"信息化与信息社会"系列丛书编委会,共同推动"信息化与信息社会"系列丛书的组织编写工作。编写该系列丛书的目的,是力图结合中国信息化发展的实际和需求,针对国家信息化人才教育和培养工作,有效梳理信息化的基本概念和知识体系,通过高校教师、信息化专家、学者与政府官员之间的相互交流和借鉴,充实中国信息化实践中的成功案例,进一步完善中国信息化教学的框架体系,提高中国信息化图书的理论和实践水平。毫无疑问,从国家信息化长远发展的角度来看,这是一项具有全局性、前瞻性和基础性的工作,是贯彻落实国家信息化发展战略的一项重要举措,对于推动国家的信息化人才教育和培养工作,加强中国信息化人才队伍的建设具有重要意义。

　　考虑当前国家信息化人才培养的需求、各个专业和不同教育层次(博士生、硕士生、本科生)的需要,以及教材开发的难度和编写进度时间等问题,"信息化与信息社会"系列丛书编委会采取了集中全国优秀学者和教师、分期分批出版高质量的信息化教育丛书的方式，根据当前高校专业课程设置情况，先开发"信息管理与信息系统"、"电子商务"、"信息安全"三个本科专业高等学校系列教材，随后再根据中国信息化和高等学校相关专业发展的情况陆续开发其他专业和类别的图书。

对于新编的三套系列教材（以下简称系列教材），我们寄予了很大希望，也提出了基本要求，包括信息化的基本概念一定要准确、清晰，既要符合中国国情，又要与国际接轨；教材内容既要符合本科生课程设置的要求，又要紧跟技术发展的前沿，及时地把新技术、新趋势、新成果反映在教材中；教材还必须体现理论与实践的结合，要注意选取具有中国特色的成功案例和信息技术产品的应用实例，突出案例教学，力求生动活泼，达到帮助学生学以致用的目的，等等。

为力争出版一批精品教材，"信息化与信息社会"系列丛书编委会采用了多种手段和措施保证系列教材的质量。首先，在确定每本教材的第一作者的过程中引入了竞争机制，通过广泛征集、自我推荐和网上公示等形式，吸收优秀教师、企业人才和知名专家参与写作；其次，将国家信息化专家咨询委员会有关专家纳入各个专业编委会中，通过召开研讨会和广泛征求意见等多种方式，吸纳国家信息化一线专家、工作者的意见和建议；最后，要求各专业编委会对教材大纲、内容等进行严格的审核，并对每一本教材配有一至两位审稿专家。

如今，我们很高兴地看到，在中华人民共和国教育部和原国务院信息化工作办公室的支持下，通过许多高校教师、专家学者及电子工业出版社相关工作人员的辛勤努力和付出，"信息化与信息社会"系列丛书中的三套系列教材即将陆续和读者见面。

"信息化与信息社会"系列丛书编委会衷心期望，系列教材的出版和使用能对中国信息化相应专业领域的教育发展和教学水平的提高有所裨益，对推动中国信息化的人才培养有所贡献。同时，"信息化与信息社会"系列丛书编委会也借系列教材开始陆续出版的机会，向所有为系列教材的组织、构思、写作、审核、编辑、出版等做出贡献的专家学者、教师和工作人员表达最真诚的谢意！

应该看到，组织高校教师、专家学者、政府官员及出版部门共同合作，编写尚处于发展动态之中的新兴学科的高等学校教材，还是一个初步的尝试。其中，固然有许多的经验可以总结，也难免会出现缺点和问题。"信息化与信息社会"系列丛书编委会衷心地希望使用系列教材的教师和学生能够不吝赐教，不断地提高系列教材的质量。

曲维枝
2008 年 12 月 15 日

第 2 版序言

在移动计算、物联网、云计算等一系列新兴技术的支撑下,网络生活、社交媒体、协同创造、虚拟服务等新型应用模式持续拓展着人类创造和利用信息的范围与形式。这些日新月异的新兴技术与应用模式的涌现,使得全球数据量呈现前所未有的爆发式增长态势。同时,数据复杂性也急剧增加,其多样性(多源、异构、多模态和富媒体等)、低价值密度(信息不相关性和高"提纯"难度等)、实时性(流信息和连续商务等)特征日益显著。可以说我们已经进入"大数据"时代。数据已经渗透到每一个行业和领域,成为国家宏观调控和治理,社会各行各业管理和技术应用的基础和要素。

大数据时代的管理喻意可以从两个方面来概括,即"三个融合"和"三新"。"三个融合"指 IT 融合(信息技术与社会生活及企业业务的密不可分性)、内外融合(企业外部数据与内部数据整合的重要性)和价值融合(企业"造"与"用"价值创造的模式创新性)。这三个融合意味着:① 越来越多的传统管理和决策成为基于数据分析的管理和决策,如数字化生存、数据运营、深度业务分析(Business Analytics,BA)核心能力等;② 用户/公众创造内容(UGC/PGC),如评论、口碑、商誉、舆情和社会网络等成为企业活动的重要关注点;③ 企业的价值创造过程日益体现出"无形围绕有形"的互动,如"服务围绕产品"的业务拓展方式等。而"三新"则指大数据时代催生的新模式、新业态和新人群。这意味着:① 现有企业需要升级转型,如数据驱动的精益管理和模式创新等;② 新兴业态在诞生和发展,如赛博空间生活和众包等;③ 信息社会中"移民"和"原住民"的多样化生存,如新型客户关系、新式企业文化和新颖行为特点等。大数据时代管理喻意的上述两个方面反映了大数据时代管理理论和实践的变化特征,其中前者主要体现管理领域和视角上的变化,后者则主要体现管理主体和方式上的变化。

在中国信息化与工业化、城镇化和农业现代化同步发展的背景下,展望中国信息化发展的未来,信息技术应用将持续呈现出在物联网和智慧城市建设、云平台和大数据分析、新兴电子商务应用、企业信息化新拓展、绿色信息化路径等领域的主流现象和发展趋势,也为高等学校"信息管理与信息系统"专业建设和人才培养在新形势下带来新的挑战和机遇。

"信息管理与信息系统"作为一个快速更迭、动态演进的学科专业,必须以综合的视角和发展的眼光不断对自身进行调整和丰富,以适应新时代前进的步伐。高等学校信息管理与信息系统专业系列教材的第 2 版修订，就是希望通过更为系统化的逻辑体系和更具前瞻性的内容组织，帮助信息管理与信息系统专业相关领域的学生及实践者更好地理解现代信息系统在"造"（技术）和"用"（管理）维度上的分野和统一，掌握相关的基础知识和基本技能，特别包括企业进行数据运营、利用深度业务分析（BA）构建核心竞争能力方面的基础知识和技能。

本次对高等学校信息管理与信息系统专业系列教材的修订，在基本保留第 1 版主要内容的框架基础上，仍然强调把握领域知识的"基础、主流与发展"的关系，并体现"管理与技术并重"的领域特征。同时，在整个系列和相关教材内容中，从领域发展与知识点的角度，以不同程度和形式反映新技术时代的特点（如云计算和大数据这一新型计算模式）、IT 应用特征（如移动性、虚拟性、个性化、社会性和极端数据）、信息化拓展（如两化深度融合和企业外部数据分析）、新兴电子商务应用（如移动商务、社会化商务和O2O）、搜索方法与服务（如关键词搜索与营销、信息检索与匹配）、IT 战略与管理（如服务管理、伙伴管理、业务安全管理和连续商务管理）等。希望通过系列教材专业编委会的共同努力，第 2 版系列教材能够成为高等学校信息管理与信息系统专业及相关专业学生循序渐进地了解和掌握专业知识的系统性学习材料，成为大数据环境下从业人员及管理者的有益参考资料。

本系列教材的编写和修订得到了多方面的帮助与支持。在此，感谢国家信息化专家咨询委员会及高等学校信息管理与信息系统系列教材编委会专家们对教材体系设计的指导和建议，感谢教材编写者在时间和精力上的大量投入及所在单位给予的大力支持，感谢参与本系列教材研讨和编审的各位专家、学者的真知灼见！同时，对电子工业出版社在本系列教材整个出版过程中所做的努力深表谢意！

由于时间和水平有限，第 2 版系列教材在内容上肯定存在不足和不尽如人意之处，恳请广大读者批评指正。

高等学校信息管理与信息系统
专业系列教材编委会
2013 年 12 月于北京

第 1 版序言

日新月异的技术发展及应用变迁不断给信息系统的建设者与管理者带来新的机遇和挑战。例如，以 Web 2.0 为代表的社会性网络应用的发展深层次地改变了人们的社会交往行为及协作式知识创造的形式，进而被引入企业经营活动中，创造出内部 Wiki(Internal Wiki)、预测市场（Prediction Market）等被称为"Enterprise 2.0"的新型应用，为企业知识管理和决策分析提供了更为丰富而强大的手段；以"云计算"（Cloud Computing）为代表的软件和平台服务技术，将 IT 外包潮流推向了一个新的阶段，像电力资源一样便捷易用的 IT 基础设施和计算能力已成为可能；以数据挖掘为代表的商务智能技术，使得信息资源的开发与利用在战略决策、运作管理、精准营销、个性化服务等各个领域发挥出难以想象的巨大威力。对于不断推陈出新的信息技术与信息系统应用的把握和驾驭能力，已成为现代企业及其他社会组织生存发展的关键要素。

2008 年中国互联网络信息中心（CNNIC）发布的《第 23 次中国互联网络发展状况统计报告》显示，中国的互联网用户数量已超过 2.98 亿人，互联网普及率达到 22.6%，网民规模全球第一。与 2000 年相比，中国互联网用户的数量增长了 12 倍。换句话说，在过去的 8 年间，有 2.7 亿中国人开始使用互联网。可以说，这样的增长速度是世界上任何其他国家所无法比拟的，并且可以预期，在今后的数年中，这种令人瞠目的增长速度仍将持续，甚至进一步加快。伴随着改革开放的不断深入，互联网的快速渗透推动着中国经济、社会环境大步迈向信息时代。从而，中国"信息化"进程的重心，也从企业生产活动的自动化，转向了全球化、个性化、虚拟化、智能化、社会化环境下的业务创新与管理提升。

长期以来，信息化建设一直是中国国家战略的重要组成部分，也是国家创新体系的重要平台。近年来，国家在中长期发展规划及一系列与发展战略相关的文件中充分强调了信息化、网络文化和电子商务的重要性，指出信息化是当今世界发展的大趋势，是推动经济社会发展和变革的重要力量。《2006—2020 年国家信息化发展战略》提出要能"适应转变经济增长方式、全面建设小康社会的需要，更新发展理念，破解发展难题，创新发展模式"，这充分体现出信息化在中国经济、社会转型过程中的深远影响，同时也是对新时期信息化建设和人才培养的新要求。

在这样的形势下，一方面，信息管理与信息系统领域的专业人才，只有依靠开阔的视野和前瞻性的思维，才有可能在这迅猛的发展历程中紧跟时代的脚步，并抓住机遇做出开拓性的贡献。另一方面，信息时代的经营、管理人才及知识经济环境下各行各业的专业人才，也需要拥有对信息技术发展及其影响力的全面认识和充分的领悟，才能在各自的领域之中把握先机。

因此，信息管理与信息系统的专业教育也面临着持续更新、不断完善的迫切要求。中国信息系统相关专业的教育已经历了较长时间的发展，形成了较为完善的体系，其成效也已初步显现，为中国信息化建设培养了一大批骨干人才。但仍然应该清醒地意识到，作为一个快速更迭、动态演进的学科，信息管理与信息系统专业教育必须以综合的视角和发展的眼光不断对自身进行调整和丰富。本系列教材的编撰，就是希望能够通过更为系统化的逻辑体系和更具前瞻性的内容组织，帮助信息管理与信息系统相关领域的学生及实践者更好地掌握现代信息系统建设与应用的基础知识和基本技能，同时了解技术发展的前沿和行业的最新动态，形成对新现象、新机遇、新挑战的敏锐洞察力。

本系列教材旨在于体系设计上较全面地覆盖新时期信息管理与信息系统专业教育的各个知识层面，既包括宏观视角上对信息化相关知识的综合介绍，也包括对信息技术及信息系统应用发展前沿的深入剖析，同时还提供了对信息管理与信息系统建设各项核心任务的系统讲解。此外，对一些重要的信息系统应用形式也进行了重点讨论。本系列教材主题涵盖信息化概论、信息与知识管理、信息资源开发与管理、管理信息系统、商务智能原理与方法、决策支持系统、信息系统分析与设计、信息组织与检索、电子政务、电子商务、管理系统模拟、信息系统项目管理、信息系统运行与维护、信息系统安全等内容。在编写中注意把握领域知识上的"基础、主流与发展"的关系，体现"管理与技术并重"的领域特征。我们希望，这套系列教材能够成为相关专业学生循序渐进了解和掌握信息管理与信息系统专业知识的系统性学习材料，同时也成为知识经济环境下从业人员及管理者的有益参考资料。

作为普通高等教育"十一五"国家级规划教材，本系列教材的编写得到了多方面的帮助和支持。在此，我们感谢国家信息化专家咨询委员会及高等学校信息管理与信息系统系列教材编委会专家们对教材体系设计的指导和建议；感谢教材编写者的大量投入及所在各单位的大力支持；感谢参与本系列教材研讨和编审的各位专家、学者的真知灼见。同时，我们对电子工业出版社在本系列教材编辑和出版过程中所做的各项工作深表谢意。

由于时间和水平有限，本系列教材难免存在不足之处，恳请广大读者批评指正。

高等学校信息管理与信息系统
专业系列教材编委会
2009年1月

第 2 版前言

数据信息缺乏的时代已经过去,我们迎来了大数据时代。以互联网、物联网、云计算、大数据等为代表的新兴信息技术的广泛应用,使得决策支持系统研究更加关注组织外部信息对决策的影响,注重大数据的分析和决策。随着管理理论、行为科学、人工智能等相关学科的不断发展,决策支持系统逐步向着高智能化、高集成化和综合化方向发展,不断提升系统的知识管理与知识综合应用能力,成为人们决策活动中不可缺少的助手。

决策支持系统是信息管理与信息系统专业的重要课程,本书在第 1 版的基础上,按照决策支持系统课程本科教学大纲的要求和新的时代要求,对内容进行了较大的修改和调整,补充了一些新的内容。本书第 2 版由谭跃进教授负责构思和统稿,并修订撰写了第 1 章、第 2 章,以及第 4 章的部分内容,黄金才教授修订撰写了第 3~9 章的主要内容,朱承研究员修订撰写了第 5、6、7、9 章的部分内容。

本书既可以作为高等学校管理类和计算机科学与应用专业本科生的教材,也可以作为相关专业研究生和信息管理与信息系统设计开发人员的参考书。

在修订撰写过程中,得到杨晓庆秘书以及符春晓、梁杰、和钰硕士生的大力支持和帮助,在此表示衷心的感谢!其他致谢在第 1 版前言中提到,这里再一次表示衷心的感谢!

虽然在第 2 版的撰写中,对第 1 版的疏漏和错误进行了更正,但由于作者的水平所限,书中疏漏和错误之处仍然在所难免,敬请广大读者和同事们批评指正。

作　者
2015 年 7 月于北京

第1版前言

决策支持系统是信息管理与信息系统专业领域的重要研究内容之一，是在管理信息系统、运筹学、行为科学、系统工程的基础上发展起来的，以计算机技术、仿真技术和信息技术等为手段，支持决策活动的人-机系统，用来支持制定复杂决策问题的解决方案，最终帮助决策者做出更好的决策，提高科学决策水平。

本书按照"决策支持系统"课程本科教学大纲的要求，较为系统地介绍了决策支持系统的基本理论和设计开发方法。全书分为9章，主要内容包括：决策支持系统的基本概念、发展现状、典型结构、决策方法、模型与决策支持、数据与决策支持、知识与决策支持、协同与群决策支持等关键技术，以及分析设计开发工具和应用案例。对于高等学校管理类和计算机科学与应用专业的本科生来说，重点要掌握的是决策支持系统的三部件结构（或称子系统），即对话部件（人-机交互子系统）、模型部件[模型库（MB）和模型库管理系统（MBMS）]和数据部件[数据库（DB）和数据库管理系统（DBMS）]，了解决策支持系统（DSS）与管理信息系统（MIS）的联系和区别。

在长期从事各类决策支持系统的研究开发中，作者不断把相关研究成果总结和凝练到教材中去。在整理和编写这本书之前，已有我院的陈文伟教授和邓苏教授等分别出版了决策支持系统的研究生教材，为出版这本本科生的决策支持系统教材提供了很好的示范和借鉴作用。

本书由谭跃进教授负责构思和统稿，并撰写了第1章和第2章，黄金才副教授撰写了第3~9章的主要内容，朱承副教授协助完成了第5、6、7、9章的部分内容。

本书既可以作为高等学校管理类和计算机科学与应用专业本科生的教材，也可以作为相关专业研究生和信息管理与信息系统设计开发人员的参考书。

本书是普通高等教育"十一五"国家级规划教材，是"信息化与信息社会"系列丛书之高等学校信息管理与信息系统专业系列教材之一，在写作过程中，得到了"信息化与信息社会"系列丛书编委会的大力支持，得到了高等学校信息管理与信息系统专业系列教材编委会两位主任陈国清教授、李一军教授的信任和指导，在此表示衷心的感谢！陈文伟教授长期从事决策支持系统的教学和研究工作，培养了一批从事决策支持系统研究的教师和博士，做出了不可磨灭的贡献，在此表示衷心的感谢！本书还得到我院张维明教授、陈英武教授、邓苏教授、武小悦教授、刘青宝教授和同事们的帮助和指导，在此表示衷心的感谢！最后，还要感谢博士生徐一帆、杨志伟为本书付出的大量心血。

由于作者的水平所限，书中疏漏和错误之处在所难免，敬请广大读者和同事们批评指正。

作 者

2011 年 6 月于长沙

目　录

第1章　绪论 1
- 1.1 决策支持系统的基本概念 3
  - 1.1.1 决策支持系统的定义 3
  - 1.1.2 决策支持系统的基本特性 4
- 1.2 决策支持系统的发展与研究现状 5
  - 1.2.1 决策支持系统的发展 5
  - 1.2.2 决策支持系统的研究现状 6
  - 1.2.3 决策支持系统研究面临的挑战 9
- 1.3 决策支持系统的框架结构和分类 10
  - 1.3.1 决策支持系统的基本框架 10
  - 1.3.2 决策支持系统的分类 12
  - 1.3.3 决策支持系统与管理信息系统的关系 18
- 本章小结 19
- 本章习题 20

第2章　决策、决策系统与决策支持 21
- 2.1 决策与决策过程 22
  - 2.1.1 决策的概念 22
  - 2.1.2 决策问题的要素 23
  - 2.1.3 决策问题的分类 24
  - 2.1.4 决策过程 25
  - 2.1.5 决策的复杂性 29
- 2.2 决策系统和决策模型 30
  - 2.2.1 决策系统的定义 30
  - 2.2.2 决策模型方法 31
- 2.3 决策支持理论与方法 33
  - 2.3.1 决策支持的概念 33
  - 2.3.2 决策支持的理论体系 36
- 本章小结 37
- 本章习题 37

第3章 决策支持系统结构与分类 ······ 39

3.1 决策支持系统结构 ······ 40
- 3.1.1 Spraque 的三部件结构 ······ 40
- 3.1.2 Bonczek 的三系统结构 ······ 40
- 3.1.3 陈文伟教授的综合结构 ······ 42
- 3.1.4 扩展的六系统结构 ······ 43

3.2 决策支持系统种类 ······ 44
- 3.2.1 模型驱动的决策支持系统 ······ 45
- 3.2.2 数据驱动的决策支持系统 ······ 46
- 3.2.3 知识驱动的决策支持系统 ······ 46
- 3.2.4 协作驱动的决策支持系统 ······ 47
- 3.2.5 复合型决策支持系统 ······ 48

3.3 网络决策支持系统结构 ······ 50
- 3.3.1 网络决策支持系统概述 ······ 50
- 3.3.2 网络决策支持系统逻辑结构 ······ 52
- 3.3.3 网络决策支持系统物理结构 ······ 55

本章小结 ······ 57
本章习题 ······ 57

第4章 模型与决策支持 ······ 59

4.1 模型与建模 ······ 60
- 4.1.1 什么是模型 ······ 60
- 4.1.2 建模过程 ······ 62
- 4.1.3 模型表示 ······ 63
- 4.1.4 常用的几类数学模型 ······ 64

4.2 模型管理 ······ 69
- 4.2.1 模型管理的概念 ······ 69
- 4.2.2 模型管理系统的结构 ······ 69
- 4.2.3 模型库管理的关键问题 ······ 70

4.3 分布式模型管理系统 ······ 75
- 4.3.1 基于 Web Services 的模型管理系统 ······ 75
- 4.3.2 基于智能 Agent 的模型管理系统 ······ 76
- 4.3.3 基于 C/S 的模型服务器 ······ 77

4.4 基于模型的决策支持 ······ 79
- 4.4.1 线性规划模型 ······ 79
- 4.4.2 多目标规划模型 ······ 80

4.5 多模型组合的决策支持 ······ 86
- 4.5.1 多模型组合问题 ······ 86
- 4.5.2 橡胶配方决策问题案例 ······ 88

本章小结 … 92
本章习题 … 92

第5章 数据与决策支持 … 93

5.1 数据与决策 … 94
5.2 数据与集成 … 96
- 5.2.1 数据模型 … 96
- 5.2.2 数据质量 … 97
- 5.2.3 数据集成 … 98

5.3 数据仓库与决策支持 … 100
- 5.3.1 数据仓库概念 … 100
- 5.3.2 数据组织 … 105
- 5.3.3 系统结构 … 107
- 5.3.4 数据仓库的运行结构 … 109

5.4 OLAP与决策支持 … 110
- 5.4.1 基本概念 … 110
- 5.4.2 OLAP特征 … 111
- 5.4.3 OLAP与多维分析 … 112
- 5.4.4 OLAP分析手段 … 114

5.5 数据挖掘与决策支持 … 115
- 5.5.1 数据挖掘概念 … 115
- 5.5.2 数据挖掘过程 … 115
- 5.5.3 数据挖掘任务 … 116
- 5.5.4 数据挖掘方法与技术 … 118

5.6 大数据与决策支持 … 125

本章小结 … 128
本章习题 … 128

第6章 知识与决策支持 … 129

6.1 知识的概念 … 130
- 6.1.1 知识的形态 … 130
- 6.1.2 知识与信息和数据的关系 … 130
- 6.1.3 人工智能技术 … 130

6.2 知识驱动决策支持系统结构 … 131
6.3 知识管理技术 … 133
- 6.3.1 知识获取 … 133
- 6.3.2 知识的组织与存储 … 135
- 6.3.3 知识管理系统 … 137

6.4 产生式规则专家系统 … 139
- 6.4.1 产生式专家系统概述 … 139

    6.4.2 产生式规则的表示 140
    6.4.3 产生式规则的获取 142
    6.4.4 产生式专家系统的推理 142
  6.5 神经网络专家系统 143
    6.5.1 神经网络原理及其基本要素 144
    6.5.2 反向传播模型 146
    6.5.3 神经网络专家系统的知识表示、推理机制和体系结构 148
  6.6 专家系统开发工具 JavaKBB 152
    6.6.1 JavaKBB 的知识表示方法 153
    6.6.2 JavaKBB 的实现 156
    6.6.3 JavaKBB 开发过程及实例 157
  本章小结 159
  本章习题 159

第 7 章 协作与群决策支持 161

  7.1 通信与协作 162
    7.1.1 协作概念 162
    7.1.2 通信支持工具 165
  7.2 群决策理论 167
    7.2.1 群决策的概念 168
    7.2.2 群决策的表示 169
    7.2.3 群决策的类型 171
    7.2.4 群决策的方法 172
  7.3 群决策支持系统 173
    7.3.1 群决策支持系统的概念 173
    7.3.2 群决策支持系统结构 177
    7.3.3 基于 MAS 的群决策支持系统 180
    7.3.4 群决策支持系统应用 185
  本章小结 191
  本章习题 191

第 8 章 决策支持系统开发 193

  8.1 决策支持系统计算结构 194
    8.1.1 基于 C/S 的计算结构 194
    8.1.2 基于 B/S 的计算结构 195
    8.1.3 基于 Web Services 的计算结构 196
  8.2 决策支持系统开发过程 197
    8.2.1 基于生命周期的开发过程 197
    8.2.2 基于原型法的开发过程 203
    8.2.3 决策支持系统开发关键技术 206

8.3 基于C/S的决策支持系统快速开发平台CS-DSSP ··· 210
8.3.1 CS-DSSP概述 ··· 210
8.3.2 CS-DSSP的使用过程 ··· 211
8.3.3 CS-DSSP可视化决策问题建模环境 ··· 213
8.3.4 CS-DSSP集成语言 ··· 215
8.4 基于Web Services技术的决策支持系统开发 ··· 220
8.4.1 Web Services技术架构 ··· 220
8.4.2 基于Web Services模型访问 ··· 224
8.4.3 基于Web Services的模型管理 ··· 226
本章小结 ··· 227
本章习题 ··· 227

第9章 决策支持系统案例与发展趋势 ··· 229
9.1 决策支持系统在中国的应用 ··· 230
9.1.1 在政府宏观经济管理和政府公共管理中的应用 ··· 230
9.1.2 在水资源规划和防洪防汛中的应用 ··· 231
9.1.3 在产业和行业规划与管理中的应用 ··· 232
9.1.4 在生态和环境控制管理中的应用 ··· 232
9.1.5 在金融和投资领域的应用 ··· 232
9.1.6 在企业生产运作中的应用 ··· 233
9.2 城市旅游行程规划决策支持系统 ··· 234
9.2.1 问题描述 ··· 234
9.2.2 决策支持系统的开发 ··· 234
9.2.3 系统的应用 ··· 237
9.3 面向服务网络规划的智能决策支持系统 ··· 239
9.3.1 问题描述 ··· 239
9.3.2 决策支持系统的开发 ··· 240
9.3.3 决策支持系统的应用 ··· 247
9.4 全国农业投资空间决策支持系统 ··· 248
9.4.1 问题描述 ··· 248
9.4.2 决策支持系统的开发 ··· 251
9.4.3 决策支持系统的应用 ··· 257
9.5 决策支持系统的发展趋势 ··· 259
9.5.1 决策支持系统概念和技术的发展 ··· 259
9.5.2 决策支持系统中智能技术应用的发展趋势 ··· 260
9.5.3 决策支持系统网络化发展趋势 ··· 264
9.5.4 决策支持系统综合化发展趋势 ··· 265
本章小结 ··· 266
本章习题 ··· 267

参考文献 ··· 269

第1章 绪　论

本章学习重点

- 决策支持系统的定义；
- 决策支持系统基本结构；
- 基于七库的决策支持系统框架结构；
- 决策支持系统的分类；
- 决策支持系统与管理信息系统的关系。

把决策作为一门学科来研究是 20 世纪 40 年代以后的事。美国管理学教授 Paul C. Nutt 调查发现,决策占用了决策者几乎一半的时间,企业家和政府官员时常面临各种决策问题的困扰。进一步的研究表明,在各种决策中,有一半的决策是失败的。管理科学与运筹学是运用模型来辅助决策的,决策包括决策分析方法和决策模式。最初的决策分析方法是以统计决策理论为基础,逐步由单目标决策扩展到多目标决策、由个体决策方法扩展到群决策、由静态决策扩展到动态决策等。随着新技术的发展,所需要解决的问题越来越复杂,所涉及的模型也越来越多。要解决一个大问题,需要十多个、几十个,以至上百个模型。这样,对多模型辅助决策问题,在决策支持系统出现之前,都要靠人来实现模型间的连接和组合,当模型数量比较多,特别是要反复调用有关模型以及进行模型间的数据交换时,决策变得很不方便。

20 世纪 70 年代,在决策领域的许多研究成果中最突出的成果是决策支持系统。决策支持系统的出现解决了由计算机自动组织和调用多模型的运行以及数据库中大量数据的存取和处理等问题,达到了更高层次的辅助决策能力。因此,决策支持系统需要模型库和模型库管理系统,把众多的模型有效地组织和存储起来,并且模型库和数据库要有机结合,适应人-机交互的需要。决策支持系统不同于管理信息系统的数据处理,也不同于单模型的数值计算,而是它们的有机结合和综合集成。决策支持系统既具有数据处理功能,又具有模型的数值计算功能和更强的人-机交互功能。因此,决策支持系统是一个计算机技术的解决方案,用来支持复杂的决策制定和问题解决。

进入 21 世纪,以互联网、物联网、云计算、大数据等为代表的新兴信息技术的广泛应用,使得事物之间的联系和交互变得越来越频繁和紧密。事物之间的联系以数据信息为纽带,以各种传感器和网络为手段,大大丰富了信息获取的能力。数据信息缺乏的时代已经过去,人类迎来了大数据时代。因此,如何有效利用收集到的各类数据信息,为社会和企业/组织带来更大的社会经济效益,成为许多专家和企业界人士十分关心的问题。目前,决策支持系统更加关注组织外部信息对决策的影响,更加注重基于大数据的分析和决策,不断强化知识管理的功能,提升系统的知识管理与知识综合应用能力。决策支持系统不同程度地改善着企业/组织的决策活动,以及决策者的素质和行为,从而改变了决策者和管理人员的思维及工作方式。决策支持系统与云计算、电子商务平台相结合,是一个集多学科知识和技术于一体的集成系统。随着管理理论、行为科学、人工智能等相关学科的不断发展,尤其是互联网、物联网、云计算、大数据等新兴信息技术的不断发展,决策支持系统的应用研究将不断深入,逐步向着高智能化、高集成化和综合化方向发展,成为人们决策活动中不可缺少的有力助手。

1.1 决策支持系统的基本概念

1.1.1 决策支持系统的定义

1971 年，Scott Morton 在《管理决策系统》一书中第一次提出了决策支持系统（Decision Support System，DSS）的概念，很快就吸引了专家们的关注。1975 年以后，决策支持系统作为这一领域的专有名词逐渐被大家认可。不少学者对决策支持系统给出了定义，比较典型的有以下三种定义。

1. R. H. Spraque 和 E. D. Carlson 对决策支持系统的定义

决策支持系统具有交互式计算机系统的特征，帮助决策者利用数据和模型去解决半结构化问题，并具有以下功能：

（1）解决高层管理者常碰到的半结构化和非结构化问题。

（2）把模型或分析技术与传统的数据存储和检索功能结合起来。

（3）以对话方式使用决策支持系统。

（4）能适应环境和用户要求的变化。

2. P. G. W. Keen 对决策支持系统的定义

决策支持系统是"决策"（D）、"支持"（S）、"系统"（S）三者汇集成的统一体，即通过不断发展的计算机系统技术（system），逐渐扩展支持能力（support），以达到更好的辅助决策（decision）。

3. S. S. Mittra 对决策支持系统的定义

决策支持系统是从数据库中找出必要的数据，并利用数学模型的功能，为用户产生所需要的信息。决策支持系统具有以下功能：

（1）为了做出决策，用户可以试探几种"如果，将如何"（what-if）的方案。

（2）决策支持系统必须具备一个数据库管理系统、一组以优化和非优化模型为形式的数学工具和一个能为用户开发决策支持系统资源的联机交互系统。

（3）决策支持系统结构由控制模块将数据存取模块、数据变换模块（检索数据、产生报表和图形）和模型建立模块（选择数学模型或采用模拟技术）三个模块连接起来实现决策问题的回答。

综合以上定义，可以将决策支持系统定义为：

决策支持系统是综合利用大量数据，有机组合众多模型，通过人-机交互，辅助各级决策者实现科学决策的系统。

决策支持系统的基本结构是由三部件结构（或称子系统）组成的，即对话部件（人-

机交互子系统)、模型部件［模型库（MB）和模型库管理系统（MBMS）］和数据部件［数据库（DB）和数据库管理系统（DBMS）］，如图1.1所示。

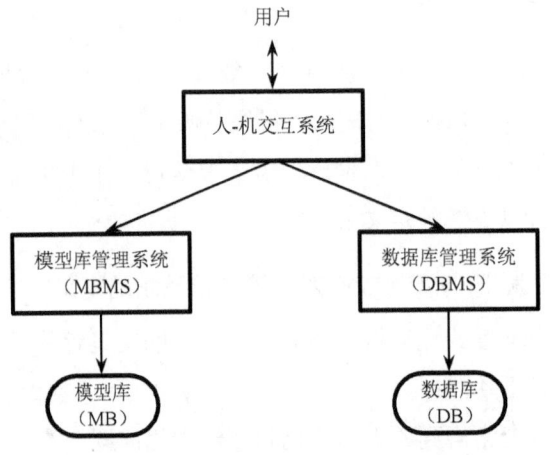

图1.1 决策支持系统基本结构

1.1.2 决策支持系统的基本特性

一般认为决策支持系统是以管理科学、运筹学、控制论和行为科学等学科为基础，以计算机技术、仿真技术和信息技术等为手段，支持决策活动的人-机系统。该系统能够为决策者提供决策所需的数据、信息和背景材料，帮助明确决策目标和进行问题的识别，建立或修改决策模型，提供各种备选方案，并且对各种方案进行评价和优选，通过人-机交互功能进行分析、比较和判断，为正确决策提供有效的支持。就其实质来讲，决策支持系统是把各种数据、信息、知识和模型等与计算机技术有机地结合起来，把决策理论与决策者的经验、主观愿望等结合起来，达到决策支持的一个计算机应用系统。

不同的人对决策支持系统有着不同的理解。决策支持系统可以广义地作为一个术语，用来描述任何支持决策制定的计算机应用系统。广义地讲，对决策者的决策起辅助作用的各种手段、工具等均可称为决策辅助工具（DA），决策辅助工具是用以支持决策活动的工具与手段的集合，其中也包括有关的决策分析人员。决策支持系统是基于计算机的辅助决策工具，是用以进行决策支持的计算机应用系统。

决策支持系统充分地利用有关的模型、方法、数据、知识等决策资源，辅助决策者进行创造性思维、逻辑推理和判断，从而达到有效决策的目的。决策支持系统不仅使用各种信息处理方法和各种定量的数学模型，而且能够模拟决策者的思维方式，将成功决策者的宝贵经验以知识的方式存放在系统中。

从以上决策支持系统的定义和叙述中可以看出，决策支持系统针对的是管理人员经常面临的结构化程度不高的决策问题,主要指对半结构化和非结构化问题的决策支持。系统运行结果不在于提高了多少工作效率,更重要的是能够产生有效的决策支持。决策支持系统把模型分析技术和人工智能等方法与数据存取与检索技术、分析与挖掘技术等相结合,支持包括多层次、多属性的决策活动以及决策活动中各阶段不同过程的决策问题。应该强调的是,决策支持系统只能支持决策的制定,而不是代替决策者制定决策。建立决策支持系统的另一个目的是开发一个人-机交互的决策问题处理系统,便于非计算机工作人员以更加灵活的方式使用,并且具有一定的对环境及用户决策方法与风格变化的灵活性和适应性。决策支持系统对决策的全过程进行支持,系统是开放式的。

综上所述,决策支持系统具有以下特性:

(1) 用定量方式辅助决策,而不是代替决策。
(2) 使用大量的数据和多个模型。
(3) 支持决策制定全过程。
(4) 为多个管理层次上的用户提供决策支持。
(5) 能支持相互独立的决策和相互依赖的决策。
(6) 用于半结构化决策领域。

1.2 决策支持系统的发展与研究现状

1.2.1 决策支持系统的发展

决策支持系统的发展大体上分为以下七个阶段:

(1) 20 世纪 70 年代初期,决策支持系统开始起步,只是一种面向数据的信息处理系统,其标志是把交互技术应用于管理任务,以便借助于计算机做出决策。

(2) 20 世纪 70 年代中期及后期,模型逐渐进入决策支持系统,数据与模型相结合,这是决策支持系统区别于其他信息系统的一个主要标志。此阶段,决策支持系统的发展强调的是"支持"而不是"决策过程"。

(3) 20 世纪 70 年代末到 20 世纪 80 年代中期,决策支持系统开始普遍流行,这一阶段的决策支持系统一般由数据库、模型库及管理系统组成,计算机硬件与软件形成有机的整体。主要问题是,这一阶段的决策支持系统模型化能力较弱,人-机接口友好性不高,对环境的变化适应能力较差,决策支持系统与其他信息系统不兼容,甚至决策支持系统之间彼此也不兼容,所有原始数据都要人工输入,数据更新困难。

(4) 20 世纪 80 年代中期到 20 世纪 90 年代初期,决策支持系统的发展以人工智能学科的渗入为主要特征,强调不但要对结果的决策支持,而且要对决策全过程进行支持,注重系统所具有的智能性、创造性和适应性。例如，20 世纪 80 年代末至 20 世纪 90 年代初，决策支持系统与专家系统结合起来，形成了智能决策支持系统（IDSS）。专家系统是定性分析辅助决策，它与以定量分析辅助决策的决策支持系统结合，进一步提高了辅助决策能力。智能决策支持系统是决策支持系统发展的一个新阶段。

（5）20 世纪 90 年代初期到 20 世纪 90 年代末，决策支持系统中强调网络技术、新一代数据库技术（面向对象数据库、对象关系数据库、多维数据库和数据仓库等）、多媒体技术、仿真（包括分布式交互仿真）技术和虚拟现实（Virtual Reality）技术等的应用。这一阶段，决策支持系统也普遍采用了多媒体技术、面向对象技术等新技术，从主要支持个人决策的系统发展到支持群体决策活动的系统和能够提供具有灵活支持能力的新体系，形成了众多的重要前沿问题，如智能决策支持系统（IDSS），分布式决策支持系统（DDSS），群体决策支持系统（GDSS），决策支持中心（DSC），自适应决策支持系统（Adaptive Decision Support System，ADSS）等。

（6）20 世纪 90 年代末到 21 世纪 00 年代中期，决策支持系统更加向分布式智能和综合集成方向发展，强调各种技术的综合运用，强调决策支持系统与人的有机结合，重视计算机与人的知识的相互融合及有效管理，并且关注"软信息"（文化、社会、道德、审美等）等决策中的非理性因素对决策过程和结果的影响。

（7）21 世纪 00 年代中期到现在，决策支持系统研究的大部分主题都与网络、大数据和云计算有关，在在线网络服务和各种社交媒体、社交网络的应用更是近年的研究热点。此外，决策支持系统与推荐系统结合，应用于市场用户和服务方面，分析用户的喜好，开展满意度调查，并与网络购物、网络商城及相关的大数据分析紧密结合。在决策支持系统建模方法上，更加重视复杂系统的大数据建模，如基于大数据的关联性分析、预测、数据挖掘和机器学习，能够更加迅速、直观、理性地给出决策结果。

1.2.2 决策支持系统的研究现状

1980 年 Sprague 提出了决策支持系统三部件结构，即对话部件、数据部件［数据库（DB）和数据库管理系统（DBMS）］、模型部件［模型库（MB）和模型库管理系统（MBMS）］。该结构明确了决策支持系统的组成，也间接地反映了决策支持系统的关键技术，即模型库管理、部件接口和系统的综合集成，为决策支持系统的发展起到了很大的推动作用。

1981 年 Bonczak 等提出了决策支持系统三系统结构，即语言系统（LS）、问题处理系统（PPS）和知识系统（KS）。该结构在"问题处理系统"和"知识系统"上具有特色，但与人工智能和专家系统（ES）有很多相似之处。

1981 年,第一届决策支持系统国际学术讨论会召开,有近 300 个用户和系统开发者参加。以后几乎每年都举行一次决策支持系统国际研讨会,讨论决策支持系统的功能、结构、应用和发展。经过国内外学术界广大专家学者的不断探索和研究,使决策支持系统的研制和应用迅速发展起来,目前已成为系统工程、管理科学及计算机应用等领域中的重要研究课题。

30 多年来,各种以决策支持系统为"标签"的实际系统以及一些成功案例的介绍相继出现在有关刊物和报告中,决策支持系统的开发应用已经比较成熟。然而,随着新兴信息技术的发展,决策支持系统研究面临新的机遇和挑战,又有一系列的理论和实际问题需要进一步研究和解决。

从 2011—2015 年发表在 Decision Support System 杂志上的文章可以看出,大部分文章的主题都与网络、大数据、云计算有关。特别是在 2014 年,该杂志的 7 个专题中,有 5 个是与 Web、networks、social media 有关的。此外,有关市场用户和服务应用方面的研究也相对较多,关于用户的喜好分析,满意度调查的文章出现较频繁,各种推荐系统的研究也是热点之一,这些研究大多与网络购物有关,因此与相关大数据的分析和挖掘密不可分。归纳总结起来,当前 DDS 的主要研究领域包括:多准则决策制定和决策支持系统,在数据、文字和媒体挖掘等方面的供应链和服务系统设计,供应链和服务系统设计中的信息处理,后勤和供应链管理的决策支持系统,商业智能和 Web 网络,主观性和情感分析的可计算方法,可持续性的快速建模和证析,健康服务中的决策支持系统,社交媒体的调查和应用,人群搜索和社交网络分析,决策在社交网络中的应用,信息系统和运筹管理的集成等。

中国决策支持系统的研究始于 20 世纪 80 年代中期,最初的应用领域是区域发展规划。大连理工大学、山西省自动化研究所和国际应用系统分析研究所合作完成了山西省整体发展规划决策支持系统。这是一个大型的决策支持系统,在中国早期的 DDS 研究中影响较大。随后,大连理工大学、国防科技大学等单位又开发了多个区域发展规划的决策支持系统。天津大学信息与控制研究所创办的《决策与决策支持系统》刊物,对中国决策支持系统的发展起到了很大的推动作用。国内不少单位在智能决策支持系统的研制中也取得了显著成绩,如以中国科学院计算技术研究所研制并完成的"智能决策系统开发平台 IDSDP"就是一个典型代表。

随着决策支持系统技术的不断发展,决策支持系统已引起了系统工程、管理科学、决策科学、信息科学等领域学者及有关决策部门的高度重视,并得到了迅速的传播与发展。特别是随着计算机科学、网络技术、人工智能技术、多媒体技术、数据库技术等的迅速发展,对决策支持系统的研究和广泛应用起到了巨大的推动作用,并取得了许多研究成果。主要体现在如下几个方面。

1．DSS 的基本概念、定义、功能和特征研究

从不同角度、不同领域、不同层次研究决策支持系统，会对决策支持系统有不同理解。因此，不少学者研究给出了决策支持系统的各种定义、功能和特征。但是，大家对决策支持系统"只能支持而不能代替决策者制定决策"的观点是一致的。决策支持系统中的支持与系统的柔性是相关联的，研究决策支持系统的定义、功能和特征有助于使系统适应不同的决策阶段、决策层次和决策领域。

2．决策支持系统的体系结构研究

许多学者对决策支持系统的体系结构研究非常重视，提出了基于七库的决策支持系统框架结构以及新一代的智能化分布式群决策支持系统等结构，形成了比较完善的体系结构，为研制决策支持系统奠定了基础。

3．决策支持系统设计方法研究

研究人员提出了各种决策支持系统的设计方法，如基于信息系统的设计方法和 ROMC 方法等。

4．决策支持系统开发方法研究

研究人员提出了原模型法、集成法、结构化法和改进式方法等多种具有代表性的决策支持系统开发方法。

5．决策支持系统生成器研究

对于决策支持系统的研究，强调对决策支持系统的开发系统和决策支持系统生成器的研究，提出了决策支持核心系统和通用决策支持框架等。

6．人-机系统研究

在人-机系统研究中，开发了应用多媒体技术、多窗口技术、活页菜单技术、网页技术、辅助信息显示技术等多种交互技术的用户界面。

7．模型库及其管理系统研究

在模型库及其管理系统研究中，提出了多种模型的表示方法和管理模式，并研究了决策模型的自动生成与管理等。

8．问题库及其管理系统研究

在问题库及其管理系统研究中，提出了问题的多种分解结构和问题的描述方法，并研究了问题形成的几种方法，如目标管理法、横向管理法和专家咨询法等。

9. 问题处理系统研究

在问题处理系统研究中，以问题为导向，提出了问题处理系统，如一般系统问题求解（GSPS）。研究了问题处理系统的控制方法，提出了问题分析的状态空间法、规约系统法和产生式规则法等。

10. 群体与分布式决策支持系统研究

群体与分布式决策支持系统研究主要关注群体与分布式决策支持系统及其相关问题。

11. 人员的组织管理研究

在人员的组织管理方面，研究了系统设计人员、用户的作用以及管理和协调等问题，还研究了系统的用户集成问题。

12. 决策支持系统的应用研究

在应用方面，已研制出了许多具有一定应用价值的决策支持系统。决策支持系统在各个领域具有了广泛的应用，如宏观决策支持系统、能源决策支持系统、投资决策支持系统、军事决策支持系统等。

1.2.3 决策支持系统研究面临的挑战

虽然在许多领域已经对决策支持系统进行了理论、方法和应用研究，并取得了很大的进展，但是决策支持系统发展到现在，其理论方法的研究相对还不够，系统性还不是很强，决策支持系统的发展缺少系统性的理论根基。现有的理论方法对决策支持系统的实现缺乏强有力的指导作用。其中部分原因是现在的决策支持研究主要针对的是支持决策问题求解，决策支持系统的技术研究主要集中在系统的体系结构及各部件的组成、资源的管理等。因而无论在决策支持理论方法，还是在决策支持实现技术上仍需要进一步研究。

决策支持系统的研制涉及多学科的知识，受多方面因素的影响，其中最主要的是决策理论与方法、决策支持理论与方法和决策支持系统的构造技术等方面的影响。决策理论与方法包括 Bayes 决策、群体决策、智能决策、Markov 决策、Bayes 网络与影响图，以及规范决策理论和行为决策理论等；决策支持理论与方法主要包括支持决策问题识别理论与方法、一般系统问题求解（GSPS）理论与方法、支持决策问题求解理论与方法等；决策支持系统的构造技术主要指的是与计算机有关的各种技术，如人-机交互技术、网络技术、仿真技术、人工智能、数据库技术、多媒体技术和虚拟现实技术等。

今天所面临的外部环境也正在发生迅速变化，决策环境也比以往更加复杂，这些都给现代管理决策和决策支持系统研究带来了新的挑战。

1. 决策信息质量要求更高

随着科学技术的迅速发展，在现代信息化的环境下，决策变得更为复杂和困难，一项决策往往需要多种信息和知识的支持，现行的手段方法和体制机制很难在短期内调集各方面的信息和知识，实现信息共享。另外，决策信息的质量还反映在缺乏量化的衡量指标上。决策者不能只依赖经验和直觉来进行决策，必须借助一些关键的、量化的指标。这迫使决策者必须采取更有效的方法，努力提高决策信息的质量。

2. 决策时要考虑的因素更复杂

现在决策需要考虑的因素更多更复杂，特别是军事决策，面对的是陆、海、空、天、电全域空间和全球化，面临的是政治、外交、军事、经济等复杂的环境，随着这些环境的瞬息万变，决策者在进行决策时需要考虑更多更复杂的制约因素。决策者经常希望能综合多种因素来分析问题。如石油价格的上涨、物价指数的波动对各方面的影响，哪些因素对决策最关键，它们有什么特征等。每一个决策支持系统是一个解决方案，是先进的决策思想的具体体现。要结合决策实体自身的状况，明确亟待解决的主要问题，给决策实体提供分析问题和解决问题的有效方法，然后进行决策支持系统的分析、设计、开发和实施，以真正满足决策的需要。

3. 决策速度要求更快

无论是社会经济发展问题，还是环境资源保护问题；无论是抢险救灾，还是海外撤侨；无论是反恐维稳，还是应对各种突发事件的危机管理；无论是军事斗争准备，还是联合作战指挥控制，都要求决策者能够更加迅速地做出正确的决策。

4. 决策失败的代价更高

决策实体中各方面的联系日益紧密，整个系统运作更加复杂和精密。某一环节的判断失误将产生连锁反应，造成重大的损失。因此，决策支持系统的实施是复杂的，不仅仅是收集、处理和分发信息的信息系统，除技术之外还包含着诸多人为因素、组织运作方式的改变，同样存在很高风险。这些人为的、组织的不确定性造成了决策支持系统应用实施的高风险。

1.3 决策支持系统的框架结构和分类

1.3.1 决策支持系统的基本框架

虽然决策支持系统的具体表现形式多种多样，但决策支持系统有一个基本的框架结构——三部件结构，即对话部件、模型部件和数据部件。决策支持系统通常是由几个特性十分明显的基本部件组成的,这些部件称为决策支持部件。由于决策支持部件的不同组合,构成了不同形态的决策支持系统。决策支持系统性能的改进在很大程度上是由于其中一些部件性能的改进,或增加了一些新的可扩展的部件。

决策支持系统的框架结构从信息角度上可分为"多库结构"和"3S 结构",而从技术角度上可分为三个级别:专用决策支持系统、决策支持系统生成器和决策支持系统开发工具。

"多库结构"是从信息分布的角度进行决策支持系统框架结构的划分,而"3S 结构"则是从信息应用的角度进行决策支持系统框架结构的划分。"多库结构"指决策支持系统是由问题库、数据库、模型库、方法库、知识库、媒体库、文本库及有关的管理系统、人-机系统和问题处理系统等组成,而"3S 结构"指决策支持系统是由语言系统、问题处理系统和知识系统组成。

多库结构分类中最简单的是二库结构。二库结构是指决策支持系统由数据库及管理系统、模型库及管理系统和对话部分组成。二库结构奠定了决策支持系统概念框架的基础,以后发展的决策支持系统多库结构都是在二库结构的基础上建立起来的。其中,对话部件是一个交互式人-机系统,负责完成决策者与决策支持系统之间的通信。对话部件具有处理不同对话方式的能力,接收并解释决策者输入的任务,向决策者提供决策信息。数据库及管理系统完成数据的收集、存储和维护等;模型库及管理系统完成模型的存储、维护等。三库结构是决策支持系统在二库结构的基础上加入了知识库及管理系统,将人工智能技术引入决策支持系统,使决策支持系统具有智能的特性。四库结构是决策支持系统在三库结构的基础上加上了文本库及管理系统。五库结构是决策支持系统在四库结构的基础上加上方法库及管理系统,实现了模型与方法的分离,便于模型的维护、修改与生成等。六库结构强调决策支持系统中图像等多媒体信息的作用,形成专门的图像、影像信息,如三维数字化战场环境、语音等多媒体数据库及管理系统,用于图像、影像等多媒体数据的生成与管理。要求决策支持系统支持所有的决策问题的求解是不现实的,也是不可能的。七库结构决策支持系统强调了问题域的重要性,形成的问题库及其管理系统用于管理决策支持系统所能支持求解的决策问题。

基于七库的决策支持系统的框架结构如图 1.2 所示。

基于"3S 结构"的决策支持系统基本框架结构如图 1.3 所示。

专用决策支持系统是实际完成决策支持的计算机应用系统;决策支持系统生成器是集成的、基于计算机软、硬件的决策支持系统开发环境,用于快速地开发专用决策支持系统;决策支持系统的开发工具是用于决策支持系统开发的单元技术。决策支持系统开发工具的合理配置和集成可以构建满足某一应用需求的决策支持系统生成器或专用系统，而决策支持系统生成器与具体的决策过程和决策环境相结合，可以迅速而方便地开发满足决策者需要的专用决策支持系统。

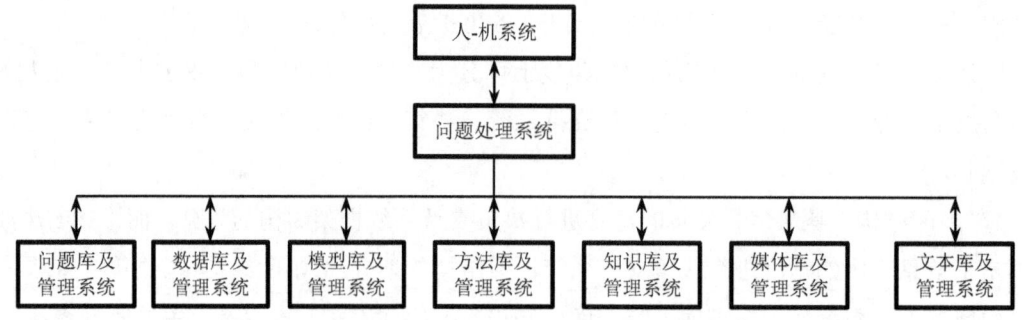

图 1.2　基于七库的决策支持系统框架结构图

图 1.3　基本 3S 结构的决策支持系统框架结构图

1.3.2　决策支持系统的分类

决策支持系统的分类方法有很多，一般来讲，决策支持系统可以分为个体决策支持系统、群体（或组织）决策支持系统（GDSS）、分布式决策支持系统（DDSS）、智能决策支持系统（IDSS）、决策支持中心（DSC）等几类。按决策支持的方式不同，决策支持系统也可分为数据驱动的决策支持系统、模型驱动的决策支持系统、知识驱动的决策支持系统、通信驱动的决策支持系统、基于 Web 的决策支持系统、基于仿真的决策支持系统、基于地理信息系统（GIS）的决策支持系统等。

1. 群决策支持系统（GDSS）

所谓群体决策是相对个体决策而言的，两人或多人召集在一起（同地/异地、同步/异步）讨论问题，提出解决某一问题的若干方案（或称设计解决问题的策略），评价这些方案各自的优劣，最后做出决策。这样的决策过程称为群体决策。许多重大问题都需要群体决策，这些群体的决策过程往往是根据已有的材料，根据群体成员各自的经验和智慧，通过一定的议程（如会议等），集中多数人的正确意见，做出决策。

如何设计开发 GDSS 来支持群体决策是一个复杂的任务。因为 GDSS 不仅是一个涉及不同的人、时间、地点、通信网络和个人偏好及其他技术的复杂组合，其运行方式与制度及文化有着十分密切的关系。群体决策的问题多数是非结构化问题，因此很难直接用结构化方法提供支持。GDSS 的目的就在于克服上述这些障碍，提供一种系统方法，有组织地指导信息交流方式、议事日程、讨论形式、决议内容等。当今社会已出现了以知识繁多、内部和外部情况复杂、形势变化急剧为特征的决策环境，这种环境使群体决策变得更频繁、更重要了。因此，GDSS 技术是管理人员和组织人员急需的，有很强的实际应用背景，因而引起人们的极大兴趣。

事实上，GDSS 将通信、计算机和决策技术结合起来，使问题的求解条理化、系统化，而各种技术的进步，如电子会议、局域网、远距离电话会议以及决策支持软件的研究成果，推动了这一领域的发展。GDSS 技术发展得越成熟，它对自然决策（即无决策支持）介入也就越多。GDSS 利用了通信技术（包括电子信息、局部或广域网、电话会议、储存和交换设备），利用了计算机技术（包括多用户系统、数据库、数据分析、数据存储和修改能力等），利用了决策支持技术（包括议程设置、人工智能和自动推理技术、决策模型、决策树、风险分析预测方法）以及群决策方法。

GDSS 可提供如下三个级别的决策支持。

1）第一层次的 GDSS

第一层次的 GDSS 解决群体决策中决策者之间的通信问题，沟通信息，消除交流的障碍，提供及时显示各种意见的大屏幕、投票表决和汇总设备，支持无记名的意见和偏好的输入，以及成员间电子信息交流。这一层次的 GDSS 通过改进成员间的信息交流来改进决策进程，通常所说的"计算机支持的会议室"（或称为电子会议室）就属于这一类。

2）第二层次的 GDSS

第二层次的 GDSS 提供基于认知过程和系统动态结构的决策分析建模和判断方法的选择技术。这一层次的 GDSS 常常使用便携式单用户计算机来支持决策群体。决策者面对面地工作，在 GDSS 的支持下（有时还包括必要的工作人员）共享面临问题的知识和信息资源，制订出行动计划。

3）第三层次的 GDSS

第三层次的 GDSS 将上述第一层次和第二层次的 GDSS 技术结合起来，其主要特征是用计算机来启发、指导群体的通信方式，包括专家咨询和会议中规则的智能安排等。

GDSS 的目标是能够发现并向决策群体提供新的方法，通过有规则的信息交流逐步达到这些目标。首先，要克服信息交流的障碍，加速其进程，如第一层次的 GDSS；其次，可用一些较成熟的系统技术使决策过程结构化或准结构化，如第二层次的 GDSS；最后，应对群体决策的信息交流的内容和方式、议事的时间进程提供智能型指导，从根本上解决非结构化决策的支持问题，这是第三层次的 GDSS 的发展方向，也可以说是 GDSS 的发展方向。

2. 分布式决策支持系统（DDSS）

随着决策支持系统的迅速发展，人们很自然地希望在更高的决策层次和更复杂的决策环境下得到计算机的支持。这种支持面向的对象已不仅仅限于单个的决策者，或代表同一机构的决策群体，而是若干具有一定独立性又存在某种联系的决策组织。许多大规模决策活动已不可能或不便于用集中方式进行，这些活动涉及许多承担不同责任的决策者，决策过程所必需的信息资源或某些重要的决策因素分散在较大的活动范围，是一种组织决策或分布决策。分布式决策支持系统是为适合这类决策问题而建立的系统。

DDSS 是由多个物理上分离的决策支持节点构成的计算机网络，网络的每个节点至少含有一个决策支持系统或具有若干辅助决策的功能。DDSS 不只是一套软件，任一实用的 DDSS 都包括有机结合起来的软件和硬件两部分。

分布式决策支持系统具有区别于一般决策支持系统的若干特征：

（1）DDSS 是一类专门设计的系统，能支持处于不同节点的、多层次的决策，提供个人支持、群体支持和组织支持。

（2）不仅支持不良结构问题的决策过程，还能支持基于不良结构信息的决策过程。

（3）能为节点间提供交流机制和手段，支持人-机交互、机-机交互和人与人之间的交互。

（4）不仅仅从一节点向其他节点提供决策结果，还能提供对结果的说明和解释，有良好的资源共享。

（5）具有处理节点间可能发生的冲突的能力，能协调各节点的操作。

（6）既有严格的内部协议，又是开放性的，允许系统或节点方便地扩展。

（7）系统内的节点作为平等成员而不形成递阶结构，每个节点享有自治权。

DDSS 的研究涉及若干学科领域，范围相当广泛，它的研究与应用的内容相当丰富，可归纳成如下几项：

（1）从理论上研究分布决策过程的原理和结构、分布决策的策略和方法。

（2）信息不集中是分布系统的主要特征，需要充分研究分布信息的表达、适于分布决策的信息结构以及不完全信息条件下的决策方法。

（3）研究高效率、智能化的通信管理系统，设计适用于不同场合的多种通信方式。

（4）研究、开发合适的 DDSS 结构模型和实用软件，研究适合于分布决策的分布式数据库、分布式模型库及分布式知识库的结构和管理，研究设计和分析网络拓扑结构的方法。

（5）研究能接纳异质节点的 DDSS，研究能利用现有分散决策支持系统构建 DDSS 的方法。进一步完善 DDSS 的概念，研究评价 DDSS 的指标体系和分析方法。

3. 智能决策支持系统（IDSS）

IDSS 是决策支持系统和 AI（人工智能）相结合的产物，它把 AI 的知识推理技术和决策支持系统的基本功能有机地结合起来。人工智能因可以处理定性的、近似的或不精确的知识而被引入决策支持系统中，用于问题识别、分析、求解和决策支持过程控制等。而决策支持系统的一个共同特征是交互性强，这就要求使用更方便，并在接口水平和推理过程上更为"透明"，人工智能在接口水平，尤其是对话功能上做出了有益的贡献。

在结构上，IDSS 增设了知识库、推理机与智能问题处理系统等。IDSS 以知识库为中心，在模型数值计算的基础上引入了启发式方法等 AI 的推理方法，使传统的决策支持系统主要由人承担的定性分析的大部分工作可以由系统来完成，并且比人做得更好。知识的推理机制能够获得新的知识，知识的积累使系统的能力不断增强。在人-机交互方面，IDSS 的人-机交互系统可以用自然语言等处理技术来研制，形成智能人-机系统，智能人-机系统使用户能用自然语言提出决策问题，然后将其转变成系统能理解的问题描述，再完成问题求解。

4. 决策支持中心（DSC）

Owen 等人提出了决策支持中心（DSC）的概念，即一个由了解决策环境的信息系统组成的决策支持小组作为决策支持中心的核心，决策支持中心采用先进的信息技术通常决策支持中心在位置上和高层领导十分接近，能及时地提供决策支持，决策支持小组随时准备开发或修改决策支持系统以支持高层领导做出紧急和重要的决策。

DSC 概念的出现，被认为是今后决策支持系统研究领域发展的一个重要方向。DSC 的特点是决策支持中心处在高层次的重要决策部位，有一批参与政策制定、决策分析和系统开发的专家，装备有计算机等先进设备，通过人-机结合等多种方式支持高层决策者做出应急和重要决策。这里应特别指出，DSC 与决策支持系统的本质区别是：决策支持系统是以计算机的信息系统为核心支持决策者解决决策问题；而 DSC 是以决策支持小组为核心，采取人-机结合方式支持决策者解决决策问题。决策支持系统与决策者之间只有一种人-机交互方式，而 DSC 与决策者的交互方式有两种形式：一种是决策者与决策支持小组的交互方式，这种交互充分注意决策支持小组的决策支持地位和作用，当然，决策支持小组在支持决策者时，需要使用决策支持系统；另一种是决策者与决策支持系统人-机交互方式。DSC 不但具有决策支持系统的基本决策支持功能，还具有其他功能，主要体现在人对决策的支持上。

决策支持小组对决策者的支持具有深度、广度和灵活性等特点，主要表现在以下两个方面：

(1) 办公决策支持功能。着重提高办公效率和办公质量，对短期决策、预测和现状分析等日常工作提供支持，为决策者创造良好的办公环境。

(2) 定性与定量相结合的综合集成功能。就其实质而言，是将各种有关专家结合起来，把数据和各种信息与计算机技术有机结合起来，把各种学科的科学理论与人的经验知识结合起来，构成一个整体，发挥 DSC 的整体优势和综合优势，更好地支持决策者。

DSC 支持的决策针对的是决策全过程。由于 DSC 在决策支持系统基础上增加了决策支持小组，所以在决策过程的每个阶段上都有人的支持活动。一般情况下，DSC 的决策支持成功率要高于一般的决策支持系统。DSC 的重要特点是改变纯粹采用计算机信息系统支持决策的做法，有的决策问题可以由决策支持小组与决策支持系统进行人-机交互求得支持；有的决策问题可以由决策支持小组采取传统程序得到支持。无论采取什么方式支持决策，决策支持小组的分析综合都占据重要地位。DSC 支持决策的过程，通常首先由决策者提出意向决策问题，然后通过决策支持小组做出预决策，包括意向问题定义、决策方案生成和评价等活动。决策支持系统与 DSC 进行人-机交互，提供计算机信息环境，支持决策支持小组的决策分析活动。

5．数据驱动的决策支持系统

数据驱动的决策支持系统强调以时间序列访问和操纵内部数据（有时也包括外部数据），通过查询和检索文件系统提供最基本的功能。数据挖掘技术和数据仓库系统提供了另外一些功能。数据仓库系统允许采用应用于特定任务或设置的特制计算工具或者较为通用的工具和算法来对数据进行操纵。结合联机分析处理（OLAP）的数据驱动决策支持系统提供高级的功能和决策支持，此类决策支持是基于大规模历史数据或实时采集的数据来进行分析的。主管信息系统（EIS）和地理信息系统（GIS）都属于专用的数据驱动 DSS。

随着互联网、物联网、大数据时代的到来，数据驱动的决策支持系统和基于数据的决策研究又开始受到重视，如推荐系统通过海量数据分析用户的喜好，开展满意度调查，应用于市场用户和销售服务，并与网络购物、网络商城紧密结合起来。还有健康服务中的决策支持系统、基于人群搜索和社交网络分析的开源情报分析系统、数据驱动的优化决策与规划调度系统、物联网环境下的产品状态监控与质量管理系统和危机管理决策系统等都属于数据驱动的决策支持系统。

6．模型驱动的决策支持系统

模型驱动的决策支持系统强调对于模型的访问和操纵，比如，统计模型、预测模型、计算分析模型、规划模型、优化模型、仿真模型和评价模型等。简单的统计和分析工具提供最基本的功能。一些允许复杂数据分析的联机分析处理系统（OLAP）提供模型和数据的检索以及数据摘要等功能。一般来说，模型驱动的决策支持系统综合运用仿真模型、优化模型等多种模型来提供决策支持。模型驱动的决策支持系统利用决策者提供的数据和参数来辅助决策者对于某种状况进行分析。模型驱动的决策支持系统不一定是数据密集型的，也就是说，模型驱动的决策支持系统通常不需要很大规模的数据库。模型驱动的决策支持系统的早期版本被称做面向计算的决策支持系统，这类系统也称为面向模型或基于模型的决策支持系统。

7. 知识驱动的决策支持系统

知识驱动的决策支持系统是具有解决问题的专门知识的人-机系统，"专门知识"包括理解特定领域问题的"知识"，以及解决这些问题的"技能"。与之相关的概念有数据挖掘、专家系统（Expert System，ES）等。数据挖掘是一类在数据库中搜寻隐藏模式的用于分析的应用程序，数据挖掘通过对大量数据进行筛选，以产生数据内容之间的关联，提取特征，并进行聚类分析。专家系统（ES）是一种提供大量有关问题领域高质量专门知识的计算机程序，即把专家的知识、经验、规则转移到计算机程序中，用于从事某种特定的、难度较高的专业工作，如医疗专家系统、军事专家系统。这类决策支持系统的显著特点是可以就采取何种决策行动向决策者提出建议或推荐方案。

8. 通信驱动的决策支持系统

通信驱动的决策支持系统强调通信、协作以及共享决策支持。简单的公告板或者电子邮件就是最基本的功能。通过基于组件的协作计算子集，构建"共享交互式软件和硬件环境"，能够使两个或者更多的人互相通信、共享信息及协调他们的行为，允许多个用户使用不同的软件工具在工作组内协调工作，支持一种混合型的群决策支持系统（GDSS）的开发与应用。群体支持工具包括：音频会议、公告板和网络会议、文件共享、电子邮件、微信、博客、计算机支持的面对面会议软件以及交互电视。

9. 基于 Web 的决策支持系统

基于 Web 的决策支持系统是通过 Web 浏览器向决策者或分析者提供决策支持信息或者决策支持工具，通过浏览器可以访问全球网或内部网。例如，Zetscape Navigator 或者 Internet Explorer 等。运行决策支持系统应用程序的服务器通过 TCP/IP 协议与用户计算机建立网络连接。基于 Web 的决策支持系统可以是通信驱动、数据驱动、文件驱动、知识驱动、模型驱动或者混合类型。Web 技术可以实现任何种类和类型的决策支持系统。"基于 Web"意味着全部的应用均采用 Web 技术实现。"Web 启动"意味着应用程序的关键部分如数据库保存在服务系统中，而应用程序可以通过基于 Web 的组件进行访问，并通过浏览器显示。

10. 基于仿真的决策支持系统

基于仿真的决策支持系统可以提供决策支持信息和决策支持工具，以帮助决策者在仿真的基础上完成问题的分析和求解。在决策支持系统中使用仿真方法一定是在解析方法无法或难以求解决策问题的情况下所采取的一种定量分析方法。仿真需要建立仿真模型，因此基于仿真的决策支持系统也是一种模型驱动的决策支持系统。决策支持系统中所使用的建模仿真技术主要是利用数学和计算机等技术和手段，根据决策支持的目的，把决策问题和过程抽象简化为模型（称为系统建模），并在决策支持系统中对其进行反复实验，以获得决策问题的解决方案（称为系统仿真）。由于建模仿真技术具有安全、经济、直观、易懂、可重现的特点，因此在决策支持系统中被经常运用。

11. 基于 GIS 的决策支持系统

基于 GIS 的决策支持系统是通过 GIS 向决策者提供决策支持信息或决策支持工具。通用目的的 GIS 工具，诸如 ARC/ INFO、MAPinfo 及 Arcview 等具有广泛的功能，但对于那些不熟悉 GIS 以及地图概念的用户来说，比较难于掌握。特殊目的的 GIS 工具是由 GIS 程序设计者编写的程序，以易用程序包的形式向用户提供特殊功能。以前，特殊目的的 GIS 工具主要采用宏语言编写。现在，GIS 程序设计者拥有较从前丰富很多的工具集来进行应用程序开发。程序设计库拥有交互映射以及空间分析功能的类，从而使得采用工业标准程序设计语言来开发特殊目的的 GIS 工具成为可能，这类程序设计语言可以独立于主程序进行编译和运行。同时，Internet 开发工具已经走向成熟，能够开发出非常复杂的基于 GIS 的程序让用户通过 World Wide Web 进行使用。

1.3.3 决策支持系统与管理信息系统的关系

信息系统包括管理信息系统（Management Information System，MIS）和决策支持系统，而决策支持系统和管理信息系统的概念比较相近，容易混淆。MIS 是一种以计算机为基础，支持管理活动和管理功能的信息系统。更具体的定义为：MIS 是由人和计算机结合的对管理信息进行收集、存储、维护、加工、传递和使用的系统；决策支持系统是在 MIS 的基础上发展起来的，都是以数据库系统为基础，都需要进行数据处理，也都能在不同程度上为用户提供辅助决策信息。

中国是 20 世纪 70 年代末才兴起管理信息系统研究的，20 世纪 80 年代中期开始决策支持系统的研究。从技术角度来看，决策支持系统和管理信息系统具有如下的特点：

（1）决策支持系统一般具有一定的处理非结构化和半结构化问题的能力，而管理信息系统只处理结构化的问题。

（2）决策支持系统可以处理不确定性问题，而管理信息系统处理的是确定性问题。

（3）决策支持系统具有强大的模型管理与服务功能，而管理信息系统一般只涉及并处理单模型的问题。

（4）决策支持系统具有较强的人-机交互功能，该功能是决策者与系统进行交流和沟通的接口，决策者通过该功能去操作和控制系统，了解系统的响应并从系统获得信息，而管理信息系统的交互功能较弱。

（5）管理信息系统按事物功能（生产、销售和人事）综合多个事务的电子数据进行处理，一般要经常维护数据，而决策支持系统是通过多个模型的组合计算辅助决策，一般只使用数据。

（6）决策支持系统通常支持方案生成与评估，但管理信息系统一般不具有这样的功能。

（7）管理信息系统主要是数据驱动，而决策支持系统主要是模型驱动。

（8）决策支持系统运行强调交互式的处理方式，一个问题的决策要经过反复的、大量的、经常的人-机对话，人的因素如偏好、主观判断、能力、经验和价值观等对系统的决策结果有重要的影响，而管理信息系统主要是确定型的。

（9）管理信息系统收集、存储的大量基础信息是决策支持系统工作的基础，而决策支持系统能使管理信息系统组织和保存的信息真正发挥作用。

（10）管理信息系统是面向中低层管理人员，是为管理服务的系统；而决策支持系统面向高层管理人员，是为辅助决策服务的系统。

 本章小结

本章是全书的总览，使读者对决策支持系统基本概念、特性、研究发展现状、框架结构和基本分类等有一个大概的了解。虽然决策支持系统的定义很简单，基本结构也不复杂，但是要真正理解什么是决策支持系统，区别它与管理信息系统有何不同，并不容易。按照"决策支持系统"本科教学大纲的要求，在后续的章节里，系统学习决策支持系统的理论方法、数据驱动的决策支持系统、模型驱动的决策支持系统、知识驱动的决策支持系统、群决策支持系统、决策支持系统开发技术以及相关案例。通过本课程的学习，能够理解和掌握决策支持系统的基本理论、关键技术，能够针对不同的决策问题，掌握设计和开发决策支持系统基本方法，从而提高多学科知识的综合运用能力和实际问题的分析应用能力。

本章习题

1. 决策支持系统的概念与特点是什么？
2. 管理信息系统的概念与特点是什么？
3. 简述决策支持系统与管理信息系统的区别与联系。
4. 决策支持系统基本结构，什么是"三库结构"？什么是"七库结构"？
5. 简述决策支持系统的基本分类。
6. 什么是模型驱动的决策支持系统？
7. 决策支持系统中的有关模型与运筹学、系统工程的数学模型有何不同？
8. 简述对数据驱动的决策支持系统研究发展的看法，它与大数据时代有何关系？

第 2 章

决策、决策系统与决策支持

本章学习重点

- 结构化、半结构化、非结构化问题；
- 决策阶段与过程；
- 决策的复杂性；
- 决策系统的概念；
- 决策模型方法；
- 决策支持理论与方法。

决策是人类社会的一项重要活动，它关系到人类生活的各个方面。决策是为达到某种目标，从若干个问题求解方案中选出一个最优或合理方案的过程。因此，决策是人们在各项工作中的一种重要选择行为。无论是行动方案的确定，还是重大发展战略的制定；无论是一个领导干部的选拔，还是一种产品的研制生产；无论是一个企业的生产管理，还是一个国家地区的产业政策，都是由一系列决策活动来完成的。所以决策的正确与否是关系到事业成败和利益得失的大事。决策正确带来的是"一本万利"，而决策失误也是"最大的失误"。关于这一点，著名科学家、诺贝尔奖获得者 H.A.Simon（西蒙）有句名言："管理就是决策"。决策贯穿于管理的全过程，这也就是说，一切管理工作的核心就是决策。

2.1 决策与决策过程

2.1.1 决策的概念

决策（Decision，Decision Making）是对未来的方向、目标以及实现途径做出决定的过程。决策是指个人或集体为了达到或实现某一目标，借助一定的科学手段和方法，从若干备选方案中选择或综合成一个满意合理的方案，并付诸实施的过程。把决策看成一个过程，是因为人们对于行动方案的确定要经过提出问题、确定目标、收集信息、制订方案、评估方案、做出决策等一系列组织实施过程。在实施以后，要检查和监督决策的执行情况，以便发现偏差，加以纠正。决策是这一系列活动的全过程。因此，决策就是在若干个可能和备选方案中进行选择（Choose）。

决策具有以下基本特征：

（1）目的性。人类的实践活动都是在理想和意图的支配下，为达到一定的目的进行的。理想、意图和要达到的行动目标是在行动之前就已经确定了的，因此决策体现了鲜明的目的性。

（2）超前性。决策是建立在行动之前的，是对未来行动的方向、原则和方法的决定，没有超前性的决策是没有意义的。

（3）创造性。为了达到决策的目的，实现决策目标，决策者必须以创造精神，寻求和优化达到目标的最佳途径，也就是要创造性地选择和制订最优的决策方案。

（4）管理性。"管理就是决策"，决策是管理的主要职能，没有决策就无从管理，任何管理都必须以决策为前提和依据。

2.1.2 决策问题的要素

决策问题的要素包括决策者、价值与决策目标、备选方案、决策环境等。

1. 决策者

决策者是指做出决策的主体，决策者可以是个人、群体或组织。决策者有自己的知识水平、决策能力、价值观及偏好等。

有的学者认为，一个好的决策者应具备如下几方面的素质：

(1) 能透过问题的表象区分出实际问题。
(2) 能清晰地向其他人表述问题。
(3) 了解必须做出决策的时间及决策后果。
(4) 能运用有限的信息并有效地处理不确定性（uncertainty）。
(5) 较好地理解存在的风险及其后果。
(6) 能有效地识别决策机会并生成决策方案。
(7) 能应对复杂性（complexity）和不明确性（ambiguity）。
(8) 能准确地评估实施决策所需的资源。
(9) 具有实施决策方案的执行力。

2. 价值与决策目标（values and objectives）

价值与决策目标是选择决策方案的依据，通常取决于决策者的个人偏好。价值通常是指决策者最为关注的东西，因此，决策者在做出决策时的根本出发点是其价值。在进行决策时，最为困难的也是如何正确理解决策者的价值。目标是指期望的事物，没有目标就难以选择决策方案。决策目标必须明确，所希望解决的问题也应明确。目标应具有可行性、可检验性。决策者在决策活动中，必须时刻牢记自己的决策目标。

3. 备选方案（decisions to make）

备选方案是可供选择的行动方案。备选方案的制订是决策中极为重要的一个阶段。在进行决策时，一般应提出多种决策方案以供评价与选择。管理学界有一句名言："看来只有一条路可走时，这条路很可能是错误的。"能否提出具有创造性的决策方案对于解决困难的实际决策问题具有极其重要的作用。

4. 决策环境（decision context）

决策环境指各种备选方案可能面临的自然状态和因素，是不以决策者的意志为转移的客观条件，但对决策结果有重大的影响。决策环境通常具有不确定性、复杂性、动态性、竞争性、资源的有限性。实际中的许多重要决策必须在不确定的环境下做出。决者通常难以准确地了解决策的后果将是什么。因此，从这个角度来说，"谋事在人，成事在天"。

识别决策时机是优秀决策者在面临复杂决策问题时能够表现出的重要特征。决策者在进行决策时，还必须考虑短期利益与长远利益之间的关系。但是，应考虑未来多长的时期，则是决策者需要把握的重要问题。

5．决策后果（outcomes，consequences）

决策后果是指在做出决策后实际发生的结果。决策者应努力搞清决策后果，当后果搞清后，决策的实质就是选择决策后果。

6．决策信息（information）

决策信息的多少直接影响决策的质量。信息可以帮助消除决策时面临的不确定性，从而有利于做出正确的判断与选择。

2.1.3　决策问题的分类

把决策问题按结构化程度来分类，是基于能否把决策问题程序化来考虑。能否把决策问题程序化是指对决策问题的内在规律能否用明确的程序化语言（数学的或者逻辑的、形式的或者非形式的、定量的或者定性的）给以清晰的说明或者描述。能够描述清楚的，称为结构化问题；不能描述清楚的，而只能凭直觉或者经验做出判断的，称为非结构化问题；介于这两者之间的，则称为半结构化问题。

结构化问题是常规的和完全可重复的，每一个问题仅有一个求解方法，可以认为结构化决策问题可以用计算机程序来实现。非结构化问题不具备已知求解方法或存在若干求解方法而所得到的答案不一致，这样，难以编制程序来完成。非结构化问题实质上包含着创造性或直观性，计算机难以处理。而人则是处理非结构化问题的能手。当把计算机和人有机地结合起来就能有效地处理半结构化决策问题。决策支持系统的发展能有效地解决半结构化决策问题，逐步使非结构化决策问题向结构化问题转化。

对问题的结构化程度进行区分，具体用下面三个因素来判别：

（1）问题形式化描述的难易程度。结构化问题，容易用形式化方法严格描述。形式化描述难度越高，结构化程度就越低。完全非结构化问题甚至不可能形式化描述。

（2）解题方法的难易程度。结构化的问题一般有描述很清楚和较容易的解题方法。解题方法越不易精确描述或难度越高，结构化的程度就越低。完全非结构化的问题，甚至不存在明确的、定量的解题方法，只能用一些定性的方法来解决。

（3）解题中所需计算量的多少。结构化的问题一般可通过大量的、明确的计算来解决，而结构化程度低的问题则可能需要大量试探性的解题步骤而不包含大量明确的计算。

目前，管理信息系统是用来解决结构化决策问题的。由于数据库技术的日渐成熟，可以利用各类计算机（中小型或微型）上的数据库管理系统语言来编制管理信息系统程序，以完成各单位的信息管理和一般的业务工作。

决策是从多个备选方案中选择一个最好的方案。方案能通过编程来实现，对多个方案的选择由于涉及因素很多，难以在计算机上实现，只能由决策者来完成。可见决策问题的解决方案利用数学模型和数据是可以实现的，这部分是结构化的。对于多个解决方案的选择在计算机中是难以实现的，由人来解决，这部分是非结构化的。决策支持系统完成多个方案的计算机实现，并提供人-机交互接口，完成计算机与人的结合，解决决策问题，故决策支持系统只能解决半结构化决策问题。

G.M.Marakas 在《Decision Support System in the 21 Century》一书中指出：决策支持系统的作用就是在决策的"结构化"部分为决策者提供支持，从而减轻决策者的负荷，使之能够将精力放在问题的非结构化部分。处理决策的非结构化部分的过程可以看成人的处理过程。因为我们还不能通过自动化技术来有效地模拟这种过程。

2.1.4 决策过程

H.A.Simon 把决策过程与现代的管理科学、计算机技术和自动化技术结合起来，将其划分为四个主要阶段：① 确定决策目标；② 设计各种方案；③ 从各种被选方案中进行选择；④ 执行方案。这四个阶段较精练地概括了决策过程。尽管不同的决策者在不同决策场合对上述四个阶段的看法可能不一样，但这四个部分加在一起却构成了决策者所要做的主要工作。

H.A.Simon 的观点一方面强调了实践的意义，即明确了决策的目的在于执行，而执行又反过来检查决策是否正确；另一方面把决策看成一个不断循环的管理过程，即"决策—执行—再决策—再执行"的循环过程。在执行中由于出现新情况需要对原决策做出修改或者做出新的决策。这是一个反馈过程，也是人们认识不断深化的过程。

决策过程中的四个阶段可以分成更详细的八个步骤，即提出问题、明确目标、价值准则、拟定方案、分析评估、优选方案、试验验证、普遍实施，如图 2.1 所示。

现代计算机技术、管理科学等学科的发展，给决策制定的过程赋予了新的内容和涵义。在确定决策目标和设计方案阶段，主要是依赖于可靠、准确、及时的基本信息。因此，管理信息系统就成为当代决策的重要技术基础。而在选择方案和执行方案阶段的主要技术措施就是模型方法，这主要是指管理科学（MS）、运筹学（OR）、系统工程（SE）中的模型方法。将上述两部分技术集成在一起，利用先进的计算机软/硬件技术，实现上述决策过程,开发成界面友好的人-机系统,这就是决策支持系统。

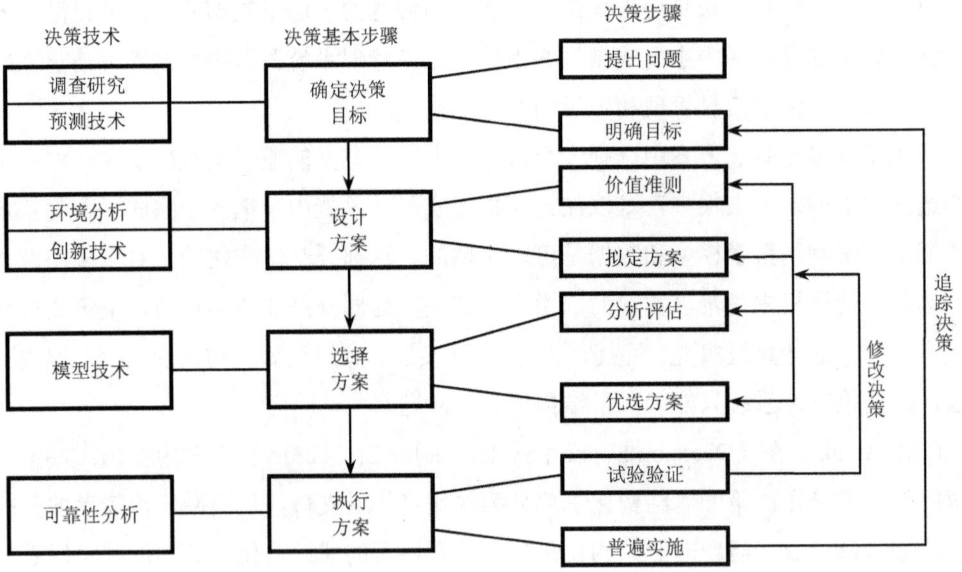

图 2.1 决策阶段与过程

1. 提出问题

所有决策工作都是从提出问题开始的。怎样才能发现和提出问题呢？一般途径为：

（1）寻找差距。差距是指实际状况与理想要求（或标准）之间的差距。有了差距才能发现问题和提出问题。

（2）确定问题的性质、特点和范围。为了界定问题，需要对问题产生的时间、地点、条件和环境等情况进行分析。通过调查研究，将问题的性质和特点搞清楚，并确定问题的范围。

2. 明确目标

所谓决策目标，就是决策者根据各种条件，对于未来一段时间内所要达到的目的和结果进行判断。决策目标的确定是建立在调查研究和科学预测的基础上的。决策目标的正确与否对决策的成败关系极大。为了明确问题的目标，一般需要找出问题产生的原因。寻找问题产生的原因有以下原则：

（1）从变化与差异中找原因。一般事物的发展变化都有其因果关系，若问题界定得越清楚，存在的差异和产生的原因就越容易找到，越有利于确定问题目标。

（2）对产生现象的可能原因做寻根究底的详细分析。问题的表面原因容易发现，必须寻找"原因的原因"，一层层追究下去，才能通过中间原因找到根本原因，即"根源"。

针对"根源"确定决策目标是至关重要的,决策目标有三个特点:

(1)决策目标概念明确或者数量化,这样对目标就不会引起不同的理解。

(2)决策目标有时间限制,要在规定的时间内完成。

(3)决策目标可能有约束条件限制。

3. 价值准则

价值准则是落实目标、评价和选择方案的依据。这里所说的价值是指决策目标或方案的作用、效益、收益和意义等,一般通过许多数量化指标来反映。例如,产量、产值、成本、质量、效益等。

传统的观点是要求"以最小的代价获得最大的收益",即"最优"原则。以运筹学为中心的管理科学,从数学上研制出一整套最优化方法,给管理中最优决策提供了强有力的手段。

在实际经济生活中,可能产生以下现象:有些目标无法数量化,信息不全,多个决策中存在相互矛盾的现象,系统动态变化等,致使决策目标无法达到最优标准。著名经济学家 H.A.Simon 提出用"满意"原则(满意指标)来代替最优原则(最优标准),该原则得到人们的普遍接受。

确定价值准则的科学方法是环境分析。例如,依据背景资料,分析国内外同类问题的现状以及历史情况。以下方法可使价值准则更科学。

(1)把目标分解为若干层次的价值指标。价值指标一般有三类:社会价值、经济价值和学术价值。每类价值又可分为若干项,每项又可分为若干条,构成一个价值体系。

(2)规定价值的主次、轻重缓急以及在相互矛盾时的取舍原则。

(3)指明实现这些指标的约束条件。

4. 拟定方案

拟定方案主要是寻找达到目标的有效途径。拟定方案的原则有两条:

(1)整体详尽性。所拟定的全部备选方案应当把所有可能方案包括无遗,即不要漏掉某些可能的方案。

(2)相互排斥性。不同的备选方案之间相互排斥,执行了甲方案就不能同时执行乙方案。

备选方案的拟定大体上可分为大胆设想和精心设计两个阶段。

1)大胆设想阶段

寻找备选方案,一般是从过去的经验开始,对于决策问题,根据以往的经验拟定出可供选择的方案。由于情况的变化,往往需要寻找能切合实际问题的新方案,这就需要方案创新，即从不同的角度和多种途径，大胆设想出各种可能的方案。国外的管理决策者往往把能否创新看成管理决策的核心问题。

拟定方案的决策者能否创新，取决于其信息、能力和精神。

（1）信息。设计者创造性地提出方案和解决问题，必须具有丰富的信息。这包括具有古今知识、中外知识和各学科的知识，以及自己的经验、别人的经验和历史的经验。

（2）能力。这里是指人的创造性思维能力。人的思维包括三种形式：逻辑思维（推理），形象思维（类比）和灵感思维（顿悟）。设计者通过思维创造出新思想。

（3）精神。如果有了信息的基础和创造性思维的能力，还必须要有创新的精神。这体现在两个方面：一是敢于创新，敢于冲破习惯势力；二是有解决问题的决心和坚韧不拔的精神。

2）精心设计阶段

精心设计阶段需要冷静的头脑和坚毅的精神，既需要反复的计算、严格的论证和细致的推敲，还需要经得起怀疑者和反对者的挑剔。

精心设计包括两项工作：一是对措施细节的确定，二是对方案后果的估计。大部分决策方案的后果是要通过预测求得。方案后果的预测包括两个方面：一是客观环境条件可能的变化引起方案后果的变化；二是在各种可能状况下方案的预期效果。

5．分析评估

在拟定出一批备选方案后，按价值标准，对各种备选方案进行分析评估，一般有经验评价法、数学分析法和试验法三种方法。

经验评价法是对备选方案进行评价用得较普遍的方法，特别是对复杂的决策问题，在其目标多、变量多、标准多和方案多的情况下，一般是由决策者的经验来评价和选择各种备选方案。经验评价一般局限性较大，科学性较差。

数学分析法是对拟定的备选方案建立相应的模型，特别是建立多模型组合的决策支持系统，并利用计算机进行计算，它的解代表了备选方案的结果。决策支持系统的计算使决策者对备选方案有了数量化依据，这种方法更为科学。由于计算机的普及应用，将备选方案建立模型或决策支持系统并求解，已成为方案评价的基本手段。

试验法则是对备选方案进行实施，根据效果进行分析评估。试验法对复杂的问题是有风险的，一是试验失败后果可能严重；二是试验需要时间和投入。

6．优选方案

在对备选方案进行分析评价后，需要对方案的选择进行决断，这是决策过程中最关键的一步。从各种可供选择的方案中权衡利弊，然后选取其中一种方案或将多种方案综合成一种方案。最后选定的方案,并不一定对每一个特定的指标都是最佳的,一般能达到多个主要的指标,又能兼顾其他指标。

到目前为止,决策支持系统专家已经在决策过程中完成了多项工作,从提出各种方案到分析评估这些方案等。但是,最后对方案进行选择是由领导者(决策者)来完成的。领导者要为决策的后果负责。

如果采用模型技术,特别是优化模型来求解,由于模型的求解过程中已经考虑了各种可能的方案,故模型的计算结果本身就完成了方案的选优。如果采用决策支持系统,通过改变方案,对多个不同的决策支持系统方案进行计算,就需要决策者来完成选择方案的决断。

7. 试验验证

在自然科学中,试验是十分常用和有效的方法。但是,在社会问题中,不可能创造出像实验室那样的典型条件。对于重大问题做决策时,尤其是遇到缺乏经验的新问题时,或者对于不确定、不明确因素起较大作用而决策者一时认识不清时,应先选几个典型单位做试验(也叫试点),验证决策方案运行的可靠程度和可行性。决策方案试验的验证为决策者做最后的决策提供依据,这是行之有效的方法。

8. 普遍实施

普遍实施是决策程序的最终阶段。决策方案通过试验验证,可靠程度一般是较高的,可行性也很强。但是,在实施过程中仍会发生执行偏差而偏离目标的情况,在实施过程中,有时会发生"上有政策,下有对策"的情况,有时客观条件会发生重大变化。因此,加强反馈工作,要有一套追踪检查的办法,随时纠正偏差,这就是进行"追踪决策"。

所谓追踪决策,是指当原定决策方案的执行表明将达不到决策目标时,对目标和决策方案所进行的一种根本性修正。发生这种情况有两种可能:一是执行过程表明原决策方案有错误;二是原决策方案是正确的,但主、客观条件发生了重大变化。在这两种情况下,原决策方案都不能继续执行下去,必须重新进行决策。

2.1.5 决策的复杂性

对于重大决策问题,要做出决策有时是十分困难的。决策困难主要有如下七方面的因素。

1. 风险和不确定性(Risk and Uncertainty)

决策是面向未来的,由于认知能力的局限性和决策环境的不确定性,决策者对未来的发展变化通常缺乏清晰的理解。不确定性可能会给组织带来巨大的风险。由于决策的时间压力(决策必须在有限时间内做出,如应急决策问题)或决策成本的局限(缺少足够的人力、资金用于收集信息和做出决策），决策者不得不在不确定条件下做出决策。

2. 多准则、多目标（Multicriteria、Multiple Objectives）

决策者在进行不同决策方案的选择时，通常需要考虑多个方面的因素。例如，若要购买一辆小汽车，需要考虑价格、速度、安全性、百公里油耗、外观、售后服务、品牌等因素。这些判断因素可以称为决策准则（criteria）。有时，这些准则之间存在矛盾，在某一个准则方面好，可能意味着另一个准则差。例如，汽车的价格与安全性之间通常就难以一致。价格越高的汽车，安全性通常越好。价值权衡（Value tradeoffs）是许多决策涉及的问题，如环境保护与经济发展的权衡、眼前利益与长远利益的权衡等。

3. 后果难以公度

做出决策后会出现不同的后果，这些决策后果可以用多个决策准则进行评价。但是，决策准则的评价方法有多种。例如，汽车价格可以用货币单位度量，但汽车的安全性及外观则难以用货币直接度量。

4. 多个决策者或利益相关者

对于重大决策问题，通常涉及多个利益相关者或多个决策者。对同一个决策方案，这些利益相关者或决策者有时由于利益冲突和价值取向不同，具有不同的选择判断。

5. 决策问题不明确

有时，决策者面临的决策问题是不明确的（ambiguity）。不明确的含义是指对决策问题缺乏明确的决策目标，对决策方案及决策相关的因素没有清晰的了解。

6. 多学科性（Interdisciplinary substance）

大型跨国公司的决策者不可能对法律、税务、会计、市场、生产等各个方面的知识都掌握得很好。因此，在决策时必须借助其他专业人员的帮助。由于没有全能的专家，在进行复杂决策时，不同学科和专业的人员都需要参与到决策过程中来。

7. 决策的序贯性（Sequential nature of decisions）

许多决策之间是相互关联的，现在做出的决策可能影响今后决策的机会和质量。

2.2 决策系统和决策模型

2.2.1 决策系统的定义

按照系统理论的观点，决策者（DM）、决策任务（DT）、决策环境（DE）等组成了决策系统（DS）。决策系统可用如下多元组表示

$$DS := \{DM, DT, DE\}$$

根据前面的分析,可以看出决策(D)是决策者(DM)为了达到一定的行为目的,而根据决策环境(DE)的变化所做出的决定。这是一个动态过程,主要包括决策问题识别和决策问题求解两部分,即

$$决策 := \{决策问题识别, 决策问题求解\}$$

决策者(DM)是决策系统中的主导者,给出决策的偏好与决断。这种偏好与决断不仅针对决策方案与决策结果,而且针对决策的全过程。决策任务(DT)是决策系统需要完成的相对独立的整个工作,反映了决策者的职责。决策问题(P)是根据决策任务和决策目标而确定的、需要求解的具体问题,体现了决策环境(现实)与决策者期望之间不和谐性关系的一种描述。决策问题识别是确定决策环境(现实)与决策者期望之间的这种不和谐性,并加以形式化。决策问题求解则指的是在一定的决策环境中和一定的约束条件下,针对一定的决策问题,确定如何达到决策目标,即确定决策方案的过程。

决策系统的主要任务是以现代决策手段和技术对信息系统提供的大量信息进行去粗取精、去伪存真等科学处理,使信息能够全面、及时和准确;对智囊系统提供的各种方案进行选择,认真分析每一个决策方案;从战略高度出发,统揽全局,权衡每一个方案的利弊,进行反复的比较,既可以选取其中一个方案,也可以将多个方案综合成一个方案,以保证决策的科学性和准确性,并迅速做出决策和实施决策。

决策系统中的决策者(DM)是决策系统的核心,由负有决策责任的领导者组成。只有决策系统才有权对所管辖范围的问题做出决策。其他系统都必须在其安排和指挥下进行,不能脱离决策系统而各行其是。

在决策系统中选择方案的方式有单一领导决策和集体决策之分。集体决策是由决策系统的集体(如委员会或董事会)来做决定的。单一决策的优点是速度快,责任明确,但容易出现片面性并造成失误。集体决策可以集思广益,克服片面性,减少失误。但决策速度慢,会贻误时机,有时由于意见不一致,致使决策无法进行或调和折中,影响决策,一旦决策失误又相互推卸责任。

2.2.2 决策模型方法

决策过程中究竟要选取何种模型?是使用现成的模型还是修改已经存在的模型?是否要建立新的模型?要用到哪几类模型,怎么组合这些模型?决策支持系统开发者常常遇到这些问题。因此,将模型按类型划分将有助于决策支持系统模型开发者做出抉择。

模型可以用不同的方法来进行分类。决策支持系统开发者常常喜欢把模型分为回归模型、时间序列分析、预测、评价、数学规划、网络模型、系统仿真、计量经济学、数

量经济学、系统动力学、多目标决策分析等类型。表 2.1 将决策支持系统中使用的模型概括为七种类型，每种模型类型都有动态模型和静态模型之分，同时列出每种类型的代表性求解方法。这些用于决策支持系统的模型方法，在运筹学、系统工程原理、计量经济学、系统仿真等本科课程中有详细的讲解，这里不做详细介绍。

表 2.1 模型的类型

种 类	过程与目标	代表方法
决策模型	从数量较小的方案中找出最好的方案	决策表、决策树、决策分析、多目标决策等
优化与算法	利用逐步改进的过程，从大量的可选方案中找出最好的方案	数学规划模型、约束满足规划模型、网络模型等
分析与评价	利用各种综合分析与评价，找出"满意"的方案	层次分析法、各种综合分析与评价模型
仿真模拟	利用实验的方法，从那些经过测试的可选方案中找出"满意"的方案	排队模型、系统动力学模型、各种仿真模拟模型
人工智能与启发式算法	利用人工智能和专家系统找出"满意"的方案	启发式程序设计、专家系统、知识推理、数据挖掘、神经网络模型
预测模型	对给定情景预测未来，利用历史数据预测未来	回归模型、马尔可夫模型、预测模型、时间序列分析等
经济模型	利用数量经济学、计量经济学的分析模型公式，找到"满意"的方案	回归模型、库存模型、计量经济模型、数量经济模型、财务模型等

近年来，在决策模型方法研究中，比较前沿的研究方向有：贝叶斯（Bayes）决策、价值函数与期望效用理论、随机优势分析、多属性价值函数与效用函数、群体决策、智能决策、马尔可夫（Markov）决策和 Bayes 网络与影响图及行为决策理论等。这些研究成果将为决策支持系统研究提供更加有效的方法支持。对这些决策模型方法的学习是决策分析理论课程的内容，将在管理科学与工程专业的研究生课程中学到。因此，这里只就不确定性决策与智能决策做出简要介绍。

大脑的认知能力对于人的决策是十分关键的，现实决策问题中存在大量的不确定性。人在完成一系列的复杂的动作时，并没有进行有意识的精确测量与有意识的计算，但依然可以做出良好的决策。例如，驾驶汽车、打乒乓球和骑自行车等。在这些情况下，人的大脑通常处理的是不确定信息，如事物发生的可能性、物体的大小、速度等。因此，研究大脑是如何用处理不确定信息以支持决策具有重要的意义，这将有助于发展基于认知的理性决策（perception-based rational decision）理论方法。有的文献提出决策中的不确定性分为"软"不确定性和"硬"不确定性。软不确定性是指不确定性可用可加性概率分布来表征，硬不确定性是指决策中的不确定性可用非可加性的概率分布来表征。为了更好地在决策中考虑不确定性，人们提出了一些新的决策分析理论。例如，英国曼彻斯特（Manchester）大学决策科学研究中心主任杨剑波（Jian-Bo Yang）教授提出了基于 Dempster-Shafer 证据理论（Evidence theory）的多目标决策分析方法。此外，还有灰色决策理论，模糊决策理论（Fuzzy decision theory），粗糙集（rough set）决策理论等。

人工智能可能帮助人们理解人脑是如何做出决策的，并且可以扩展在组织中人的决策能力。因而决策分析与人工智能（Artificial Intelligence，AI）之间的关系正逐渐得到关注。特别是涉及许多关于影响图（influence diagrams）与信念网（belief nets）方面的研究越来越多。规范系统（normative system）是指基于影响图与信念网构建的人工智能系统，已引起了人们研究的兴趣。

2.3 决策支持理论与方法

2.3.1 决策支持的概念

在决策支持系统发展历史中，决策支持是一个先导概念，决策支持的概念形成若干年后，才出现决策支持系统。直到现在大家仍然认为决策支持是比决策支持系统更基本的一个概念。

Keen 和 Morton 认为，决策支持是指用计算机来达到以下目的：

（1）帮助决策者在非结构化任务中做出决策。

（2）支持而不是代替决策者的判断能力。

（3）改进决策的效能（effectiveness）而不是提高它的效率（efficiency）。

决策支持的能力具体表现为以下五个方面。

1. 模型的决策支持

模型是对客观事物的特征和变化规律的一种科学抽象，通过研究模型来揭示决策问题原型的特征和本质。模型方法是制定各类决策问题的基本方法和主要工具。该方法的途径是在探索一些较复杂的现象和过程时，根据已经掌握的事实材料，首先建立一个适当的模型加以描述，从而认识和掌握其变化规律，分析各种因素对决策问题的影响程度，为最优决策问题提供定量依据。

在科学研究中，往往是先提出正确的模型，然后才能得到正确的运动规律和建立较完整的理论体系。这在探索未知规律和形成正确的理论体系过程中是一种行之有效的研究方法。

对于数学模型，需要建立变量与参数构成的方程式。通过模型的算法，求出变量的值和方程的值。在实践中，若能实现和达到模型求出的值，就能取得模型方程所追求的目标。数学模型辅助决策就是要求决策者按模型所求出的值去做决策，这就是模型的决策支持，管理科学和运筹学提供这种决策支持的方式。

对一个决策问题在没有掌握其本质和规律时，是一个非结构化决策问题，通过人们不懈的努力，建立了该问题的模型，找到其本质和规律后，该问题就变成了一个结构化决策问题。

线性规划模型的建立过程就是一个典型的例子。1939年，苏联数学家康托罗维奇提出了线性规划问题，当时并未引起重视。1947年，美国数学家G.B.丹齐克提出线性规划的一般数学模型和求解线性规划问题的通用方法——单纯形法，为研究线性约束条件下线性目标函数的极值问题奠定了数学理论和方法，引起了学者的广泛重视。1951年，美国经济学家T.C.库普曼斯把线性规划应用到经济领域。从此，应用线性规划模型解决决策问题已从非结构化决策问题变成了结构化决策问题。现在，为解决生产计划问题、生产资源分配问题、运输问题等做出决策，线性规划仍是一个功能强大的解决工具。

2．"如果，将怎样（what-if）"分析的决策支持

"如果，将怎样（what-if）"分析是对已建立的决策问题模型进行分析，即对模型中的方程、变量、参数做各种各样的假设，并通过模型计算后，对各种结果进行对比分析后，研究最优解会有怎样的变化，这种分析称为"如果，将怎样（what-if）"分析。

"如果，将怎样（what-if）"分析具有以下基本作用：

（1）优化模型的许多参数在建模时是很难精确确定的，只能对一些数据进行估计。通过what-if分析可以表明参数估计值必须精确到怎样的程度才能避免得出错误的最优解，而且，可以找出哪些参数是需要重新精确定义的灵敏度参数。

（2）在决策问题的条件发生了变化（这是经常发生的）时，通过what-if分析，即使不求解也可以表明模型参数的变化是否会改变最优解。

（3）当模型特定的参数反映决策环境时，what-if分析可以表明改变这些决策对结果的影响，从而有效指导管理者做出最终的决策。

可见，what-if分析在求得基本模型的最优解后，能为管理层的决策提供非常有用的信息。决策支持系统的初期就是采用这种决策支持方式。

3．决策问题方案的决策支持

模型是决策支持的重要手段，多模型组合形成决策问题方案能扩大单模型的决策支持能力。对于比较复杂的决策问题，难以用单模型辅助决策。这时，就需要用多模型的组合来形成决策方案实现辅助决策。每个模型所需要的数据都不相同，模型之间的数据转换是一项很烦琐的工作，应该建立数据处理模型来完成。数据处理模型与数学模型在计算机中有以下区别：数学模型计算比较复杂，需要进行矩阵运算、循环迭代，甚至用

到递归，一般用数值计算语言（即高级语言）来编程和求解；数据处理模型不需要进行复杂的计算，但处理的数据量很大，要进行数据存储结构的转换，一般用数据库语言来编程。多模型的组合则要求把两类不同语言编制的程序结合起来，形成一个决策问题的方案来进行决策支持，决策支持系统基本上是属于这种决策支持方式。

4. 自动生成决策问题方案的决策支持

决策问题方案一般是由程序员根据决策问题的要求，选择解决该问题的模型、数据及多模型的组合方式，再编制该问题的决策支持系统方案，通过计算得到该方案的解并评价方案。由于不同的决策问题的决策方案是不同的，不具有通用性，每个决策问题方案只能是分别由程序员编制程序并计算。

当把所有模型和各类数据都作为决策资源存入模型库与数据库时，模型库中既有数学模型，也有数据处理模型和人-机交互模型等，数据库中既有公用数据也有私有数据，这些都作为决策资源。而决策问题被理解为将模型资源和数据资源作为积木块进行组合，搭建成系统方案的处理过程，用总控程序来描述。这时的总控程序就简单了，只是控制模型运行、存取数据和人-机对话进行判断这三者结合的控制流程。

利用计算机的系统快速原型法能自动生成具有上面要求的决策支持系统控制程序，实现控制模型程序的运行，数据库中数据的存取及人-机对话，这样就实现了决策问题方案的自动生成。当某个决策方案需要将其中某个模型改为另外的模型，或者改变存取数据库中的数据时，只需修改决策支持系统控制程序中模型的调用或数据参数，无须改变计算机语言程序，就能快速自动生成新的决策支持系统方案。

5. 知识推理与智能技术的决策支持

知识和模型一样，也是一种决策资源。数学模型是对现实问题用数学方法进行描述，通过对数学模型的求解，得到数值结果，从而帮助决策者进行数量分析。知识是从现实问题中抽取出来的，是现实问题中状态（概念）改变的描述。问题求解是从开始状态（概念）通过对知识的推理，建立从开始状态（概念）到目标状态（概念）的推理链，这是一种从定性分析角度出发的问题求解方法，也是一种符号处理方法，完全不同于数学模型的定量分析方法。

知识推理是决策支持的定性分析手段，知识推理是人工智能的核心。人工智能经过50年的发展，已经形成了多种人工智能技术。专家系统是人工智能中应用最广、影响最大的人工智能技术。专家系统的知识有产生式规则、谓词逻辑、框架和语义网络等。其中，以产生式规则用得最多。专家系统通过知识的推理，达到人类专家解决问题的能力。例如，医疗专家系统可以模拟医生，由计算机给病人看病，从输入的病人症状可以推理出病人得了什么病,并开出处方为病人治病。神经网络也是人工智能的重要技术。现在,已建立大量的神经网络模型,用来解决模式识别、市场分析、决策优化、自适应控制等应用领域。人工智能的机器学习是获取知识的重要技术。遗传算法是模拟生物遗传过程进行群体遗传,对于优化问题的求解是非常有效的,也是获取分类知识的重要技术。

这些人工智能技术都是以知识推理为核心,都从不同的角度达到决策支持的作用。知识推理与人工智能的决策支持是区别于模型以及模型组合方案的决策支持的另一种重要的决策支持方式。

由此可见,决策支持是目标,决策支持系统是通向目标的工具。决策支持概念独立于具体实现手段,存在于决策者和决策支持系统的关系中,且表现为在有关的决策环境中帮助决策者制定决策,即识别和求解决策问题,因而决策支持的另一个公式化的定义为

决策支持: = {支持决策问题识别, 支持决策问题求解}

由于决策是一个动态过程,对这种过程的支持也应是动态的,即决策支持也应是动态的。不但支持决策问题求解,而且支持决策问题识别,两者组成了一个有机的整体。

2.3.2 决策支持的理论体系

人们一直在努力研制各种各样的决策支持系统,其目的是对决策问题和过程进行有效的支持,帮助决策者制定正确的决策,以提高决策的有效性。虽然很多学者已经从很多方面对决策支持系统进行了研究,并且取得了很大的进展,但是决策支持系统发展到现在还没有形成完整的理论体系。如果要使决策支持系统在现实的决策环境中发挥其应有的作用,完善决策支持系统的理论体系是十分必要的。现在,决策支持系统的应用先于理论研究,而决策支持的理论研究主要针对支持决策问题求解,决策支持系统的技术研究也主要集中在系统的体系结构及其各部件的组成、资源的管理、系统的开发策略等方面,并且侧重于决策问题求解的实现上。

决策支持包括支持决策问题识别与决策问题求解,问题识别是问题求解的前提,问题识别错误将使求解失去意义,必须把支持决策问题识别与求解放在同等重要的地位。柳少军编著的《军事决策支持系统理论与实践》一书提出的决策支持理论体系是由决策支持理论、决策支持系统工程、决策支持系统综合集成、决策支持部件和决策支持系统等组成的。决策支持理论是决策支持系统的理论基础,决策支持系统工程是决策支持系统实现的方法论,决策支持系统综合集成是决策支持系统实现的途径。决策支持理论主要研究决策环境分析、决策者行为与心理分析、决策需求分析、决策支持需求分析、决策问题识别理论与方法、决策问题求解理论与方法、决策支持过程调度和控制理论与方法

等。决策支持系统工程是有效决策支持的实现原则,是决策支持系统实现的工程原理的集合,是决策支持理论到决策支持系统实现过程中所应遵循的原则,它主要研究决策支持系统工程原理,决策支持系统研制的步骤、方法、生命周期,决策支持系统设计方法,决策支持系统开发方法,决策支持系统的评价与效能分析理论,等等。决策支持系统综合集成研究的是由决策支持部件形成有效的决策支持系统的过程,即在一定的决策环境下,根据有关决策者和决策任务,有效地集成决策支持部件完成决策支持系统的开发过程,主要研究决策支持系统集成的机理、原则与方法,包括决策支持系统的技术集成、模型集成、数据集成和用户集成等。

本章小结

本章介绍的是决策支持系统中的决策、决策系统、决策模型与决策支持的概念、特征、基本要素和分类,重点系统学习掌握决策过程步骤,理解什么是结构化和非结构化决策问题,系统梳理学过的决策模型方法,这些类型的模型在决策支持系统中的作用,了解决策支持的不同方式。

本章习题

1. 什么是结构化和非结构化决策问题?
2. 为什么决策阶段与过程应该是闭环的"追踪决策"?
3. 简述决策的复杂性。
4. 对于决策模型的类型,根据学习掌握的决策模型方法,分析还有什么好的分类方法?
5. 决策支持的概念,有什么决策支持的形式?各有什么特点?

第3章 决策支持系统结构与分类

本章学习重点

　　本章重点学习决策支持系统的构成与分类。区别于一般的信息系统，决策支持系统在构成上更强调模型、知识与协作，其本质上是运用数据、模型和知识通过人-机交互或者机-机交互解决各种复杂决策问题。

　　通过对本章的学习，要求重点掌握决策支持四种结构形式，并能够对其优、缺点进行比较分析；掌握五种决策支持系统的概念、主要功能及其区别；熟悉网络决策支持系统的概念；掌握网络决策支持系统的逻辑结构，了解其物理结构。

3.1 决策支持系统结构

目前,典型的决策支持系统的结构主要有 Spraque 的三部件结构、Bonczek 的三系统结构以及陈文伟教授的综合结构。

3.1.1 Spraque 的三部件结构

1980 年 Spraque 提出著名的决策支持系统的三部件结构,它是由人-机交互系统(对话部件)、模型部件和数据部件三个部件所组成。

决策支持系统的三部件结构如图 3.1 所示。

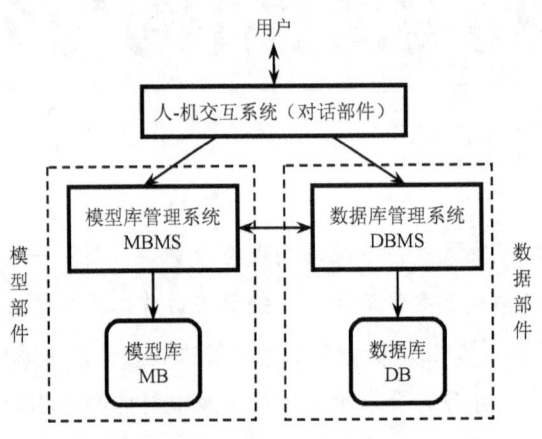

图 3.1 决策支持系统的三部件结构

这种结构是为达到决策支持系统目标的要求而形成的。管理信息系统可以看成由对话部件和数据部件组合而成,而决策支持系统是管理信息系统的进一步发展,即增加了模型部件。决策支持系统也不同于单模型的辅助决策,它具有存取和集成多个模型的能力,而且具有模型库和数据库集成的能力。决策支持系统发展成为既具有管理信息系统的能力,也具有为各个层次的管理者提供决策支持的能力。决策支持系统的目标是对半结构化决策问题提供支持。随着计算机技术的发展,决策支持系统技术将会逐步深入到非结构化决策问题,使其转化为半结构化或结构化决策问题,并提供决策支持。可见,决策支持系统是有广泛前途的发展领域,现已成为管理科学与工程学科的主要学科方向。

3.1.2 Bonczek 的三系统结构

1981 年 Bonczek 等人提出了决策支技系统的三系统结构形式,即它由语言系统(LS)、知识系统（KS）和问题处理系统（PPS）三个部分组成，其结构如图 3.2 所示。

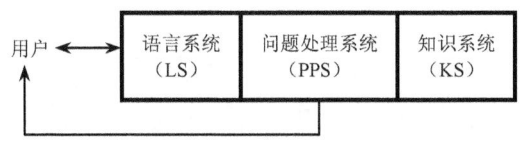

图 3.2　决策支持系统的"三系统"结构

1．语言系统

提供给决策者所有语言能力的总和称为语言系统（LS）。一个语言系统既包含检索语言（它是由用户或由模型来检索数据的语言），也包含计算机语言（它是由用户操纵模型计算的语言）。

决策用户利用语言系统的语句、命令、表达式等来描述决策问题，并编制程序在计算机上运行，以得出辅助决策信息。

2．知识系统

知识系统是问题领域的知识，它包含问题领域中的大量事实和相关知识。最基本的知识系统（KS）由数据文件或数据库组成。数据库的一条记录表示一个事实，它按一定的组织方式进行存储。

更广泛的知识是对问题领域的规律性描述。这种描述用定量方式表示为数学模型。数学模型一般用方程、方法等形式描述客观规律性。这种形式的知识可以称为过程性知识。

随着人工智能技术的发展，对问题领域的规律性知识用定性方式描述，一般表现为产生式规则。除了数理逻辑中的公式、微积分公式等这种精确知识外，一般表现为经验性知识，它们是非精确知识。利用这些知识，大大提高了解决问题的能力。

3．问题处理系统

问题处理系统是针对实际问题，提出问题处理的方法、途径，利用语言系统对问题进行形式化描述，写出问题求解过程，利用知识系统提供的知识进行实际问题求解，最后得出问题的解答，并产生辅助决策所需要的信息，以支持决策。

决策支持系统的这种结构形式有如下三个特点。

1）强调问题处理系统的重要性

不同的决策问题，需要进行不同的问题处理。如何解决实际问题就是问题处理系统的关键所在。问题的解决首先需要对问题进行形式化描述，包括数据及知识的表示、组织、存取和利用；再对问题的求解提出方法和途径，使之能够得到问题的解答。在问题求解时要利用知识系统中的知识。

2）强调语言系统

利用计算机对问题求解、支持决策是需要通过计算机语言来完成的。计算机语言种类很多，目前计算机语言仍属于"上下文无关文法"，它离自然语言相差较远。为了有效地进行问题求解，一般在计算机的输入和输出方面采取简化的自然语言以及有效的人-机交互环境来帮助人的理解和使用。

可以认为，语言系统是利用计算机语言来形式化描述问题处理系统和知识系统的，它使决策支持系统能在计算机上实现。

3）把数据、模型、规则统一归为知识系统

从知识的广义角度看，数据可以看成事实型知识，模型是过程性知识，规则是产生式知识。这些知识都为解决决策问题提供服务。这样，把数据、模型、规则统一看成为问题处理系统提供服务的知识。

3.1.3 陈文伟教授的综合结构

通过对上述两种结构形式的分析，陈文伟教授提出了决策支持系统的综合结构。显然，三部件结构能明显地突出决策支持系统的特点，而在三系统结构中，数据和模型统一在知识系统中，不利于决策支持系统的开发。显然三部件中的人-机交互系统应该是三系统中问题处理系统和语言系统的综合部件。把人-机交互系统改为"问题处理与人-机交互系统"，即"综合部件"更合适一些。它可以将决策问题综合"多模型组合运行，大量数据库的存取，人-机交互"作为一个整体，形成实际决策支持系统。

决策支持系统综合结构，如图3.3所示。

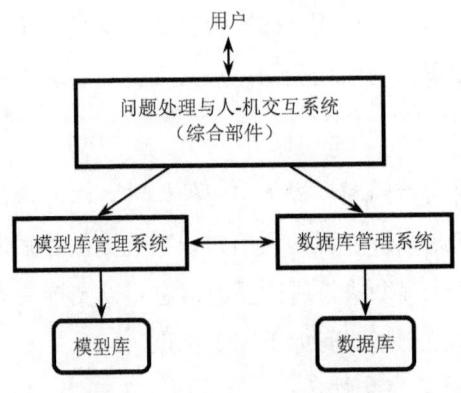

图3.3 决策支持系统综合结构

"问题处理与人-机交互系统（综合部件）"可理解为对实际决策问题的集成处理与人-机交互。它包含的功能如下。

1) 控制模型的运行

控制模型可以是数学模型,或者是数据处理模型。每个模型的运行需要存取不同数据库的数据并进行计算或处理。

2) 多模型的组合运行

对多模型的组合运行,按计算机程序结构形式——"顺序、选择、循环"三种结构形式以及它们之间相互嵌套来完成对多个模型的有效组合。

3) 人-机交互

在实际决策支持系统中,人-机交互是不可缺少的。用户可以通过交互信息,即输入数据完成计算、输入命令进行控制和改变模型的运行或决策支持系统的运行。

决策支持系统又可通过多媒体和可视化技术来表现系统运行情况和最终结果。

4) 数值计算和数据处理

对于模型间的数值计算或数据处理应该由"问题处理与人-机交互系统"部件自身来完成。这是使多模型有机组合形成实际系统的不可缺少的部分。

3.1.4 扩展的六系统结构

Frada Burstein 细化了 Bonczek 的三系统结构,提出了决策支持系统的通用结构,即语言系统(LS)、展现系统(PS)、知识系统(LS)和问题处理系统(PPS)。这些系统确定了决策支持系统的功能和行为,并把三系统结构中的语言系统细分出语言系统(负责输入信息)和展现系统(负责输出系统),使决策支持系统的分析、设计和构造更具有可操作性。

决策支持系统的核心是决策资源和问题处理,而问题处理的模式,如协作模式和单机模式,同样对决策支持效果产生很大的影响。特别是目前网络系统的普及和协作需求的持续增加对决策支持系统结构提出了新的挑战。上述结构还不能够反映这方面的需求,为此,本书在 Frada Burstein 结构的基础上,提出了决策支持系统扩展的六系统结构的概念模型,如图 3.4 所示。

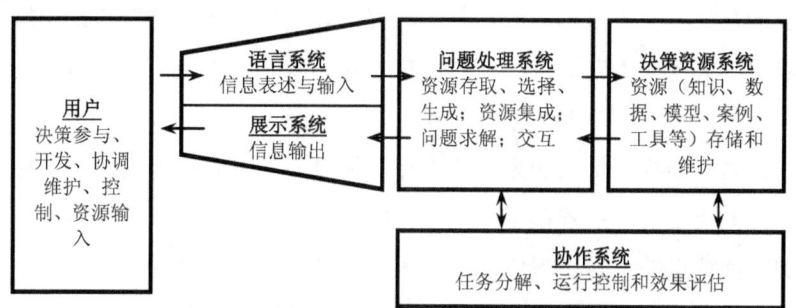

图 3.4 决策支持系统扩展的"六系统"结构

相比于其他结构,特别是三系统结构,六系统结构体现了以下三个特点。

1)用户成为决策支持系统的一部分

在上述结构中,用户也作为一个"系统"出现,是决策支持系统中不可分割的一部分。决策支持功能的实现很大程度上依赖于用户的参与。用户的主要职责是参与决策制定的全过程,开发面向问题的决策支持功能,维护决策资源,控制决策协作过程以及进行资源的输入等。

2)"决策资源系统"取代"知识系统"

按照 Bonczek 的三系统结构,把数据、模型、规则统一归为知识系统进行管理。但是,由于知识的概念易于与专家系统、数据挖掘等领域中的"知识"概念混淆,因此,在这里以"决策资源"代替"知识"。事实上,这里的决策资源不仅包括数据、模型和规则,也包括用于决策支持的其他信息资源,如决策工具和决策案例等。

值得一提的是,这里的"决策资源系统"并不意味着所有的资源是统一模式和通过统一的接口进行管理,这取决于系统实现的策略和机制,可根据决策支持系统建设的背景、规模而决定是分别建立模型库、数据库、知识库以及案例库,还是建立统一的广义资源管理系统。

3)突出协作系统

协作是现代决策支持系统的发展潮流,也是决策支持的主要模式,特别是随着网络技术的发展,这种趋势和需求越来越明显。这里的协作系统是指对单个问题处理系统进行任务分解、运行控制和效果评估,以支持多个问题处理系统进行协作解决决策问题。同时,"协作"也会影响决策支持系统中决策资源的管理模式。

3.2 决策支持系统种类

上述决策支持系统六系统结构提供了讨论决策支持系统的共同基础,同时也可以此为依据区分不同的决策支持系统。举例来说,两个决策支持系统可能具有相同的决策资源系统和展示系统,但各自有截然不同的语言系统,用户使用一个决策支持系统的语言难以直接应用到其他决策支持系统,它们有不同的风格和功能。那么这也是两类不同的决策支持系统,其决策支持效果也不一样。

对上述六系统结构,不同的系统侧重点往往对应着不同类型的决策支持系统,换言之,许多特定的决策支持系统都是上述结构的一个案例,体现出不同的决策功能特色。不同系统的功能特点的差异也就成为了决策支持系统进行分类的标准。以上述结构模型为基础,介绍几种典型的决策支持系统类型。这些类型的决策支持系统可能差异很大,但是都遵从上述的六系统结构模型。

3.2.1 模型驱动的决策支持系统

1973 年 Scott-Morton 所设计的生产计划管理决策系统是引起广泛关注的第一个模型驱动的决策支持系统。早期的很多决策支持系统基本上都是模型驱动的决策支持系统。

模型驱动的决策支持系统强调对于经济、优化以及仿真的各种模型的访问和操作，这些定量的模型为这类决策支持系统提供了基础计算功能，一般不需要大量的数据访问，而是为用户提供可选择的参数和数据集合，辅助用户完成对当前态势的分析。这类决策支持系统也称为面向模型的决策支持系统（model-oriented DSS）、面向计算的决策支持系统（computationally oriented DSS）、面向求解器的决策支持系统（solver-oriented DSS）等。按照上述六系统结构，模型驱动的决策支持系统结构如图 3.5 所示。

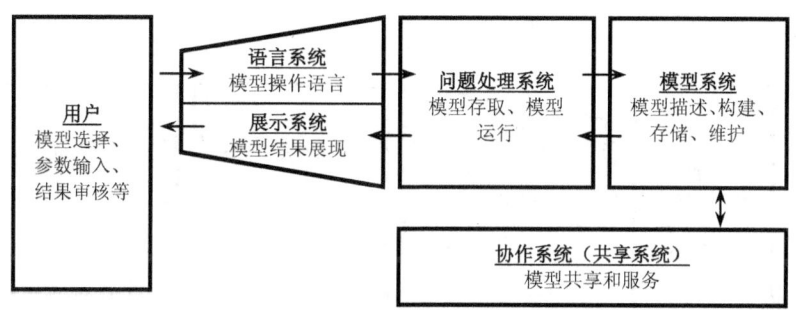

图 3.5 模型驱动的决策支持系统结构

第一个使用经济和定量模型支持模型驱动决策支持系统构建的商用工具是 IFPS，它是一个交互式财务策划系统，20 世纪 70 年代由 Gerald R. Wagner 和他的学生于美国德州大学奥斯丁分校（The University of Texas at Austin）开发的。Wagner 的公司在 20 世纪 90 年代还在做该工具的市场销售工作。

1978 年，Dan Bricklin 等开发了 VisiCalc。VisiCalc 为管理决策人员提供了基于单机的简易分析和决策支持工具，而且具有二次开发功能。1987 年，Dan Fylstra 创建的 Frontline Systems 首次为微软的 Excel 系统开发了优化规划求解器插件，支持基于电子表格数据的模型计算。

这些使用经济、优化等定量模型的模型驱动决策支持具有令人鼓舞的应用前景，但是也面临很多挑战性研究问题。随着计算机化的定量模型变得越来越多，如何有效管理和集成多准则决策模型、优化模型以及仿真模型以支持复杂的决策问题的求解变得越来越急迫。

3.2.2 数据驱动的决策支持系统

数据的准确性是减少决策不确定因素的根本所在，是决策支持系统的基础，因此数据资源是决策支持系统不可缺少的重要组成部分。

数据驱动的决策支持系统强调访问组织内部和外部的时序数据，进行数据分析以辅助完成决策制定。简单的文件查询和检索是此类系统的最基本的功能。而作为高级功能阶段的数据仓库系统，主要针对特定的任务和背景，提供特殊的数据处理功能。提供联机分析处理（OLAP）功能的决策支持系统，能够根据大量的历史数据得到数据之间的关联。而提供数据挖掘（Data Mining）功能的决策支持系统还能够挖掘海量数据之间的规则，对数据进行预测。数据驱动的决策支持系统也称为面向数据的决策支持系统（data-oriented DSS），分析信息系统（Analysis Information Systems）和检索型决策支持系统（retrieval-only DSS）。按照上述六系统结构，数据驱动的决策支持系统的结构如图3.6所示。

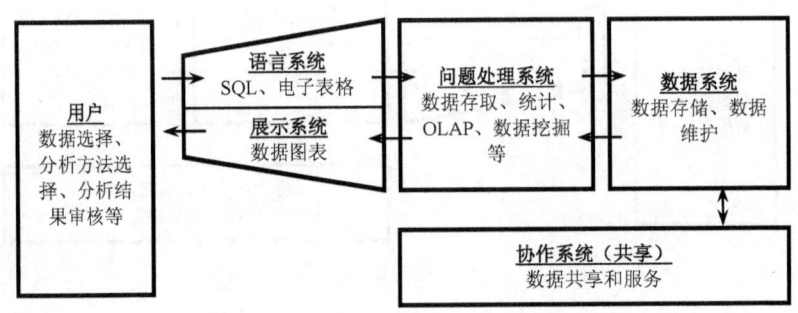

图3.6 数据驱动的决策支持系统结构

较早的一个数据驱动的决策支持系统是 AAIMS（An Analytical Information Management System）。John Rockart 提倡建立的执行信息系统（Executive Information Systems，EIS）和行政支持系统（Executive Support Systems，ESS）也是从单个模型驱动的决策支持系统发展到以关系型数据库为基础的数据分析系统。20世纪90年代，数据仓库和联机分析处理的出现拓展了数据驱动决策支持系统的外延，其在商业领域得到了极大的推广，如宝洁公司建立决策支持系统分析零售数据，采用基于事实的支持系统，以改善商业决策。到1995年，沃尔玛的数据驱动决策支持系统已拥有超过5TB的在线数据。

3.2.3 知识驱动的决策支持系统

知识是决策支持系统中重要的决策资源。知识是决策的关键因素。经过人工智能学者的研究,现已成功运用的知识表示形式有:谓词逻辑、产生式规则、语义网络、框架、剧本、过程以及神经网络(权值)。但是目前运用最广泛的、技术最成熟的知识表示形式是产生式规则。

知识驱动的决策支持系统向管理决策人员建议或推荐行动方案。这些决策支持系统是具有专业问题求解能力的人-机系统。这里的"专业"指特定领域的知识、理解问题域的能力以及解决这类问题的技巧。这些系统也被称为建议决策支持系统(suggestion DSS)、以知识为基础的决策支持系统(knowledge-based DSS)、专家系统(expert system)、智能决策支持系统(Intelligent Decision Support System)等。

按照上述六系统结构,知识驱动的决策支持系统的结构如图 3.7 所示。

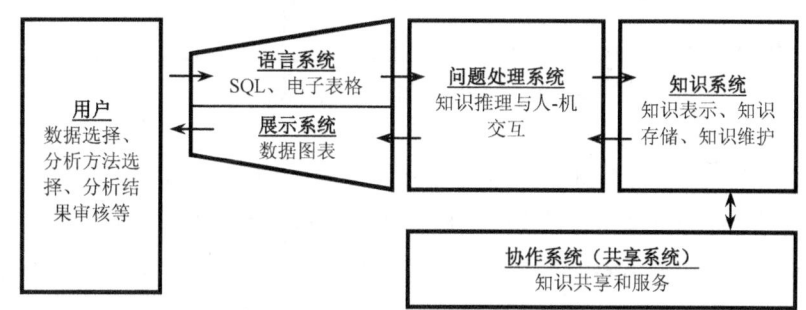

图 3.7　知识驱动的决策支持系统结构

Bonczek 人等首次提出了这些相关专家系统技术在决策支持系统中的应用,并引起了广泛的兴趣。1983 年,Dustin Huntington 开发了 EXSYS 工具,使得基于 PC 平台建立专家系统成为可能。根据 1999 年美国国家研究委员会的报告,到 1992 年,有 11 个基于 Macintosh 平台的、29 个基于 IBM-DOS 平台的、4 个基于 UNIX 平台的专家系统类的程序。人工智能系统已经发展到用于检测金融欺诈、医疗诊断、生产调度以及基于 Web 的咨询系统。近年来,专家系统技术结合关系数据库,并采用基于 Web 的前端系统已经成为知识驱动的决策支持系统主流使用模式。

3.2.4　协作驱动的决策支持系统

协作驱动的决策支持系统是一种特殊类型的决策支持系统。协作驱动的决策支持系统使两个或更多的实体(人或者计算机程序)相互沟通,共享信息并协调他们的活动。在这类决策支持系统中,强调决策支持过程中部件之间的通信和协作。公告板或者电子邮件就是其最简单的功能。

协作驱动的决策支持系统软件至少有以下特征之一:

(1) 支持决策群组中人与人之间的沟通。

(2) 支持信息共享。

(3) 支持群组中人的合作（不同群组之间）与协调（群组内部）。

(4) 支持群体决策任务的求解。

按照上述六系统结构，协作驱动的决策支持系统的结构如图3.8所示。

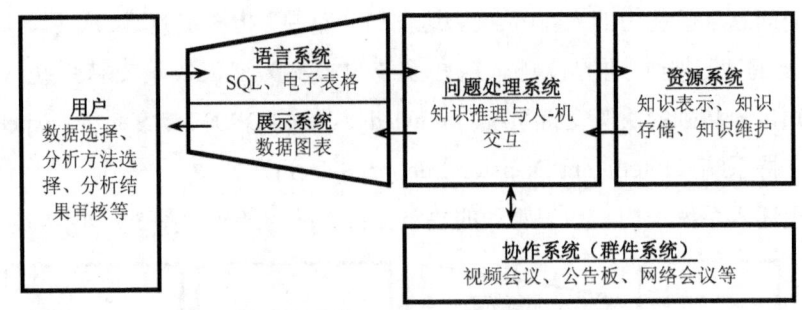

图 3.8 协作驱动的决策支持系统结构

按照图3.8所示，协作驱动的决策支持系统主要突出协作系统的地位和作用，群件主要体现在对于问题处理系统的支持，即分布式问题求解的模式和支持环境。

协作驱动的决策支持系统的基础环境是群件（groupware）。群件的目的是支持和增强群体活动，它是一种比协作计算更广泛的概念，是软件和硬件共享互动的环境。典型的群件有视频会议、公告板、网络会议、文件共享以及电子邮件等。

群决策支持系统（Group Decision Support System，GDSS）是一种典型的协作驱动的决策支持系统，是一种多种决策支持系统的混合体，它允许多个用户借助各自的决策支持系统使用群件进行协作解决决策问题，其前提是多个用户有自己的本地决策支持系统。协作驱动决策支持系统的难点在于群体过程、群体认知、多用户接口、并发控制、群体协调、信息共享空间等。协作驱动的决策支持系统通常分为同步（同一时间使用）和异步（不同时间）、集中（同一个地方面对面）和分布（不同地方）几种方式。

值得一提的是，群决策支持系统并不等同于协作驱动的决策支持系统，协作驱动的决策支持系统是比群决策支持系统更为广泛的一个概念。

3.2.5 复合型决策支持系统

如前所述，每一种特殊类型的决策支持系统都是一般决策支持系统框架的一种应用，可理解为决策支持技术（决策资源类型，包括数据、模型和知识等，本书只讨论此三种）和决策模式（个体和群体）的差异。而决策模式功效的发挥必须借助于相关的决策支持技术来实现，因此，本书主要讨论决策支持技术对于其能力的影响。

如果决策者能够使用多种决策支持的能力，其可以有两个基本的选择：

(1) 使用多个决策支持系统,每个决策支持系统使用不同的决策支持技术。
(2) 使用一个决策支持系统,但是包括多种技术手段。

第一个方案是类似的有多个参谋助手,每个人都有一个专长。每个决策支持系统有自己的语言系统和处理系统,决策者必须学会使用各自的功能和方式。决策支持系统之间的协调工作由决策者完成。例如,某个大型企业关于建立新的零售点问题需要用到多个决策支持系统来辅助该问题的决策。决策过程中需要利用面向规划求解的决策支持系统解决预测经济发展问题,需要利用面向规则推理的决策支持系统解决新的零售点选址问题,而决策者必须把各地经济发展预测的结果手动地输入面向规则推理的决策支持系统中去,或者通过中间程序进行转换。

第二种选择类似于有一个参谋助手,擅长多种技术,是个多面手。把多种决策支持技术集成到一个决策支持系统中的优劣取决于集成模式。在决策支持系统整合过程中,主要有嵌套和协同两种集成模式。嵌套方式是指在一个类型的决策支持技术(宿主技术)中整合另外一种类型的决策支持技术。例如,在数据分析过程中引入模型求解的方法。嵌套方法通常对宿主技术有很高的技术要求,如具有很好的开放性。这种方法集成度高,灵活性不够,难以适应决策问题的变化,但是通常效率较高。协同的方法是指通过综合程序,整合不同的决策支持技术,没有所谓的宿主技术,不产生决策支持技术之间的嵌套现象,所有的技术都集成到一个单一的工具中。这种方法需要一个强大的综合集成的语言或者手段,可以任意根据决策问题的变化进行调整,但是效率通常比嵌套式的方法要低。

采用多种决策支持技术的决策支持系统称为复合型决策支持系统,包括第一种方案和第二种方案建立的系统,其中采用协同方法是建设复合型决策支持系统的主要方法。按照上述六系统结构,这种复合型决策支持系统结构如图 3.9 所示。

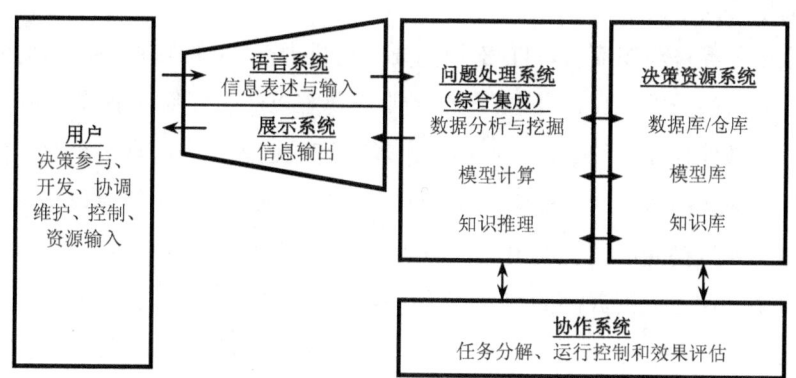

图 3.9 复合型决策支持系统结构

按照图 3.9 所示,复合型决策支持系统中问题处理系统的主要功能是根据决策问题类型,把数据分析与挖掘、模型计算和知识推理等问题的处理功能综合起来以解决决策问题,而每个问题处理功能分别处理不同的决策资源。

3.3 网络决策支持系统结构

信息技术发展推动了 Internet 的诞生及其广泛应用,并引发了一场 Internet 革命,将人类社会从工业经济时代推向电子商务时代。Internet 也对决策支持系统产生了巨大的影响,其显著特征就是网络决策支持系统的出现。

3.3.1 网络决策支持系统概述

Internet 正在以空前的速度改变着整个世界,这不仅包括人类的生活方式以及企业的竞争环境与运作模式,而且也正在改变全球的经济结构与产业发展模式。Internet 也正在重塑 IT 产业的未来发展模式,新的应用服务提供商(Application Services Provider,ASP)模式正在悄然兴起。

20 世纪 80 年代后期,电子工业的发展和计算机的诞生,标志着 IT 产业发展开始起步;20 世纪 90 年代,计算机开始进入商业应用领域,这不仅为信息产业发展创造了无限的空间,而且为业务管理提供了现代化信息技术处理手段。人们很快便意识到,计算机的广泛应用将可以显著提高工作效率和经济效益。为此,各经济组织开始推广计算机应用领域,并在组织内部纷纷成立 IT 应用服务部门。

到 20 世纪 90 年代,随着市场竞争日趋激烈,企业不得不提高自己核心价值的增值能力,而将增值较少的非核心业务尽可能多地"外包"出去,以期在激烈的市场竞争中具有自己的核心竞争力。

对于众多的经济组织而言,IT 部门主要是提供内部 IT 应用服务的辅助业务部门,但这类部门通常高成本运行,且 IT 投资经常出现难以产生任何经济效益的"IT 黑洞"现象。为了有效地控制运营成本,在西方市场经济发达国家中的众多企业开始解散或缩编 IT 部门,而将整个信息系统(包括应用平台与应用软件系统)的建设与运行维护工作常年委托给专业机构完成,从而出现了 IT 应用服务"外包"。

伴随着第三次互联网浪潮的到来,云计算成为资源共享、数据高效处理、大规模计算的发展趋势。云计算的出现与成熟,为决策支持系统的发展带来了巨大的机遇和挑战。云计算带来的新的思想和新的技术为实现 Internet 上的决策资源共享和决策模型计算提供了一种理想的途径,能够很好地解决目前智能决策支持系统发展中遇到的许多问题。

目前关于云计算没有统一的定义，但总体来说，云计算是一种通过互联网络将虚拟化的数据中心与智能的用户终端有机地联系起来，提供便捷服务的信息服务环境。云计算的核心思想是将大量的计算资源用网络连接，进行统一的管理和调度，组成一个资源池，向用户提供按需服务。用户不需要知道"云"的具体架构，只需要知道他们需要获取的资源和如何获取这些资源。

云计算是一个完全开放的服务环境，其自身的体系结构、标准、系统平台、软件服务等都是开放的，决策资源是可扩展的，决策主体也是动态变化的。作为一种以服务为对象的技术，云计算服务通常分为三个层次：软件即服务（SaaS）、平台即服务（PaaS）、基础设施即服务（IaaS）。

云计算通过云端不但能为决策过程提供大量的数据和信息，而且能够通过云计算中心为存储和管理决策过程中的这些内容提供庞大的存储空间和强大的计算能力。同时，云计算环境下海量的信息服务和决策资源还能够为决策过程提供有效的支持，根据决策者的需求与偏好选择合适的资源进行服务。

云计算环境下信息和资源共享、强大的处理海量数据的能力、动态扩展的特征，可以满足决策者不断变化的要求。因此，许多公司也建立起了各自的云计算环境。Google 公司的云计算服务平台构建于 Google File System 分布式文件系统、MapReduce 并行计算框架及 BigTable 大规模分布式数据库等之上，能够根据决策者偏好从海量的资源中选择合适的决策资源，并动态地进行调用。Amazon 也建立了弹性计算云，以及简单存储服务，为决策者提供计算与决策支持，使其能够按需使用云平台上的各种存储资源进行决策信息的采集与存储，当决策信息发生变化时能够动态地调整存储过程，从而减少了决策者对信息处理与融合的负担，降低了决策成本。

云计算下的决策支持就是针对云计算环境下决策问题的新特点和新要求，综合运用系统理论、信息技术、运筹方法等多种理论、技术和方法，研究决策中的决策过程、准则、类型及方法。决策环境的开放性、决策资源的虚拟化、决策问题的非结构化及问题求解的协作性使得云计算下的智能决策呈现出了与传统决策及分布式决策所不同的特征。

随着网络技术的发展和网络应用的普及，为给决策用户发布定量、定性决策信息和工具提供了很好的机会。网络环境和新的系统开发模式允许决策专家把精力集中到决策信息存取和决策方案的辅助制定上面，而通过网络把决策信息发布给需要的决策用户。这种类型的决策支持系统称为网络决策支持系统。它通过网络发布决策支持信息或者决策支持工具，网络也提供决策支持资源的远程存储和共享。可以预见，网络决策支持系统可以进一步促进和改善决策制定的过程和程序，是未来决策支持系统发展的方向。

3.3.2 网络决策支持系统逻辑结构

在信息技术的快速发展推动下，网络决策支持系统的开发模式和运行机制都发生了根本的变化。网络环境下的决策支持系统层次模型（DSS Layer Model，DSSLM）层次图如图 3.10 所示。

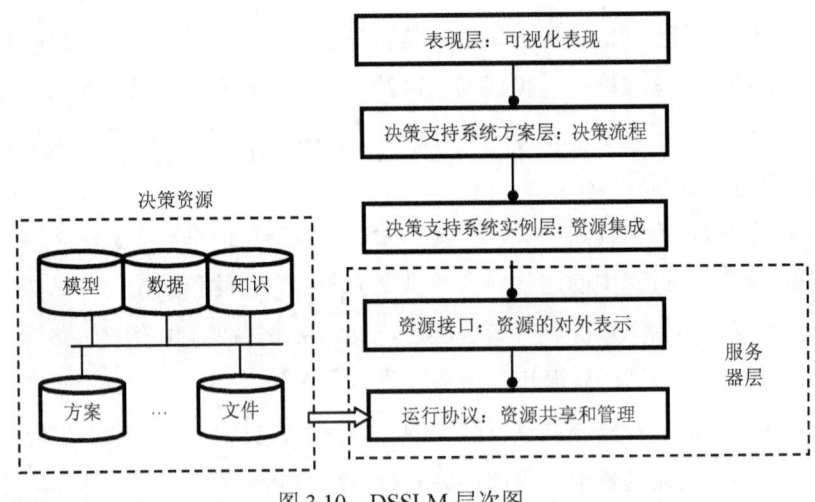

图 3.10 DSSLM 层次图

1. 层次模型

1）服务器层

服务器层即资源层。服务器中存放的是决策支持资源，如模型、数据、知识及其他资源。这些资源以服务器的模式为各个不同的决策支持系统提供资源的管理、共享和重用，这样既有利于资源的集中有效管理，也有利于资源的最大限度的利用。网络的发展和 C/S 计算模式的成熟为 DSSLM 的应用提供了技术的保障。资源通过统一的对外接口为决策支持系统流程或决策支持系统实际系统提供资源访问服务。服务器层由资源接口和资源共享和管理（运行协议）等功能组成。

2）决策支持系统实例层

决策支持系统实例对应的是实际可以直接运行的决策支持系统，它是决策支持系统概念的物理实现。对于方案（见"决策支持系统方案层"）中标示的要解决的各个问题（子问题），连接相应决策资源，生成实际可以运行的决策方案。这里的决策支持系统中的资源是到实际资源服务器中资源的一种映射关系，也即资源的对外表示形式，实际的资源存放于服务器上。决策支持系统在运行时通过向服务器发送请求才能获得相应的资源。决策支持系统实例反映的是决策支持系统决策技术人员解决问题的意愿。

3）决策支持系统方案层

决策支持系统方案反映的是决策支持系统资源的逻辑集成关系，即一个实际问题的决策流程，它与具体使用什么样的决策资源无关。它是从概念上对实际应用问题进行的分解。其每一个步骤标明了需要解决的问题。方案是解决实际问题的基础，是生成决策支持系统实例的前提。它针对的是实际问题，反映的是最终用户或管理决策人员解决问题的意愿。

4）表现层

表现层是构架的决策支持系统呈现给最终用户的形态。表现形态既能够体现决策支持系统的功能组成和逻辑结构，也有利于用户的理解和操作，同时还要支持人-机之间的交互。用户可以根据不同的计算机配置和决策用户采用不同的表现形式和交互手段。表现层的表现内容包括方案、实例以及底层的资源。

DSSLM 采用层次化的方式刻画了决策支持系统（实例）、方案（问题解决流程）、决策资源（问题的基础解决技术），以及系统表现形式之间的关系。传统决策支持系统的开发却没有区分这些层次关系，从而使得决策支持系统的开发效率很低，每个系统都是封闭的，无法达到资源的共享和决策方案的快速生成，对于如何在网络上实施也缺乏必要的理论指导。

基于服务器模式的决策资源管理可以保证用户不必为每个决策支持系统开发自己的决策资源。决策支持系统实例与实际的决策资源的分离保证了系统的快速生成、快速修改以及多方案的比较，也同时使得方案/实例本身成为了一种新的决策资源，从而保证了决策支持系统可以在多个层次上进行交互和资源的共享。

2. 资源接口和运行协议

决策支持系统完成对各种资源的有效集成，形成决策方案或者生成辅助决策信息。在网络环境下，为了完成对地理上分布的决策资源的存取和访问，必须制定资源的统一接口规范以及决策资源的运行规范。网络环境下决策支持系统资源接口和运行协议如图 3.11 所示。

决策支持系统资源接口规范定义了决策支持系统资源的对外表示，不仅可以使不同决策资源集成体之间可以互相交流，而且允许决策支持系统集成体能够自由地访问和存取网络环境下不同的决策资源。运行协议则定义了决策支持系统应用如何集成资源以及如何存取资源，规范了决策资源的访问，使得不同决策支持系统之间能够共用同一个资源集成体（DSS 实例）。

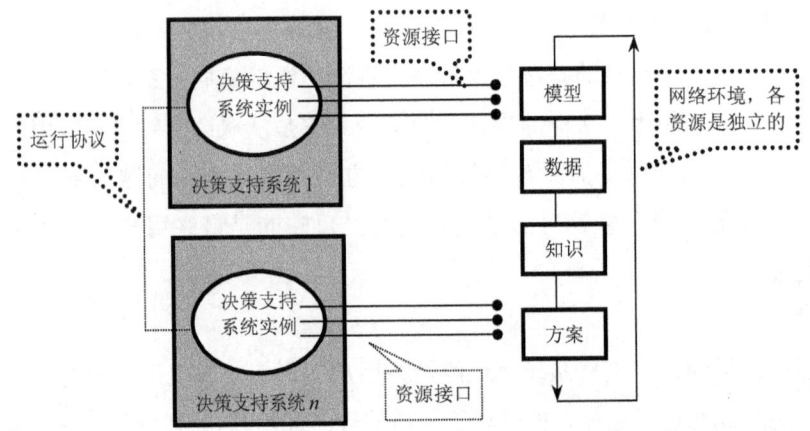

图 3.11 网络环境下决策支持系统资源接口和运行协议

决策支持系统运行协议的基础是决策资源的接口规范和网络通信 TCP/IP 协议,它由决策资源访问协议和决策支持系统集成协议组成,其层次结构如图 3.12 所示。

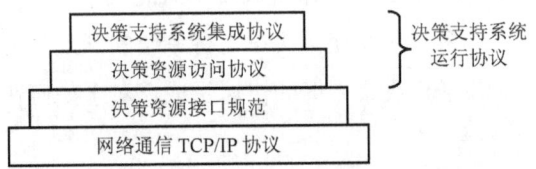

图 3.12 决策支持系统运行协议层次结构

资源服务器是以服务器的形式实现对决策资源的管理,并通过资源操作命令语言(RML)提供对远程用户的资源请求。决策资源服务器的基础是资源的规范化接口。

决策资源访问协议保证了不同决策支持系统应用系统之间的资源共享,而决策支持系统集成协议保证了不同决策支持系统应用系统的有效集成和大型决策支持系统的开发与研制,从而实现决策应用系统在各个层次上的共享和集成。不同决策支持系统之间的互操作如图 3.13 所示。

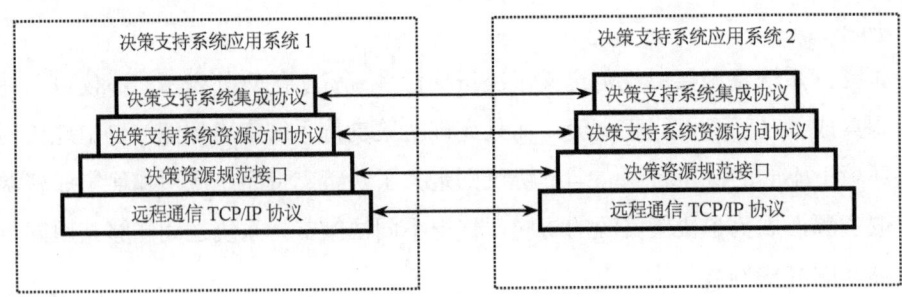

图 3.13 不同决策支持系统之间互操作

正如 TCP/IP 协议网络可以互连一样，决策支持系统运行协议确保了不同决策支持系统应用系统之间可以在多个层次上达到共享和交互。

3.3.3 网络决策支持系统物理结构

在网络环境下，客户端系统可以同时连接多个 Internet 上的模型服务器、数据库服务器和知识服务器，通过可视化的方式构建决策支持系统框架流程并连接这些资源生成实际的决策支持系统。这是一种全新的决策支持系统开发模式，它不仅使得决策资源在网上得到共享，而且可以借助已有的数据、资源和运行环境（如大型的数据管理设备、高性能的运算服务器），不需自己构建复杂的决策环境就可以完成实际问题的决策。这符合最新的软件发展潮流，即托管自己的资源，把复杂的管理和运算功能交给特殊的部门，而由自己操作这些资源生成自己的决策问题辅助系统。网络决策支持系统如图 3.14 所示。

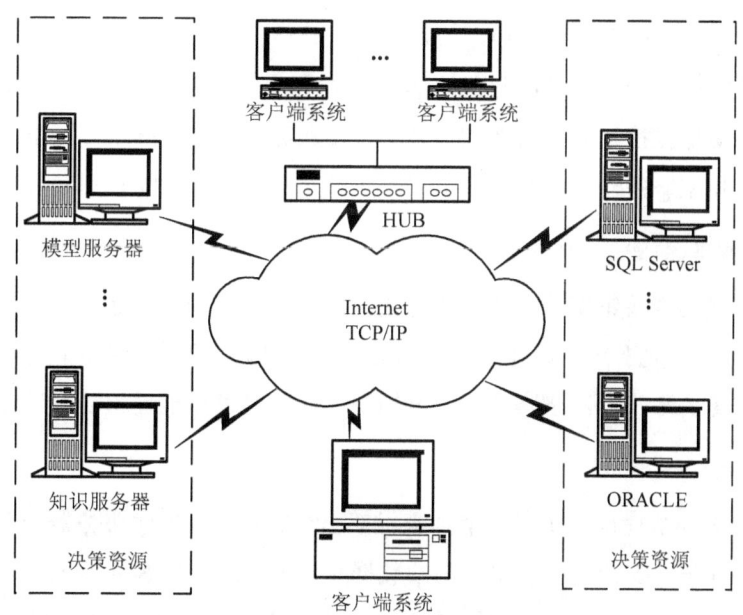

图 3.14 网络决策支持系统

由于决策问题本身的复杂性及由此而带来的开发时间长等缺点是阻碍决策支持系统广泛应用的主要原因，而解决这一问题的出路是决策支持系统自动快速生成。DSSE 是开发面向问题的专用决策支持系统的环境，通过可视化界面进行实际问题分析，建立问题的解决方案。它把决策支持系统的开发工作从编程任务变为决策分析任务，是决策支持系统在现实中成功应用的关键因素。

用户在使用 DSSE 开发实际的决策支持系统时，所要做的工作就是对问题进行分析和分解，而整个系统的运行以及运行环境的构造由服务器完成，客户不用关心模型的建立、数据的存储、资源的交互以及运行环境的建立，服务器"托管"了整个应用实例。

系统托管使得用户可以把主要精力集中在决策问题的分析和分解（非结构化）上，而把复杂的模型计算、知识推理以及数据分析（结构化）等工作交给服务器来完成。系统托管是决策支持系统向 ASP 发展的核心。中小企业和事业单位可以借助"系统托管"服务以低廉的价格建立起自己的决策支持环境，为决策方案的制定获取宝贵的决策支持信息，使信息技术真正为生产经营服务提供技术支撑环境，从而为决策支持系统的广泛应用提供机遇。

1. 模型服务器

模型管理是实现决策支持系统的关键技术之一。目前，在决策支持系统领域还没有关于模型管理的统一标准，作为模型管理的商业软件也很少见到。而在 DSSE 中，陈文伟、黄金才等在网络环境下以服务器的形式实现了对模型资源的管理，远程客户通过管理命令语言即可操作控制服务器上的模型。模型服务器是实现网络环境下决策支持系统的基础。关于模型服务器的细节，请参阅第 4 章 4.3.4 节"模型服务器"内容。

2. 知识服务器

知识管理是实现决策支持系统的关键技术之一，由于知识内涵的广泛性，同样目前在 DSS 领域还没有关于知识管理的统一标准，作为知识管理的商业软件也很少见到。知识服务器以服务的形式为网络客户端通过知识存取、检索和推理的功能进行访问。

3. 数据库服务器

数据管理无论从理论、实现技术到应用都已经成熟。数据库服务器一般采用商品化的数据库管理系统。支持远程数据访问的数据库管理系统包括 SQL Server、ORACLE 和 Sybase 等，从数据管理能力来看，这些系统都能够满足决策问题对数据存取的需求。

4. 客户端系统

客户端系统通过可视化的集成工具辅助用户完成决策框架流程的生成，并通过实例化过程，连接模型服务器、数据库服务器上的决策资源，形成实际的决策支持系统。集成是决策支持系统的关键，决策支持系统要能够有效地集成数据、模型和知识等决策支持资源，通过对数据的查询和检索、多模型的组合计算、领域知识的定性推理分析以及决策用户参与交互，为决策用户提供解决问题的多种可供选择的方案。

以前的决策支持系统大多是面向桌面系统的，最多是在 LAN 下运行，其决策资源都是独立维护和组织的。这造成了大量的资源浪费，也阻碍了决策支持系统可移植、可重用及与其他系统的有机集成。而网络决策支持是一种开放的模式，它为决策支持系统本身技术的发展起到了积极的作用。

另外，决策资源的共享，还可以促进科学决策过程的规范化。决策支持系统往往解决的是非结构化或半结构化问题，对于这些问题，决策者自己可能无从下手。服务咨询系统可以根据相关的规范、例程、法规和案例为决策者提供科学决策的参考，从而使中国科学决策的水平更上一层楼。

网络的普及使得决策资源的共享成为可能，不仅数据、模型和知识等可以成为共享资源，就是方案以及决策应用实例本身也可以成为一个新的决策资源。它可以供其他决策问题进行参考，从而为决策的科学化提供可能。

 本章小结

决策支持系统由于其内涵的广泛性以及问题域的导向性，实际上难以描述一个完整的决策支持系统的具体构成。本章首先对决策支持系统的典型结构进行了介绍，包括 Spraque 的三部件结构、Bonczek 的三系统结构、陈文伟教授的综合结构及扩展的六系统结构。在六系统结构的基础上，分别就资源类型和决策模式等要素的差异，介绍了五种决策决策系统的概念与功能。最后介绍了目前决策支持系统开发的一种主流结构——网络决策支持系统结构，包括基本背景、逻辑结构和物理结构。

本章内容定义了后续各类决策支持系统的一个框架，是其他决策支持系统的基础。

 本章习题

1. Spraque 的三部件结构是什么？其与一般管理信息系统的区别是什么？
2. 论述 Bonczek 的三系统结构，说明其特点。
3. 论述陈文伟教授的综合结构。
4. 陈文伟教授的综合结构中的"问题处理及人-机交互部件"的功能是什么？
5. 论述决策支持系统扩展的六系统结构，说明其相对于其他结构的优点是什么？
6. 简述模型驱动的决策支持系统。
7. 简述数据驱动的决策支持系统。
8. 简述知识驱动的决策支持系统。

9. 简述协作驱动的决策支持系统。
10. 简述复合型决策支持系统。
11. 比较复合型决策支持系统建设的几种模式的优劣。
12. 什么是网络决策支持系统?
13. 什么是决策方案,什么是决策实例?其区别是什么?
14. 简述网络环境下决策支持系统的逻辑结构。
15. 简述网络环境下决策支持系统的物理结构。

第4章 模型与决策支持

本章学习重点

　　模型是决策支持系统的核心。本章主要学习模型与其决策支持的相关概念与方法。在决策支持系统提出之初,"模型"也成为决策支持系统区分于一般管理信息系统的典型特征。目前"模型"的概念得到拓展,"模型"对于决策支持系统的意义更加突出。

　　本章要求重点掌握模型的概念,建模过程,了解用于决策支持的主要数学模型;掌握模型管理概念、模型管理系统结构与主要关键技术内涵;了解网络环境下模型管理的主要方法;掌握基于单个数学模型、多个数学模型的决策过程,掌握线性规划模型和多目标规划模型。

4.1 模型与建模

人类认识世界和改造世界的过程首先是建立模型和分析模型,然后根据分析的结论去指导人类的行动。其中,建立模型是建立对客观事物的一种抽象表示方法,用来表征事物并获得对事物本身的理解;分析模型依据模型进行计算,求解验证,通过考察模型的分析结果,建立对客观事物的分析结论,从而实现辅助决策。所以,模型是人类认识世界的途径,也是人类实现辅助决策的重要手段。

4.1.1 什么是模型

模型驱动的决策支持系统的一个重要特点是都至少包含一个模型。模型是管理者在解决问题或做出决定的有效工具。模型可以帮助决策者了解问题,并帮助他们做出决定。模型驱动的决策支持系统的目的是为决策者提供有用的决策模型来分析和解决复杂问题。例如,运输公司在很大程度上依赖于提供客户封装效率的车辆路径模型。车辆路径决策支持系统是一个典型的模型驱动的决策支持系统。模型驱动的决策支持系统与数据驱动的决策支持系统是不同的,模型驱动的决策支持系统采用的模型较为复杂,且对最终的决策发挥着更为关键的作用。

用来解释某一特定问题的相关变量关系的"模型"可以是图形或者数学公式。例如,寻找包含某个成分 A 的两种产品组合,其最佳解决方案的线性规划模型表示如下:

最大化

$$\text{Profit} = p_1X_1 + p_2X_2 \quad (4.1)$$

约束

$$a_1X_1 + a_2X_2 \leqslant Qa \quad (4.2)$$

$$X_1 \leqslant D_1 \quad (4.3)$$

$$X_2 \leqslant D_2 \quad (4.4)$$

式中,Qa 是分配给生产产品 X_1 和 X_2 的资源 A 的总量,X_1 和 X_2 的单位利润分别是 p_1 和 p_2,X_1 和 X_2 的市场需求分别是 D_1 和 D_2;生产的单位产品 X_1 和 X_2 所需 A 的数量分别是 a_1 和 a_2。

当模型的参数有明确的数值时(例如,Qa、p_1、p_2、D_1、D_2、a_1 和 a_2),就可将模型实例化为一个特殊的问题。也就是说,模型加上特定的数据集就是要解决的决策问题,如在给定模型参数取值的情况下,寻找特定的 X_1 和 X_2,以获得最大利润。可以解决所述问题的算法称为求解器,它是解决一类问题的数据分析过程。例如,线性规划(LP)的求解器可自动为任何 LP 问题找到一个解决方案。

因此，模型驱动的决策支持相关三个基本要素是：

（1）模型。

（2）相关数据集。

（3）相关的求解器，即算法。

模型可以帮助决策者解决决策过程中所遇到的问题。在决策支持系统的用法中，"模型"通常被用来指计算机程序，用来表示变量之间的关系，以帮助找到复杂问题的解决方案。也就是说，"模型"一般理解为包括可以处理问题的求解器，即算法。例如，生产调度决策支持系统需要调度问题的求解器，该求解器可以在任何选定的数据下给出最佳调度方案，以决定所选范围内的最优生产程序。所以在很多情况下，可以把模型等同于求解器（算法），或者简单地理解为模型=求解器+数据。

模型驱动的决策支持系统旨在利用模型、数据和用户界面来帮助决策者解决问题。在这样的决策支持系统中使用的大多数模型是数学模型，它有目标输出集、输入集和从输入转换到输出的操作。数学模型用变量的方式描述问题元素，这些元素是评估决策方案效果时必须要考虑的。决策支持的数字模型结构如图 4.1 所示。

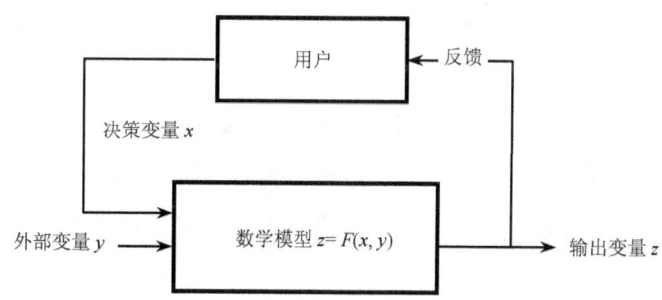

图 4.1 决策支持的数学模型结构

该图中：

（1）决策变量（输入）x，由用户控制。

（2）外部变量（输入）y，不是由用户控制的参数（如由环境和问题的内容决定）。

（3）结果变量（输出）z，用于衡量实施投入使用的后果。

（4）输入 x、y 和结果 z 的关系如公式 $z=F(x, y)$。

决策支持系统的目的是支持用户确实变量 x 的取值以得到问题的最优或者至少较优的解决方案。

利用决策支持系统模型有许多好处。其中主要有：

（1）简单易行。通过简单的操作（设置决策变量或环境变量的数值），利用模型就可以对决策问题潜在的情况进行研究。这比操作真正的系统更容易。模型的试验不干预决策者组织的日常运作。

（2）快速高效。在日常需要花费很长时间的操作可以在计算机上用几分钟或几秒的时间模拟。数学模型可以分析数量非常大、有时甚至是无限数量的解决方案。即使在简单的决策问题中，管理者往往面临大量方案。通过计算机求解的决策模型可以大大简化这个分析过程。

（3）成本低廉。建模及模型分析的成本远远低于实际系统上进行类似实验的成本，反复试验犯错的成本也远远低于现实世界系统的试验成本。

（4）降低风险。利用模型可以帮助估计和减少风险，商业环境具有高度不确定性。用建模的方法，管理者可以估算具体行动造成的风险，并制订应急计划。

（5）知识积累。一些典型问题模型及求解算法随时可用。正确使用这些算法可以提高决策的效能。目前，在运筹学领域、管理学领域等领域积累了大量的数学模型来支持决策问题的求解，而且这是一个不断演进和知识积累的过程。

4.1.2 建模过程

建模是一种创造、描述、评估和存储决策模型的过程。一个典型的建模过程包括以下步骤：

（1）定义问题的范围和规范。模型建立者需要通过确定关键参数和与决策问题相关的变量来确定模型的范围，确定定义的参数和变量的性质。

（2）确定变量的取值范围。变量可以是确定性的（即具有特定值）或其值服从概率分布。

（3）构造变量的数学关系。这种关系可以预先知道（例如，计算一个产品的总成本），或者需要通过数据分析确定（如回归分析）。

（4）在计算机环境中实现数学模型，变成程序，并验证程序是否遵循相关规范。

（5）用经验数据或逻辑推理验证计算机模型。

（6）重复上述步骤直至该模型准确地反映现实问题。

建模过程是一个复杂的、反复的过程，期间需要完成多种任务。除模型管理外，这些任务大致可划分为处于解决前、解决中和解决后阶段的任务。它们描绘了一个模型生命周期中的几个主要任务，如表4.1所示。

为了推动建模过程，很多研究人员已提出一些建模框架。这些建模框架说明一个模型中的概念和所涉及的关系如何表示和处理，如结构化建模方法、实体关系框架、面向对象的方法、谓词逻辑方法等。

表 4.1 模型生命周期的建模任务

任 务	目 标	机 制
识别问题	清晰、精确的问题陈述	论证过程
模型的创建	该模型要以数学的形式描述问题	• 模型形式化 • 模型集成 • 模型选择和修改 • 模型组合
模型的实现	计算机可执行模型	• 特殊的程序开发 • 使用特定高层语言 • 使用特定模型生成程序
模型验证	验证反馈	属性的符号分析,如维度和组成部分语法的规则分析
模型求解	反馈求解器	• 求解器绑定和执行 • 控制脚本执行
模型解释	• 对模型的理解 • 模型调试 • 模型结果分析	• 结构分析 • 敏感性分析
模型维护	修正问题表述,以反映模型的变化	结构变化的符号传播方法
模型版本/安全	• 保持模型的正确和一致版本 • 确保对模型使用的控制	版本访问控制方法

4.1.3 模型表示

决策支持系统中的模型有数学模型、数据处理模型、图形/图像模型和报表模型等。模型的表示与模型自身的特点有关,不同特点的模型有不同的模型表示。其中主要有:

(1) 数学模型的表示。在计算机中都是以数值计算语言的程序形式来表示的,在给它传送数据后,执行程序就能得出结果。程序在计算机中的存储仍是以文件形式存储的。为区别其他形式的文件,称它为程序文件。

(2) 数据处理模型的表示。它对大量数据库数据进行选择、投影、旋转、排序、计算等处理,是数据库语言的程序形式,仍是程序文件。

(3) 图形/图像模型的表示。它是利用大量点阵组成的有灰度、颜色数据组成的图像。例如,人像就是一个数据文件。

(4) 报表模型的表示。它有一定的方框结构,是由报表打印程序表示的,在接收到要输出的数据后,将数据和报表框架一起形成报表在打印机上输出。它仍是一个程序文件。

以上不管哪种模型,在计算机中都是文件形式,具体表示为程序文件或者是数据文件。

4.1.4 常用的几类数学模型

1. 系统分析模型

系统分析是将系统作为一个整体，全面考虑其环境、目的、功能、结构、费用与效益，通过一定的步骤得到分析结果或推荐方案，为决策者提供决策依据的过程。其主要内容包括：

（1）系统目标分析。分析系统目标及其属性，确定目标结构，分析目标冲突并确定协调方法。

（2）系统环境分析。分析确定环境因素并评价，预测未来环境的变化。

（3）系统功能分析。分析并描述系统功能，获取系统功能结构和功能之间的关系。

（4）系统结构分析。分析系统的要素集合及要素之间的相互关系，分析系统的层次性和整体性。

系统分析的具体方法包括目标树法、目标手段分析、目标冲突与协调分析、SWOT方法、预测分析、系统总体功能分解、功能相关性分析、解析结构模型、费用效能分析、价值分析（或价值工程）等。系统分析模型在决策支持系统中应用较多。

系统分析在系统工程方法论中是霍尔三维结构中逻辑维的一个步骤，其活动过程通常分为5个阶段，如图4.2所示。① 问题描述阶段。此阶段需要对问题进行描述和定义，明确目标，并通过对问题的认识来界定系统，分析外部环境、制约条件，并提出某些假定或假说。② 调查研究阶段。此阶段需要调查研究，搜集信息数据，明确要素之间的关系，研究问题求解的可能性，提出备选方案。③ 方案分析阶段。建立系统分析模型，预测各备选方案可能产生的结果，包括效益和费用等。④ 系统评价阶段。根据系统目标和评价标准，对各备选方案进行分析比较，对结论进行演绎，以期获得系统的最优方案。⑤ 检查验证阶段。通过实验手段对所选方案的效果进行验证，衡量目标的实现程度。

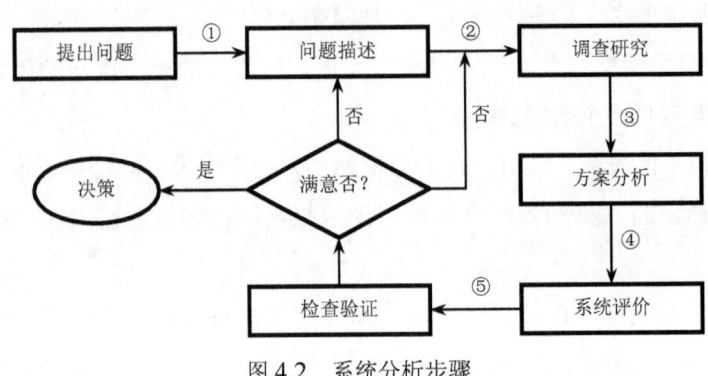

图 4.2 系统分析步骤

2. 系统预测模型

系统预测是根据系统发展变化的实际数据和历史资料，运用科学的理论方法，以及各种经验和知识，对未来一定时期内事物的可能变化情况进行推测、估计的理论和方法。由于预测对象、时间、范围、性质的不同，现有预测方法可分为三大类。一是定性（Qualitative）预测方法，主要是依据人们对系统过去和现在的经验、判断和直觉，如市场调查、专家打分、主观评价等做出预测，主要有特尔斐（Delphi）法、主观概率法、领先指标法等。二是时间序列分析（Time Series Analysis）预测方法，主要是根据系统对象随时间变化的历史资料（如统计数据、实验数据和变化趋势等），只考虑系统变量随时间的发展变化规律，对其未来做出预测，主要包括移动平均法、指数平滑法、趋势外推及博克斯-詹金斯（BoxJenkins）方法等。三是因果关系（Causal）预测方法。系统变量之间存在着某种前因后果关系，找出影响结果的一个或几个因素，建立起它们之间的数学模型，然后可以根据自变量的变化预测结果变量的变化，主要有线性回归分析法、马尔可夫法、状态空间预测法、计量经济预测法及系统动力学仿真方法等，其中第二、三类方法都是定量的预测方法。预测的目的是为了决策，在决策支持系统中常根据预测结果来提供决策支持。

系统预测的基本步骤是：

（1）明确预测目的。在预测工作过程中，首先要在整个系统研究的总目标指导下，确定预测对象及具体的要求，包括预测指标、预测期限、可能选用的预测方法及要求的基本资料和数据。

（2）收集、整理资料和数据。

（3）建立预测模型。根据科学理论指导及所选择的预测方法，用各种变量来真实表达预测对象的关系，从而建立起预测用的数学模型。

（4）模型参数估计。按照各自模型的性质和可能的样本数据，采取科学的统计方法，对模型中的参数进行估计，最终识别和确认所选用的模型形式和结构。

（5）模型检验。检验包括对模型的合理性及有效性验证。

（6）预测实施与结果分析。

经过上面六个步骤的反复迭代，进行多次样本修改、信息补充、模型修正，才能完成系统预测任务。

3. 系统评价模型

系统评价方法是针对系统开发、改造、管理中存在的问题，运用系统工程的思想，根据系统目标和属性，考虑系统在社会、政治、经济、技术等方面作用，对系统进行全面、综合评价的方法的总称。系统评价方法一般需按预定目的(方案选优或管理控制等),确定系统属性(指标),并将属性转变为客观、定量的数值或主观效用,作为对系统的价值判断,其目的是为系统决策提供科学依据。大致分以下三类:

(1) 专家评价法。由专家根据本人知识和经验直接判断来评价,主要有特尔斐(Delphi)法、评分法、表决法和检查表法等。

(2) 数学评价法。利用数学分析方法和模型进行评价,如系统动力学方法、投入产出分析法、效费分析法、数据包络分析法、线性规划和动态规划法、多元统计分析方法等。

(3) 混合方法,即专家评价和数学方法相结合。主要有综合评分法、层次分析法、模糊综合评价法、人工神经网络法和计算机仿真法等。

系统评价方法的选用应视具体情况而定,其中最重要的标准是对系统的认识和资料掌握情况。一般来说,对系统认识越清楚,掌握的定量资料越丰富,越适用于数学评价法。现代数学和计算机技术的发展,为系统评价中的复杂性、模糊性、知识处理、决策者偏好、大计算量等过去难以解决的问题,都提供了有效的数学方法和计算工具,也使系统评价方法得到了广泛发展。

4. 系统决策模型

系统决策方法是为了达到某种目标,从若干个问题求解方案中选出一个最优或合理方案的过程和方法。系统决策方法可分为:

(1) 统计决策方法。主要研究期望效用理论、主观概率、概率风险决策理论、贝叶斯决策和影响图方法等。

(2) 多准则决策方法。常用的有层次分析法(AHP)、理想点法(TOPSIS)、ELECTRE法和PROMETHEE法等,主要用于求解有多个冲突的目标时的决策问题。

(3) 群决策方法。主要用于求解有多个决策者时,如何综合各决策者的评价,形成群体的决策偏好。

(4) 不确定性决策方法。求解有关决策信息不确定时决策问题。目前,常用的方法有模糊决策法,基于证据理论的决策方法等。

(5) 计算机辅助决策方法。利用数据库、数据挖掘、计算机网络、智能技术等,结合有关决策模型,为决策者提供各种决策信息与环境支持。

诺贝尔经济学奖获得者西蒙提出决策制定应包括四个主要阶段,其基本步骤如图 4.3 所示:

(1) 将决策问题结构化。

(2) 评估方案的可能影响。

(3) 确定决策者的偏好（价值）。

(4) 评价与比较方案。

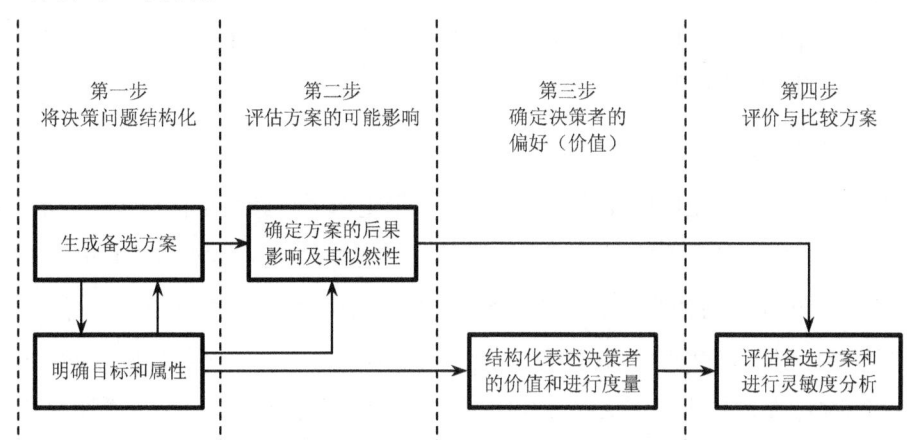

图 4.3　系统决策步骤

5．系统优化模型

系统优化方法是利用数学手段，以计算机作为工具来寻求最优化问题解决方案的基本方法和技术。系统优化模型主要是数学规划模型，包括线性规划、非线性规划、动态规划、多目标规划、更新域运输模型等。数学规划实质上是用数学模型来研究系统的优化决策问题。如果把给定条件定义为约束方程，把目标函数作为目标方程，把目标函数中的自变量作为决策变量，这三者就构成规划模型。数学规划问题可归结为在约束条件的限制下，根据一定的准则从若干可行方案中选取一个最优方案。除此之外，系统优化方法还有网络图优化、随机优化及仿真优化等，如网络最优化方法中的关键路线法（CPM）、计划评审技术（PERT）、图解协调技术（GERT）、风险评审技术（VERT）和随机网络仿真技术等。系统优化模型的具体求解方法有：

(1) 解析法，如微分法、变分法和极大值原理等。

(2) 数值计算法，如斐波那契法、黄金分割法、坐标轮换法和单纯型法等。

(3) 以梯度法为基础的数值计算法，如最速下降法、共轭梯度法、梯度投影法和罚函数法等。

(4) 智能优化算法。

6．计量经济模型

计量经济学是以数学和统计学的方法确定经济关系中具体数量关系的科学，又称经济计量学。计量经济学对经济关系的实际统计资料进行计量，加以验证，为经济变量之间的依存关系提供定量数据，为制定经济规划和确定经济政策提供科学依据。计量经济学是为国家干预和调节经济、加强市场预测、合理组织生产、改善经营管理等经济活动服务的。计量经济模型包括：经济计量法、投入产出法、动态投入产出法、回归分析、可行性分析和价值工程等。

7．系统仿真模型

基于仿真的决策支持系统是一类重要的决策支持系统。系统仿真按模型的性质，可以分为物理仿真（实物仿真）、数学仿真（计算机仿真）和数学物理混合仿真（半实物仿真）；按数学模型的时间集合和状态变量特性，可以分为连续系统仿真、离散事件系统仿真和连续-离散事件混合系统仿真；按仿真时间尺度和自然时间尺度之间的关系，可以分为实时仿真、超实时仿真和亚实时仿真。目前，系统仿真主要指利用数字计算机进行的数学仿真或半实物仿真，纯粹的物理仿真已经很少采用。主要的数学仿真模型方法有：蒙特卡洛模型、系统动力学模型、Petri网模型、定性推理模型和探索性分析模型等。

系统仿真的主要步骤有：问题阐述，系统分析与描述，建立数学模型，系统数据搜集，建立仿真模型，模型确认、验证和认定，仿真实验设计，仿真运行和仿真结果分析。通常可归纳为三个阶段：

（1）模型建立阶段。根据研究目的、系统原理和系统数据建立系统模型。该阶段的关键技术是系统建模。根据所分析系统的特点，系统建模手段有面向系统结构建模和面向系统状态变化过程建模等多种方式。根据系统分析的手段，系统模型可以有数学方程、框图、流程图、活动周期图、网络图等多种表现形式。系统建模的主要任务是确定模型结构和参数。建模过程要依据分析目的、先验知识、试验数据三类信息。建模的主要方法有演绎法、归纳法、实验法等。

（2）模型变换阶段。根据模型形式和仿真目的，将模型转换成适合计算机处理的代码。该阶段的关键技术是模型确认、验证和认定。模型确认是从预期应用角度衡量模型表达实际系统准确程度的过程；模型验证是确定用于计算的仿真模型是否准确地表现模型开发者对系统的概念表达和描述的过程；模型认定是一项相信并接受模型的权威性决定，表明已认可模型适用于特定目的。

（3）模型实验阶段。设计仿真实验方案、控制模型运行、观察实验过程、整理和分析实验结果。该阶段的关键技术是仿真实验控制，主要是指在计算机仿真中，对仿真时钟推进的控制，以及对仿真实验过程中的各类数据、活动、事件的处理和调度。

4.2 模型管理

模型管理是伴随着模型在决策支持系统中的大量使用而出现的新课题。在决策支持系统研究领域中，模型管理是一个核心问题。

4.2.1 模型管理的概念

因为模型在人类决策过程中扮演着非常重要的角色，因而被认为是一个宝贵的组织资源，必须妥善管理。因此，模型管理系统（Model Management System，MMS）的发展一直是决策支持系统最重要的研究领域之一。MMS 是为发展、储存和处理模型、数据并解决复杂决策问题有关方法提供工具和环境的一个软件系统。

首先，模型开发是一个复杂而昂贵的过程。好的 MMS 可以增加现有模型的重用性。其次，MMS 可以通过提供可重用的组件增强建模过程中的效率，从现有的模型组件建立一个新模型。再次，组织中的不同单位可能需要类似的模型并分别建立。MMS 通过模型共享可避免重复建设，并提高同一组织模型的一致性。然后，MMS 可以提供数据和模型之间更好的整合。最后，MMS 可以为模型开发者提供更好的文档和维护支持。

4.2.2 模型管理系统的结构

在一般情况下，决策支持系统的模型管理系统（MMS）框架如图 4.4 所示。

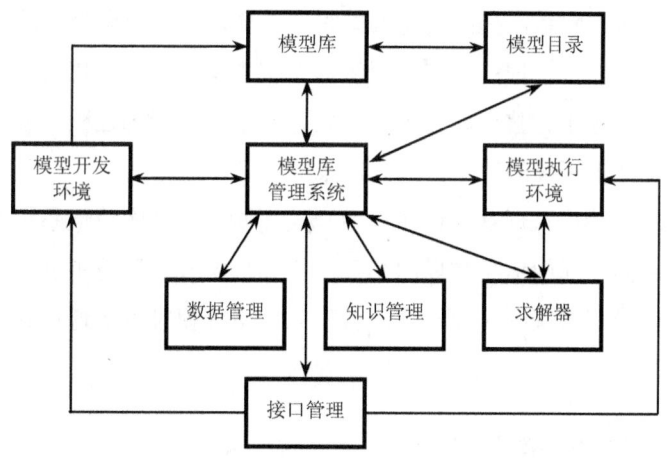

图 4.4 模型管理系统框架

（1）模型库：模型库是基于计算机的决策模型集。其功能类似于一个数据库，但存储的对象是模型。模型库中的模型可以分为不同的类别，如战略模型、战术模型、战斗模型和分析模型等。

（2）模型库管理系统（Model Base Management System，MBMS）： MBMS是处理模型库的访问和与其他组件之间联系的软件。它通常包括一个模型开发环境（Model Development Environment，MDE）和模型执行环境（Model Execution Environment，MEE）来处理模型库中相应的模型。

（3）模型目录：模型目录的作用类似于数据库目录。它是所有模型库中模型和软件的产品目录。它包含了模型的定义，其主要功能是回答有关模型的可用性和性能的问题。

（4）模型开发环境：模型的开发环境支持模型建设者们构建有用的模型，描述并定义模型，使模型得到适当的描述并保存在模型中来执行。它还提供了可以创建、保存、综合、选择和维护模型的平台。

（5）模型执行环境：可以在模型执行环境中，执行现有的模型以获得最佳的解决方案。同时它也有一个供用户选择模型、连接求解器和管理数据模块的接口。

（6）求解器：求解器是帮助用户操作模型，以规范的步骤找到特定问题解决方案的软件工具。例如，线性规划是广泛认同的解决资源分配问题的技术。线性规划求解器，如单纯形算法，可以帮助决策者找到最好的资源分配方式。"最好"或"最优"的解决方案可能意味着利润最大化、最大限度地降低成本或取得最佳的质量。

（7）数据管理：数据管理是利用计算机硬件和软件技术对数据进行有效的收集、存储、处理和应用的过程。其目的在于充分、有效地发挥数据的作用，实现对模型管理系统输入/输出数据的有效管理。数据管理是在模型数据库系统中建立合理的数据结构，以描述模型数据间的内在联系，提高模型数据间的共享程度及数据管理效率。

（8）知识管理：知识管理是指在模型管理系统中构建一个量化与质化的知识系统，实现模型相关知识的分享、整合、记录、存取、更新和创新等过程，使知识不断积累和循环，有助于系统做出正确的决策，提高决策的智慧水平。

（9）接口管理：接口管理是指构建模型开发环境、模型库管理系统及模型执行环境间的接口，实现它们之间的信息数据的交互。比如模型开发环境中创建的模型通过相应接口存储到模型库管理系统中，而模型库管理系统中的模型也要通过相应接口在模型执行环境中执行。

4.2.3 模型库管理的关键问题

模型库管理系统是伴随决策支持系统的需要而发展起来的。它使模型管理技术提高到一个新的水平。模型库管理关键问题包括模型的存储管理、模型的运行管理、模型组合和模型语言体系。

1. 模型的存储管理

模型的存储管理包括模型的表示、模型存储组织结构、模型的查询和维护等内容。

1）模型的表示

在模型库系统中，首先要考虑模型在计算机中的表示方法和存储形式，使模型便于管理，能灵活的连接并参加推理。为了增强管理的灵活性和减少存储的冗余，模型的表示趋于将模型分解成不同的基本单元，由基本单元组成模型。对应于不同的管理模式，基本单元采用不同的存储方式，目前主要有以下三种：

（1）模型的程序表示。

传统的模型表示方法都是程序表示，包括输入/输出格式和算法在内的完整程序就表示一个模型，又分为以下三类。

① 以子程序的形式表示。子程序表示法是一种传统的、实用的模型表示方法。该方法将模型作为计算机的子程序进行存储。模型是一个具有自己的输入/输出、执行次序的完整程序。优点是大大提高了模型的求解能力，充分利用了计算机的速度优势。

② 以语句的形式表示。用通用的高级语言设计出一套建模语言，模型中的不同方程、约束条件和目标函数都对应于相应的语句，进而对应一般程序或句子。

③ 以宏命令的形式表示。在决策支持系统中，解决用户问题不仅需要一系列的模型，有时候还需要查询和显示一组数据来支持用户的决策，这组数据往往是通过实现一系列用来完成数据、查询操作的原始指令。模型和复合查询都可以认为是重复使用的一组命令，即可以把它们看做宏命令。

模型的程序表示方法适用于描述结构化的计算模型，是自使用计算机运行模型以来一直采用的传统方法。这种表示方法主要有两个缺点：一是解程序和模型联系在一起，使模型难于修改；另一个是存储上和计算上的冗余。因而对每一种模型形式都有一套完整的计算程序，而不同形式的模型往往有许多计算是相同的，只有微小差别，如线性规划模型的不同算法。

（2）模型的数据表示。

把模型理解为从输入到输出集的映射，模型的参数集合确定了这种映射关系。模型的数据表示就是通过数据的转换来研究模型。模型可描述成有一组参数集合和表示模型结构特征的数据集合的框架。输入数据集在关系框架下进行若干关系运算，得出输出数据集。

一般将模型描述成由方程、元素和解程序组成的数据抽象。数据抽象由参考数据库、用户数据库和模型数据库三个数据库组成。其中，参考数据库存有一般性的参数和时间序列数据，而用户数据库是由方程组组成的数据库，这些方程通过用户数据库中的时间序列的统计分析得到。在模型数据库中存入优化问题的方程有些困难，要对方程的类型有适当的说明，如目标函数、等式约束、不等式约束、梯度及处理非线性方程等。适当的数据规划及程序可以使用相应的接口命令加入系统，产生优化模型的特征。对于较复杂的非线性规划模型直接进行数据抽象比较困难，但是可用已有的线性模型来组合表示，这样模型的数据抽象就可表示范围比较广的各种模型。

这种表示方法的优点是可以引用发展得比较成熟的关系型数据库管理技术实现模型管理。这样，模型运算就可以转换为数据的关系转换。这种方法使模型单元易于与其他单元通信，并且便于更新模型。

（3）模型的逻辑表示。

一般对于模型的逻辑表示使用人工智能的相关方法，模型的逻辑表示是实现模型智能管理的基础。目前主要是用"谓词逻辑"、"语义网络"、"逻辑树"和"关系框架"等几种方法表示。由于这几种方法都是表达知识的基本方法，所以模型的逻辑表示是基于知识的表示方法，又称为知识表示。

模型不仅表示了它的输入/输出之间的关系和数据转换关系，同时还确定了输入/输出之间的逻辑关系。逻辑关系既可以定量描述模型的输入/输出关系，也可以描述更广泛的模型（定性的、逻辑的和概念的模型）的对应关系。因此，模型的逻辑表示对于描述含有定性、定量、半结构化和非结构化的决策模型具有十分重要的意义。

2）模型存储的组织结构

模型表示为文件形式，如何组织存储，就是一个很重要的问题。在模型数量少时，一般存放在计算机硬盘中，由操作系统中的文件系统进行管理。它的组织管理方式是在开始时顺序存放输入的各种文件，以后就按空位存放新输入的文件。这种存储组织方式以文件为单位，不过问文件的内容。文件的读取则是通过文件目录来找到文件的位置，再进行读取。对于大量的模型文件的存储，由操作系统来管理是不合适的，因为对大量的存储空间，它既存储这个系统的文件，也存储那个系统的文件，这些文件都混杂地存储在一起不利于单个系统中文件的独立管理。这样，就需要重新组织存储。

组织存储结构形式可以借鉴操作系统的方法来设计一个模型库的存储组织结构，即建立一个模型文件字典和模型文件库，在模型字典中指明模型文件的存储路径。在模型文件库中，把那些关系密切的或者类型相同的存放在一起，便于查找和存取。

组织存储结构形式还可以借鉴数据库的组织形式，建立多个库，在一个库中存放同类型的模型或者经常在一起使用的模型。例如，预测模型库存放用于预测的各种模型，优化模型库存放用于优化的各种模型。模型库的概念不能和数据库概念相混淆，数据是一个基本单位，固定长度而且长度都很小；而一个模型则是一个文件，长度很大且不固定。借鉴数据库的形式只能用于模型字典库上,而模型文件仍采用文件的存储方式。模型字典库的组织结构虽然同数据库的结构形式类似,但存放的内容不再是数据而是模型文件名。

模型库的组织存储形式由两部分组成,第一部分是模型字典库,它类似于数据库的组织结构形式,但存储的是模型文件名。第二部分是模型文件库,它是模型的主体,具有文件形式,按文件方式存储。在模型字典库中应该指明模型文件的存取路径。

3)模型的查询和维护

模型库中存放着大量的模型,自然有查询和维护问题。根据模型库的组织存储结构形式,要查询模型,首先要查询模型字典库,查到需要的模型名,再沿着该模型文件的存取路径查到相应的模型文件。这个过程包含两部分内容,一是模型字典库的查询,它类似于数据库的查询;二是模型文件的查询,这类似于操作系统文件的查询。可以说模型库的查询是数据库查询与操作系统文件查询的结合。

模型的维护类似于数据库的维护,需要对模型进行增加、插入、删除、修改等工作。随着技术的发展,需要增加新模型,这种增加可以是顺序增加到模型的后面,也可以插入到同类模型中去。当模型过时将被新模型所取代时,需要删除旧模型;当模型需要部分进行修改时,要修改模型程序。这些维护工作的进行都要按模型的存储组织结构形式进行。增加、插入、删除模型时,要先进行增加、插入、删除模型记录,再沿存取路径去增加、插入、删除模型文件。当完成了这两项工作后,再完成整个模型维护工作。修改模型工作一般不修改模型字典,只修改模型文件。

2. 模型的运行管理

模型的运行管理包括模型程序的输入和编译、模型的运行控制和模型对数据的存取。

1)模型程序的输入和编译

模型程序的输入不同于数据的输入。它是一个程序,需要编辑系统才能完成对模型程序的输入。模型程序是利用计算机语言来编制的,不同的语言,程序的形式是不同的。编辑功能具有对程序输入、修改、增加、插入等功能,便于用户对模型程序的输入。这种输入的程序是源程序,用户编写、阅读和修改都很方便,但它不能直接运行。源程序需要通过相应语言的编译系统把它编译成目标程序,即机器代码程序——一个二进制表示的程序,虽不便于阅读,但适合于计算机的运行。

2)模型的运行控制

模型程序的运行主要是计算机执行模型的目标程序。首先,必须把模型目标程序找到,按模型的组织存储结构,先到模型字典库中找到该模型记录,再按模型文件的存取路径找到模型目标程序文件。运行该目标程序有两种方式:一是独立运行该目标程序;

二是在总控制程序中运行该目标程序。前者只需在操作系统命令下,执行该目标程序文件名即可;后者需要利用总控制程序所使用语言中提供的调用执行语句来控制模型目标程序的运行。前者只能单独运行模型,后者能组合模型运行。

3)模型对数据的存取

运行模型都需要数据。原始的方法是各模型自带数据或数据文件,但这种数据不能共享。这种方法只适合于单模型的运行,不适合于多模型的组合运行。按照决策支持系统的观点,所有数据都应放入数据库中,由数据库管理系统统一管理。这样,便于数据库的输入、查询、修改和维护。目前,提供编制模型程序的计算机语言,都是数值计算语言,并不提供存取数据库中数据的功能。而使用者又需要在模型程序中存取数据库中的数据。为完成这一项工作,需要建立模型和数据库之间的接口。利用接口,使模型能存取数据库的数据,使得模型库和数据库形成统一整体。

3. 模型语言体系

模型库管理系统的各种功能的实现,类似于数据库管理系统各种功能的实现,即由数据库管理系统语言体系来完成,它同样是由模型库管理系统语言体系来完成的。数据库管理系统语言分为数据库描述语言(DDL)和数据库操作语言(DML)。模型库管理系统语言体系根据模型库的特点,也分为模型管理语言(Model Management Language,MML)、模型运行语言(Model Run Language,MRL)、数据接口语言(Data Interface Language,DIL)和模型定义语言(Model Definition Language,MDL)。

1)模型管理语言

模型管理语言要求完成对模型的存储管理以及对模型的查询和维护。模型库的组织是由模型字典库和模型文件库组成。对模型存储的管理就要同时完成对字典库和文件库的管理。对字典库的管理类似于对数据库的管理,不同点在于数据项中的内容不是数据而是模型文件名。对模型文件名的处理涉及该文件的存取路径和对该文件本身的处理。例如,增加一个模型,就必须在字典库中增加一个记录,输入模型文件名,并按该字典库对文件的存取路径存入该模型文件。对字典库的管理语言类似于数据库管理语言,但又有所区别。它是由一系列语句(或命令)所组成,这些语句(或命令)可以单独执行,也可以作为应用系统程序中的语句来执行。

2)模型运行语言

模型运行语言要求完成对单模型的调用、运行及支持模型的组合运行。对单模型的调用运行用命令来完成,对模型的组合运行则要求模型运行语言 MRL 编制程序来运行。这种语言要比一般计算机语言有更高的要求。首先,它要组合模型,就必须具有调用和运行模型的能力。组合模型体现在程序设计的顺序、选择、循环三种结构的任意嵌套组合形式上；其次，需要与数据库连接，进行数据库操作。这样就要求语言具有数值计算能力，也有数据库处理能力。例如，FORTRAN、Pascal、C 等语言适合于数值计算，不适合数据库处理。SQL 等语言适合于数据库处理，不适合数值计算。根据决策支持系统的需要，必须把它们统一在一个整体中。

3）数据接口语言

模型操作数据库需要接口，完成接口任务是由数据接口语言来实现的。一般模型程序是由数值计算语言来编写，不具有数据库操作功能，模型程序和接口语言相连接可以达到模型操作数据库的能力。目前市场上已有接口语言软件，如 ODBC 和 ADO 等，它们实现了数值计算语言对各种数据库语言的接口。

4）模型定义语言

模型定义语言可以对模型进行适当的描述，并保存在模型库中，它支持模型的执行。MDL 有两种方式支持模型的执行：基于解释的方式和基于编译的方式。基于解释的方式类似于编制模型的脚本，由其他程序解释语义并执行；基于编译的方式要根据对应的语言，调用相应的编译器把程序编译成二进制代码进行执行。目前，模型定义语言的主要策略包括面向对象、面向过程等。同时，模型定义语言是不同形式的模型之间交互的基础。

4.3 分布式模型管理系统

当今主流的决策支持系统中，模型资源和数据资源分布在由计算机互连的不同平台的不同位置。在此背景下，分布式的模型管理系统成为了决策支持系统研究的重点领域。分布式模型管理系统具有如下优势：

（1）通过分布式模型管理，建立有效的决策模型发布、共享和重用机制，可以重复利用现有的决策资源，使得决策资源在更广泛范围内的共享成为可能。

（2）通过分布式模型管理，可以建立开放性模型集成协议，不仅可以实现多个模型间的集成，也可以有效实现多个决策支持系统间的互连。

目前，分布式管理系统的形式主要有基于 Web Services 的模型管理系统、基于智能 Agent 的模型管理系统和基于 C/S 的模型服务器。

4.3.1 基于 Web Services 的模型管理系统

Web Services 是面向对象技术和组件技术在 Internet 环境下的进一步发展，其核心概念是"服务"。服务提供了在大型、开放式环境下组织应用的高层抽象，是一种建立松耦合、跨平台分布式应用的方式。服务的描述被用于公布服务的能力、接口、行为和质量，这些信息的公布为服务的发现、选择、绑定和组合提供了必要的方式。基于"服务"概念的 Web Services 是一种自描述、开放式的模块化服务程序，可通过标准的 Web 技术进行服务访问，并可通过 Web 发布服务接口，支持服务的灵活组合。

Web Services 相关技术定义了一套消息处理框架，支持基于 Internet 协议发送和接收服务调用的相关消息。Web Services 中的服务调用消息一般包含如下含义："采用某参数调用某服务中的某接口函数。"与传统的组件技术类似，服务使用者只关心服务的接口，无须关心服务的具体实现，因此有利于实现服务的替换、组合和集成，从而使系统具备很强的灵活性。

与传统组件技术相比，Web Services 面向 Internet 网络环境，可通过标准的基于 Web 的协议，如 HTTP、XML、SOAP 等来进行服务的访问，因此具备更好的跨平台特性。此外，Web Services 的提供者通过服务注册在 Web 平台上发布关于服务的描述，服务的使用者通过搜索服务注册找到满足需求的服务，并动态地进行服务调用。这一方式使得 Web Services 的调用具备松耦合的特点，可进行按需的服务绑定和集成。

关于 Web Services 的技术细节，请参阅 8.4.1 节内容。

目前支持 Web Services 开发和部署的主流平台包括微软的 .Net 平台以及 Sun 公司的 J2EE 平台。例如，前面描述的线性规划模型可以使用 C#语言在 .Net 平台中实现一个 Web Services，并部署到基于 IIS 的 Web 服务器上，从而支持通过 Internet 对模型进行调用并获取计算结果。基于 Web Services 的模型管理原理图如图 4.5 所示。

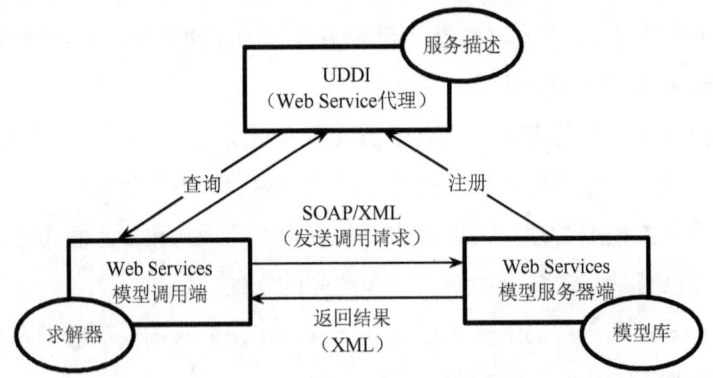

图 4.5　基于 Web Services 的模型管理原理图

4.3.2　基于智能 Agent 的模型管理系统

在分布式环境中，智能 Agent 技术提供了处理复杂任务的很有吸引力的方法。智能 Agent（IA）是可以自动执行某些任务以减少决策者负荷的计算机软件。IA 已在 Internet

上广泛应用于电子商务、电子政务等，因此也成为决策支持系统和模型管理的一种主要的设计架构。

智能 Agent 通常被定义为模拟人类行为和关系、具有一定智能而且能够自主运行和提供相应服务的程序的总称。智能 Agent 是智能的，它应具有对环境的响应性、自主性和主动性等特性；同时智能 Agent 具有社会性，多个智能 Agent 可以协调完成任务。

多智能 Agent 系统是典型的分布式系统，可实现自主的智能体间智能行为协调，为了一个共同的全局目标或是各自不同的目标，共享有关问题和求解方法的知识，协作进行问题求解。基于智能 Agent 的模型管理系统具有求解能力强、求解效率高、应用范围广和软件复杂性低等优点。

可以看到，基于智能 Agent 的模型管理可以使决策支持系统功能更具智能性和灵活性。决策者在客户端只需要提交问题模式就可以，而智能 Agent 会在网络环境中自动搜索、匹配和协调可以解决此问题的模型和求解器，并把协调后的求解结果发送给决策者，其原理图如图 4.6 所示。

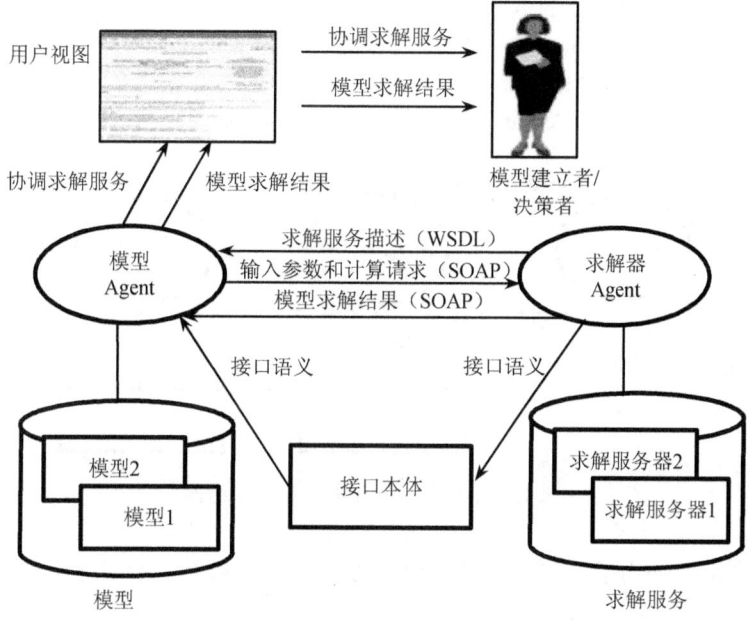

图 4.6 基于 Agent 的模型管理原理图

4.3.3 基于 C/S 的模型服务器

在网络环境下，客户/服务器（Client/Server，C/S）已经成为一种普遍的结构体系。国防科技大学陈文伟、黄金才等设计开发了基于 C/S 的模型服务器 iModelServer，该服务器采用 C/S 机制实现模型资源的管理、调度、运行和共享。它是实现网络决策支持系统的核心部件，是决策资源的一种新的管理模式。

由于服务器的通信协议采用的是 TCP/IP，因此客户端可以运行在 Internet 上的任何机器上。客户可以直接访问数据库上的数据，但是模型所需要的数据由服务器通过数据库访问接口直接取到服务器上，客户只需在客户端定义广义模型运行所需要的数据来源即可。模型是通过输入/输出规范接口找到数据库服务器上的数据。从这个意义上讲，模型服务器也是数据库服务器的一个客户。

iModelServer 设计了一套运用灵活的命令语言（RML）支持客户端对模型服务器操作的三层 C/S 结构，如图 4.7 所示，其作用类似于数据库服务器的操作语言 SQL。RML通过通信接口发送命令到服务器，由服务器进行处理，并把结果返回应用系统或者客户端程序，命令语言的作用是为了方便使用。RML 提供了连续运行符"#"，以该符号开头的多个命令行可以连续运行，以避免多次交互的麻烦。例如，想查看修改"人口统计"模型的参数项"table"后的运行结果，则可以输入以下命令：

```
# Set 人口统计.input.table = myTable
# Query_Data From ModelBase Where 模型名 = 人口统计
# Run 人口统计 In ModelBase
# Query_Res From ModelBase Where 模型名 = 人口统计
```

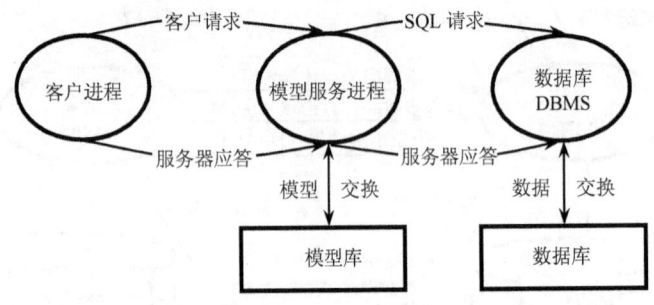

图 4.7 iModelServer 的三层 C/S 结构

上述命令由于使用了"#"，因此客户端可以将其一起提交给服务器，服务器把四个命令执行完之后再返回执行结果。

"Set 人口统计.input.table = myTable"命令的含义是把模型"人口统计"的输入项"table"修改为"myTable"。

"Query_Data From ModelBase Where 模型名 = 人口统计"命令的含义是查询模型库（ModelBase）中模型"人口统计"的数据项。运行此命令的目的是监测模型的数据项是否设置正常（装载引擎进行监测）。

"Run 人口统计 In ModelBase"命令的含义是运行模型库中"人口统计"模型。

"Query_Res From ModelBase Where 模型名 = 人口统计"命令的含义是查询模型的"人口统计"的运行结果。

模型服务器 iModelServer 可以单独作为支持工具使用，其使用流程如图 4.8 所示。

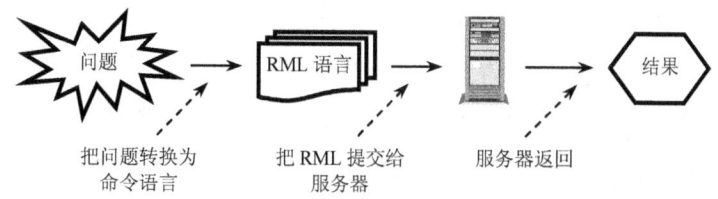

图 4.8　基于模型服务器的决策支持

特别是，由于系统能够在网络环境下运行，而且支持模型的组合以及多种资源的交互和集成，因此远程客户完全可以把自己的问题分解为一系列的命令语言，并提交给服务器系统，服务器自动完成各种资源的装载，在执行完之后返回一个结果。客户只需要关心问题的分解（把问题转换为一系列的命令语言）以及最终结果，而大量的运行和交互工作则由服务器完成。

4.4　基于模型的决策支持

每个模型都能够起到一定的辅助决策能力，这里通过线性规划模型进行说明单个模型是如何支持决策活动的。

4.4.1　线性规划模型

线性规划是用来处理线性目标函数和线性约束条件的一种颇有成效的最优化方法。在系统优化及经营管理中常有两类问题：一类是给出一定的人力、物力和财力的条件下，如何合理利用它们完成最多的任务或得到最大的效益；另一类是在完成预定目标的过程中如何以最少的人力、物力和财力等资源去实现目标。线性规划是解决这两类问题最为普遍的方法，它广泛应用于经济分析、经营管理、军事作战和工程技术等方面，为合理地利用有限的人力、物力和财力等资源做出最优决策提供科学的依据。

线性规划的数学模型的一般形式如下：
其中目标为

$$\text{Min}\quad Z = \sum_{i=1}^{n} c_i X_i \tag{4.5}$$

约束条件为

$$\sum_{i=1}^{n} A_{ji} X_i \leqslant (\geqslant 或 =) B_j \quad j=1,2,\cdots,m \tag{4.6}$$

$$X_i \geqslant 0 \quad i=1,2,\cdots,n \tag{4.7}$$

式中，X_i 为决策变量，c_i 为目标函数的价值系数。

一般，把任何形式的线性规划问题化为标准型，即将约束方程取等号。

在线性规划中满足约束条件的一组数$(x_1, x_2, \cdots, x_n)$称为问题的一个可行解，全体可行解构成的集合称为问题的可行域。在可行域上使目标函数取极小值（或极大值）的可行解称为问题的最优解，对应的目标函数值称为最优值。

建立线性规划模型的步骤一般包括：

（1）明确问题的目标和划定决策实施的范围，并将目标表达成决策变量的线性函数，称为目标函数。

（2）选定决策变量和参数。决策变量就是待决定问题的未知量，一组决策变量的取值即构成一个决策方案。

（3）建立约束条件。问题的各种限制条件称为约束条件。每一个约束条件均需表达成决策变量线性函数应满足的等式或不等式。约束条件往往不止一个，通常表达成一组线性等式或不等式。

建立起线性规划模型后，就可以使用单纯形法对其进行求解。求解过程可以通过计算机自动完成。从建立线性规划模型到用单纯形法求解，便可得到最优决策。

对实际决策问题建立的线性规划模型，决策变量可以找准。但是，对应的参数选取，往往是估计值。这就影响了最优解的准确性。对于线性规划模型中的参数变化多大时，会引起最优解的改变？这需要通过what-if分析来进行。what-if分析可以帮助决策者分析模型中参数的精确程度对最优解的影响，也可以帮助分析那些由决策者制定的政策参数对最优解的影响，即有效地指导决策者做出最终的决策。

可以看出，线性规划模型的决策支持包括两个方面：

（1）模型求解的最优解的决策支持。

（2）模型what-if分析的决策支持。

4.4.2 多目标规划模型

多目标规划模型就是为了克服线性规划的局限性，由美国数学家Cnames和Cooper在20世纪60年代提出来的。国际上在20世纪70年代才在实际中应用并取得显著经济效益，得以逐渐受到重视。它与单目标线性规划不同，多目标规划问题存在着多种模式和求解方法。在此，本书只介绍用大 M 法求解的多目标线性规划。

有多个目标（设为 $m+1$ 个）和一些约束条件的多目标规划模型，可根据实际情况，选取一个极小化目标（或极大化目标）为总目标，如

$$\text{Min} \quad Q = \sum_{i=1}^{n} c_i X_i \tag{4.8}$$

然后再把其他的目标化为约束条件。

1）某一目标函数取极小

不妨设目标函数为 $f_i(x) \to$ 极小，那么 $f_i(x)$ 有上界，取为 b_i，即 $f_i(x) \leqslant b_i$，加入人工变量及剩余变量分别为 Y_i、Z_i 均大于或等于 0，得

$$f_i(x) + Y_i - Z_i = b_i \tag{4.9}$$

此时，已把目标 $f_i(x)$ 转换成约束条件。

2）某一目标函数取极大

设目标函数 $f_j(x) \to$ 极大，那么 $f_j(x)$ 有下界，取为 b_j，即 $f_j(x) \geqslant b_j$，加入人工变量及剩余变量分别为 Y_j、Z_j，均大于或等于 0，得

$$f_j(x) + Y_j - Z_j = b_j \tag{4.10}$$

此时，已把目标 $f_j(x)$ 转换成约束条件。

通过以上的变换方法，除 Q 目标外，其余 m 个目标，由于引入人工变量 Y 和剩余变量 Z 后，变成了 m 个约束条件（均有 m 个）。由于 Q 目标和 m 个目标（$f_i(x), i = 1, 2, \cdots, m$）相互有影响，则 m 个人工变量 Y 和剩余变量 Z 也应加入到 Q 目标中去。这样，就把多目标模型转化为如下单目标模型：

目标为

$$\text{Min} \quad Q = \sum_{i=1}^{n} c_i X_i + \sum_{j=1}^{m} S_j Y_j + \sum_{j=1}^{m} R_j Z_j \tag{4.11}$$

约束条件为

（1）$f_j(x) + Y_j - Z_j = b_j$ （4.12）

（2）原多目标规划的约束方程 （4.13）

（3）$X_i, Y_i, Z_j \geqslant 0$ （4.14）

式中，$f_j(x)$ 为除目标 Q 外的 m 个原目标函数。下面讨论 Y_j、Z_j 在目标函数 Q 中的价值系数 S_j 和 R_j 的选取。由于 m 个目标和 Q 目标之间相互有影响，故 S_j 和 R_j 不能同时为 0。

（1）当取 $S_k = -M$，$R_k = M$ 时，目标函数为

$$\text{Min } Q = \sum_{i=1}^{n} C_i X_i + \sum_{\substack{j=1 \\ j \neq k}}^{m} S_j Y_j + \sum_{\substack{j=1 \\ j \neq k}}^{m} R_j Z_j - M \cdot Y_k + M \cdot Z_k \quad (4.15)$$

从上式不难得到 $Y_k=M$，$Z_k=0$ 时，才能对 Q 取极小最有利。把 $Y_k=M$，$Z_k=0$ 代入约束方程得

$$f_k(x) + M - 0 = b_k \quad (4.16)$$

即

$$f_k(x) = b_k - M$$

因 b_k 是某一常数，当 M 取大数时，$f_k(x)$ 取极小，从而得知 $S_k=-M$，$R_k=M$，使得目标函数 $f_k(x) \to$ 极小，与约束条件式（4.9）等价。

（2）取 $S_k=M$，$R_k=-M$ 时，目标函数为

$$\text{Min } Q = \sum_{i=1}^{n} C_i X_i + \sum_{\substack{j=1 \\ j \neq k}}^{m} S_j Y_j + \sum_{\substack{j=1 \\ j \neq k}}^{m} R_j Z_j + M \cdot Y_k - M \cdot Z_k \quad (4.17)$$

不难看出，当 $Y_k=0$，$Z_k=M$ 时，才对 Q 取极小最有利。把 $Y_k=0$，$Z_k=M$ 代入约束方程式（4.12）得

$$f_k(x) + 0 - M = b_k \quad (4.18)$$

即

$$f_k(x) = b_k + M$$

因 b_k 是某一常数，当 M 取大数时，$f_k(x)$ 取极大，从而得知，$S_k=M$，$R_k=-M$ 时，使目标函数 $f_k(x) \to$ 极大与约束条件式（4.10）等价。

我们可以得到多目标规划中 R 和 S 的选取如表 4.2 所示。

表 4.2 多目标规划中 R 和 S 的选取

S	R	作用
$+M$	$-M$	使约束条件取极大
$-M$	$+M$	使约束条件取极小

目标函数和约束条件的差别如何体现呢？实际上这两者之间本来就没有严格的界限和本质的差别。首先，得到满足的相对来说就是约束条件，可以认为目标函数是级别比较低的约束条件，它是在优先满足级别高的约束条件的前提下，尽管得到满足。

在线性规划中大数 M 的数量级应绝对高于价值系数 C_i 的数量级。同理在多目标规划中 R 和 S 的数量级也应绝对高于 C_i 的数量级。在利用计算机计算时，R 和 S 可以在很宽的数量级范围内浮动，以此达到划分多级约束条件和多级目标函数的目的。在实际计

算中用调整 R 和 S 的相对数量级来调整各约束条件和各目标之间的相对优先级别,这是调整模型的有效手段,也为决策者提供了更多的选择余地(方案)。

约束条件和目标的界限在实际问题中是比较模糊的。归纳起来一般是:① 对资源有限制;② 对必须获得的成果有限制;③ 对希望达到的成果有要求。①、②是必须满足的,是规划的约束条件;③ 是希望达到的,它在首先满足①、②的条件下尽量得到满足,因此它是目标。

无论是约束条件还是多个目标,实际问题中还存在着轻重缓急之分。在计算机上用加权的办法来实现这种要求是比较容易的,调整也十分方便。因而多目标规划几乎能解决线性系统规划中所有现实性和可能性的问题。它是解决各约束条件互相矛盾、各目标之间重要程度不同的多目标决策问题的有效工具。它在按级别(由加权级别决定)满足各约束条件的前提下,按级别尽量满足多个目标的要求。多目标规划的灵活性和弹性是相当大的,它能给决策者留下较大的分析、选择、调整的余地。在模型初步建立之后,可以在多个相互矛盾的约束或目标之间,用调整相对级别的办法来实现:① 互换约束条件和目标的位置;② 改变约束条件等级;③ 改变所追求目标的迫切程度;④ 松弛或压紧各条件之间的紧张程度。以上各种调整手段在解决实际问题时是十分有效的,这正是多目标规划优于线性规划的主要所在。这样,在多目标规划的建模调整中就有可能更紧密地把数值计算方法和传统的分析方法有机地结合起来,互相比较,互相校正,对方案从不同的角度加以评价,视其是否可行和是否合理。

以某县养殖业结构优化为例,说明该数学模型的应用。① 根据该县历史数据用回归预测的方法得到该县养殖业各项单产,单耗数据作为约束方程的系数。② 根据国家和省、市对该县提供的资源及要求,再考虑该县本身能提供的资源形成各个约束条件。③ 以总产值、净产值最大和精饲料最小为目标,求解如下多目标规划模型,即

$Y_1 = X_1 \geqslant 400\,000$ (牲猪饲养量,头)

$Y_2 = X_2 = 3800$ (耕牛饲养量,头)

$Y_3 = X_3 \leqslant 3100$ (奶牛饲养量,头)

$Y_4 = X_4 \geqslant 250\,000$ (鸡饲养量,只)

$Y_5 = X_5 \geqslant 5000$ (鸭饲养量,只)

$Y_6 = X_6 \leqslant 20\,000$ (池塘鱼面积,亩)

$Y_7 = X_7 = 9000$ (水面养鱼面积,亩)

$Y_8 = X_8 \leqslant 700$ (鹿饲养量,头)

$Y_9 = X_9 \leqslant 600$ (山羊饲养量,只)

$Y_{10} = 0.68 X_8 \geqslant 600$ [鹿茸产量约束,斤(1公斤=2斤)]

$Y_{11}=0.42\,X_3 \geqslant 1300$　　　　（鲜奶产量约束，万斤）

$Y_{12}=0.015\,X_4+0.095\,X_5 \geqslant 8000$　　　　（蛋产量约束，担）

$Y_{13}=3.4\,X_5+1.6\,X_6+82\,000$　　　　（鲜鱼产量约束，担）

$Y_{14}=0.02\,X_1+0.01\,X_2+0.4\,X_3+0.0015\,X_4+0.004\,X_5=0.008\,X_8 \to$极小　　（精饲料目标，万斤）

$Y_{15}=0.03\,X_1+0.02\,X_2 \leqslant 12\,080$　　　　（精饲料料约束，万斤）

$Y_{16}=0.1X_1+0.8X_3+0.1\,X_6+0.04\,X_7+0.08X_8+0.02\,X_9=44\,852$　　　　（青饲料约束，万斤）

$Y_{17}=0.4X_2+0.26X_3 \leqslant 2400$　　　　（干草约束，万斤）

$Y_{18}=57.5X_1+1008\,X_3+3.5\,X_4+8.5\,X_5+238\,X_6+112\,X_7+300\,X_8+20\,X_9 \to$极大　　（总产值目标，元）

$Y_{19}=17.5\,X_1+300\,X_3+0.7\,X_4+4\,X_5+178\,X_6+90\,X_7+100\,X_8+15\,X_9 \to$极大　　（净产值目标，元）

该问题共有三个目标：精饲料（Y_{14}）、总产值（Y_{18}）和净产值（Y_{19}），其他都是约束条件。在约束条件中有单变量约束条件：Y_1 到 Y_9；有组合约束条件：Y_{10} 到 Y_{13}，Y_{14} 到 Y_{17}。

在进行多目标计算时，仍保留 Y_{14} 为目标函数，而把 Y_{18} 和 Y_{19} 转换成约束条件。用单目标的单纯形法求解。这样，可得到优化结果为

$Y_1=400\,000$

$Y_2=3800$

$Y_3=3059.938\,44$

$Y_4=250\,000$

$Y_5=50\,000$

$Y_6=19\,882.352\,9$

$Y_7=9000$

$Y_8=697.674\,418$

$Y_9=0$

$Y_{10}=600$

$Y_{11}=1285.174\,15$

$Y_{12}=8500$

$Y_{13}=82\,000$

$Y_{14}=9892.789\,33$

$Y_{15} = 12\,076$

$Y_{16} = 44\,852$

$Y_{17} = 2315.584$

$Y_{18} = 33\,333\,720.3$

$Y_{19} = 12\,591\,807.8$

模型的决策支持能力,体现在能回答用户多种"如果,将如何"(what-if)的方案。为提高模型的决策支持能力,需要建立一个控制机制,实现如下功能:

(1) 在给出数据文件后,控制模型程序的运行,利用模型的计算结果辅助用户决策。

(2) 修改数据文件中的任意数据(如目标方程和约束方程的系数、约束方程常数和约束关系等),改变实际问题的方案。

(3) 重复运行模型程序,即形成反馈回路多次运行模型程序,对不同的数据方案计算出结果。

对于多目标规划模型的决策支持,通过修改数据文件参数能得出更好的方案。对于上面的问题,在保持资源约束不变的条件下,可以对一些比较重要的单产单耗系数做出一些人为调整,用来预测这种情况下总效益的变化。这样尝试的基本思想是单产单耗系数虽然是按历史数据回归得来的,也在一定程度上考虑了生产发展、技术进步等因素的影响。但生产人员责任心的增强、积极性的发挥和生产管理水平是相互影响的,如何促进它们之间良性循环而避免恶性循环是领导者十分关心的问题,我们努力从技术角度定量地告诉领导者,假定局部参数向好的方向有一个(定量的)变化(如单产提高,单耗下降)它将给全局带来多少总效益(定量的)。由计算机计算出的结果可以促进决策者更好、更快、更准地下决心,采取各种措施,包括给这个局部生产人员以适当奖励,以获得全局上更多的效益,使整个生产和管理处在良性循环系统之中。

例如,对青饲料(Y_{16})放宽约束(增加100万斤),对鲜鱼和生猪的单产、单耗稍做调整后的计算结果为

$Y_1 = 400\,133.333$

$Y_2 = 3800$

$Y_3 = 3100$

$Y_4 = 250\,000$

$Y_5 = 50\,000$

$Y_6 = 20\,000$

$Y_7 = 9000$

$Y_8 = 700$

$Y_9 = 600$

$Y_{10} = 602$

$Y_{11} = 1302$

$Y_{12} = 8500$

$Y_{13} = 85\,300$

$Y_{14} = 9111.4$

$Y_{15} = 12\,080$

$Y_{16} = 44\,631.333\,3$

$Y_{17} = 2316$

$Y_{18} = 34\,752\,800$

$Y_{19} = 13\,526\,293.3$

这次计算结果和上次计算结果进行比较有，总产值（Y_{18}）增加 141.9 万元；净产值（Y_{19}）增加 93.4 万元。

这是一个重要的结论，说明调整一些政策（即修改有关的约束条件和修改部分约束方程系数）就能达到较好的决策效果。

4.5 多模型组合的决策支持

对于复杂的决策问题，单个模型往往难以胜任，这就需要多个模型组合起来解决一个决策问题。本节介绍模型组合及其决策支持的过程和策略。

4.5.1 多模型组合问题

模型的组合包含两个问题：一个是模型间的组合，另一个是模型间数据的共享和传递。

（1）模型间的组合需要通过程序设计中三种组织结构方式来完成，即顺序结构、选择结构和循环结构。这三种结构形式又可以嵌套使用，从而形成任意复杂的系统结构。这种组合结构形式虽然与一般的计算机语言的程序设计结构形式相同，但含义却大不一样。一般程序设计结构是在语句或子程序的基础上进行顺序、选择、循环的组合，完成单一问题的处理，而模型的组合是在模型的基础上进行顺序、选择、循环的组合。模型本身是辅助决策的基本单元，即它本身就能完成某种辅助决策，模型可以独立运行，又能作为组合模型的一部分。对模型组合，能完成多模型的组合决策或综合决策，达到复杂问题辅助决策的作用。

（2）模型间数据的共享和传递。这是组合模型的配套要求，只有达到各模型间数据共享和数据传递，才能使组合模型成为一个有机整体。而且也能减少数据的冗余和实现数据的统一管理。为实现模型间数据的共享和传递，需要将所有的共享数据都存放在数据库中，由数据库管理系统进行统一的管理；同时为了实现模型对数据的有效存取，需要解决好模型存取数据库数据接口等问题。这个接口保证各模型既可存取和修改数据库中任意位置的数据，也可以存取数据库中的大量数据。

模型库管理系统本身不进行模型的组合，而是能够支持模型的组合，其模型的组合是通过问题处理集成来进行的。

模型的组合有多种方式，用逻辑形式表示有：

模型间的关系为"与（and）"关系，如"模型 1 and 模型 2"；

模型间的关系为"或（or）"关系，如"模型 3 or 模型 4"；

模型间的关系为组合"闭包（and|or）+"关系，如"模型 1 and 模型 2" or "模型 3 and 模型 4"……

在计算机程序设计语言中，程序有三种结构形式，即"顺序"、"选择"和"循环"，由此完成对语句、子程序和模块的组合。这三种结构形式把计算机语言的语句组织起来形成程序。

把模型组合的逻辑关系和程序结构形式结合起来，就形成了模型组合的程序形式。

模型的"与（and）"关系采用程序的"顺序"结构；

模型的"或（or）"关系采用程序的"选择"结构；

模型的"闭包（and|or）+"关系采用程序的"循环"结构。

模型的三种程序组合方式如图 4.9 所示。

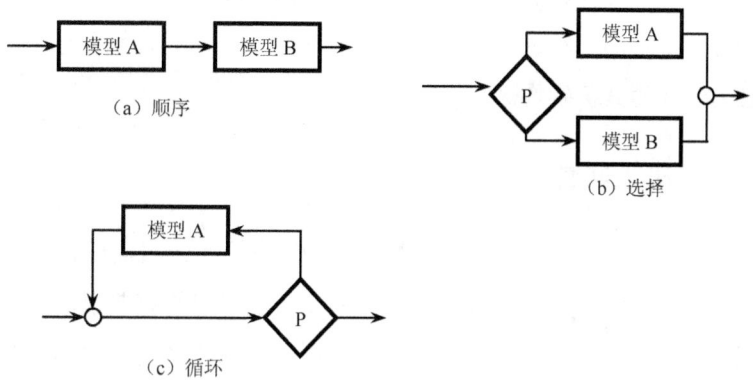

图 4.9 模型的三种组合方式

该图中，P 是判别条件，满足条件时走一分支，不满足时走另一分支。这样，我们把模型的三种组合关系用程序的三种结构形式来组织,利用程序三种结构形式的嵌套组合就形成了模型的复杂组合关系。用计算机程序设计中三种基本结构形式进行相互嵌套,就形成了任意复杂的程序结构;同样,模型的三种程序组合形式进行相互嵌套,就可以生成复杂的决策问题的程序形式。模型组合的嵌套方式如图 4.10 所示。

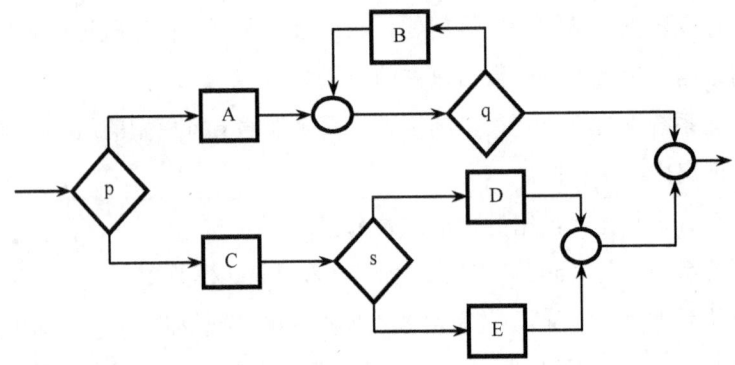

图 4.10　模型组合的嵌套方式

该图中,A、B、C、D、E 为不同模型,p、q、s 是判别条件,满足条件时走一分支,不满足条件时走另一分支。图 4.10 所示的模型组合嵌套方式表示为在条件 p 下有两种选择,其一分支是模型 A 与模型 B 的循环的组合;另一分支是模型 C 与模型 D 或者模型 E 的组合。以上的模型组合的程序组合方式均满足单输入和单输出。由于它们满足结构程序要求,从而这些模型组合程序能保证其程序的正确性。

G.Jacopini 和 C.Bohm（1966 年）从理论上证明了"任何程序都可以用顺序结构、选择结构和循环结构表示出来"。Dijustra 首先提出了结构程序设计的概念（1969 年）,结构化程序是由"顺序、选择、循环"结构为基本结构组成的"单入口"和"单出口"的复合程序。经过若干年的实践证明,用结构程序设计方法编出的程序不仅结构良好,易写易读,而且易于证明其正确性。

4.5.2　橡胶配方决策问题案例

某橡胶产品由三种原料按一定的比例配方,做成产品后经过测试,可以得到 9 个性能值。现在,由于社会的需要,对橡胶产品的 9 个性能提出约束要求,请求生产厂家生产出符合性能要求的橡胶产品。由于厂家不清楚原料与性能之间的内部本质联系,只能凭经验配方,做出产品后进行测试,不合格时,再配方做出产品,再测试,这样反复试验,直到试验出符合性能要求的产品。这样的做法将消耗大量的物资、经费和时间。

对该决策问题进行决策支持系统设计:

(1) 找出"原料—性能"的基本规律;
(2) 利用该规律,根据对性能的要求,反过来求解原料的配方。
橡胶配方决策问题用示意图 4.11 进行说明。

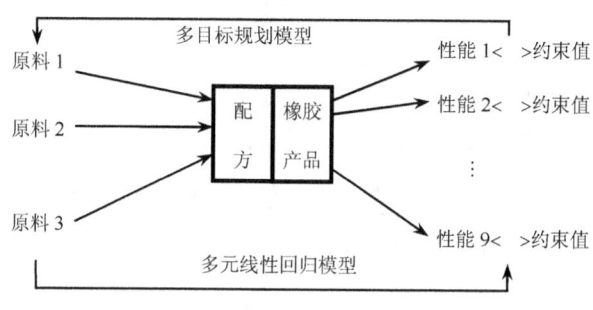

图 4.11　橡胶配方决策问题示意图

1. 模型库设计

(1) 找"原料—性能"规律:试探建立多元线性回归模型。这需要利用大量现有产品的数据,即已知每个产品的原料配方和测试的性能值。使该模型得到的规律符合多元线性方程组,可利用 Pascal 语言来编制该模型程序。

(2) 由性能约束求原料配方:建立多目标规划模型。这需要利用多元线性回归模型得出的线性方程组,建立约束方程,利用该模型求出原料比例值。可利用 Pascal 语言来编制该模型程序。

(3) 报表模型:利用报表模型打印出多目标规划模型的已知数据和计算结果,这可用数据库语言,如 FOXPRO 来编制报表程序。

2. 数据库设计

(1) 产品数据库:存放每个产品的三个原料配方值和九个性能值,如表 4.3 所示。产品数越多,多元回归效果就越好。

表 4.3　产品数据库

试验	1	2	3	4	5	6	7	8	9	10	11	12	13
原料 1	50	90	50	90	50	90	50	90	36.3	103.6	70	70	70
原料 2	10	10	25	25	10	10	25	25	17.5	17.5	17.5	17.5	17.5
原料 3	0.55	0.55	0.55	0.55	1.95	1.95	1.95	1.95	1.25	1.25	0.07	2.42	1.25
性能 1	124	150	123	160	170	192	162	186	140	160.4	106.5	225	206.2
性能 2	543	500	563	526	351	300	372	336	760	200	662	306	375
性能 3	18	16	21	17	4	4	5	4	7.6	6	32	2	8
性能 4	49	72	50	70	54	80	50	7	49	88	52	72	68

续表

试验	1	2	3	4	5	6	7	8	9	10	11	12	13
性能5	1.02	0.9	1.05	1.01	0.91	0.91	0.9	0.89	0.80	0.807	1.16	0.67	0.86
性能6	62	84	80	78	63	82	84	78	43	114	76	77	78
性能7	32.2	31.1	33.4	32.2	18.1	17.2	19	17.3	28.4	19.2	52	15.25	23.15
性能8	−1.4	−1.5	−1.3	−1.1	−3.9	−4	−3.6	−3.8	−1	−4.2	−4.2	−6	−3.6
性能9	40	41	46	45	41	40	45	44	45	40	42	40	41

（2）规划数据库：存放规划模型的约束方程（系数、约束关系、约束值、计算值）和目标方程（系数、优化值），如表 4.4 所示。

表 4.4 规划数据库

说　明	原料 1	原料 2	原料 3	约束符	约束值	级　别	优化结果
性能 1	0.525	−0.434	36.881	>	83.428	3	85.738 5
性能 2	−4.060	2.234	−143.651	>	−470.867	3	−422.588
性能 3	−0.035	0.106	11.047	>	21.576	2	−20.099 5
性能 4	0.587	−0.179	5.510	>	31.093	3	35.792 5
性能 5	−0.000	0.002	−0.124	<	−0.172	1	−0.209 3
性能 6	0.55	0.460	0.490	>	40.754	3	40.754 5
性能 7	−0.074	0.077	12.471	<	−25.482	1	−25.482 1
性能 8	−0.020	0.025	−2.843	<	−2.138	3	−5.783 9
性能 9	−0.038	0.302	−0.559	>	−0.470	2	4.564 1
原料 1	1.000	0.000	0.000	<	90.000	1	50.727 5
原料 2	0.000	1.000	0.000	<	25.000	1	25.000
原料 3	0.000	0.000	1.000	<	2.000	1	1.896 8

3．总控程序（综合部件）设计

为使三个模型、三个数据库综合形成决策支持系统，总控程序工作包括：

（1）为"产品数据库"输入数据。

（2）为"规划数据库"输入性能约束关系（<，=，>）、约束值、原料约束方程，性能约束方程系数由多元回归模型来确定。

（3）控制多元回归模型运行。输出的回归方程系数送入"规划数据库"中约束方程系数中；回归方程的常数放入"规划数据库"的计算值位置中。

（4）从"规划数据库"中取出原约束值和回归方程常数。

（5）计算新的约束值：用原约束值减去回归方程中的常数。

（6）将新约束值送入"规划数据库"的约束值位置。

(7) 控制多目标规划模型运行，原料配方值存储在"规划数据库"中。

(8) 设置人-机交互：① 是否修改规划中的某个约束值（Y/N）？② 输入约束值位置（i行，j列）；③ 显示旧值；④ 输入新值。

(9) 返回第（7）步，重复运行多目标规划模型。

(10) 控制报表模型运行，打印规划数据库的数据报表。

4．决策支持流程图

我们把模型设计、数据库设计、总控程序设计结合起来，画出橡胶配方运行结构图如图 4.12 所示。

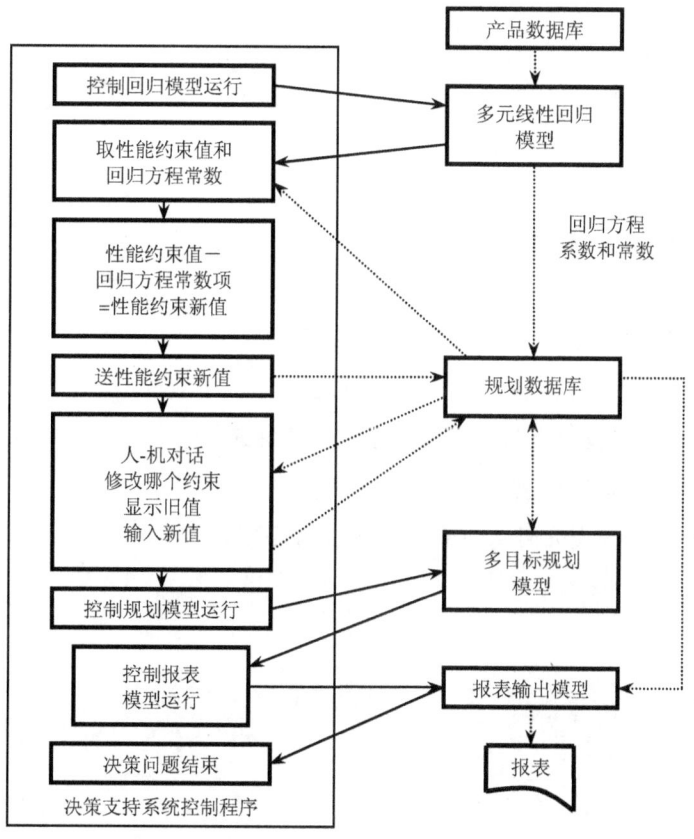

图 4.12 橡胶配方运行结构图

从该运行结构图可见，流程图将多个不同语言编制的模型程序（两个数学模型，一个数据处理模型）进行组合，直接存取数据库数据，本身进行数值计算和人-机交互形成辅助决策功能的综合集成体。

本章小结

本章对模型与决策支持的相关概念进行了具体阐述，包括模型的基本概念、建模过程以及典型的数学模型，接着介绍了模型管理的概念、体系结构以及相关的关键问题；简略地对网络环境下的模型管理进行了阐述；最后结合线性规划模型、多目标规划模型对单个模型、多个模型的决策支持方法和过程进行了介绍。

 本章习题

1. 什么是模型？
2. 简述建模过程。
3. 典型的数学模型有哪些？
4. 什么是模型管理？
5. 模型管理系统的基本功能是什么？
6. 简述模型管理系统的语言体系。
7. 模型管理的关键问题是什么？
8. 简述模型服务器 iModelServer 的工作过程。
9. 结合线性规划模型说明单个模型如何辅助决策？
10. 说明多目标规划模型的决策支持过程。
11. 简述橡胶配方决策问题的决策支持系统案例。

第 5 章 数据与决策支持

本章学习重点

本章重点学习数据驱动的决策支持。随着信息技术的发展，越来越多的数据成为决策管理人员面临的重大问题，同时也为决策提供了新的机遇。数据驱动的决策支持是以数据的总和集成分析为主线的一类决策支持方法。

本章要求重点掌握数据驱动的决策支持框架，并熟悉主要功能；掌握数据的概念，数据集成的主要内容，熟悉数据集成的主要方法；掌握数据仓库的概念，重点掌握数据仓库中的数据组织模型；了解元数据的概念；掌握 OLAP 的基本概念，了解其主要特征，掌握 OLAP 的基本分析手段；掌握数据挖掘的概念，重点掌握关联规则方法，了解数据挖掘的主要功能。

5.1　数据与决策

　　数据是决策支持系统的基础。在 20 世纪 80 年代，决策支持系统的研究以模型和知识为核心，数据在其中起到辅助的作用。20 世纪 90 年代初提出的数据仓库（Data Warehouse，DW）、联机分析处理（Online Analytical Processing，OLAP）新概念，到 20 世纪 90 年代中期已经形成潮流。在美国，数据仓库已成为紧跟 Internet 之后处于第二位的技术热点。数据仓库是市场激烈竞争的产物，它的目标就是达到有效的决策支持。大型企业几乎都建立或打算建立自己的数据仓库。数据仓库厂商也纷纷推出自己的数据仓库软件。已建立和使用的数据仓库应用系统取得了明显的经济效益，在市场竞争中显示了强劲的活力。

　　随着数据仓库的发展，联机分析处理随之得到了迅猛的发展。数据仓库侧重于存储和管理面向决策主题的数据，而联机分析处理则侧重于把数据仓库中的数据进行分析，转换成辅助决策信息。联机分析处理的一个重要特点就是多维数据分析，这与数据仓库的多维数据组织正好形成相互结合、相互补充的两个方面。联机分析处理技术中比较典型的应用是对多维数据的切片和切块（slice and dice）、钻取（drill）、旋转（pivoting）等。它方便使用者从不同角度来提取有关数据。联机分析处理技术还能够利用分析过程，对数据进行深入的分析和加工。例如，关键指标数据常常用代数方程进行处理，更复杂的分析需要建立模型进行计算。联机分析处理技术更直接为决策用户服务。

　　数据仓库和联机分析处理技术为决策支持系统开辟了新的途径。以数据仓库和联机分析处理相结合建立的辅助决策系统是决策支持系统的新形式。20 世纪 90 年代中期提出的数据挖掘概念，是从知识发现的概念中引申出来的，在最近几年时间内，形成了高潮。知识发现开始时，是从人工智能机器学习领域中发展起来的。数据仓库发展起来以后，为了提高数据仓库的决策支持能力，将数据挖掘纳入数据仓库的分析工具中，数据挖掘为数据仓库挖掘出有价值的知识，提高了数据仓库的决策支持能力。数据仓库、联机分析处理、数据挖掘的结合已经形成了新的决策支持方向，用它们建立的辅助决策系统是数据驱动的决策支持系统，其特点独立于传统的以模型和知识为核心的决策支持系统。

　　随着移动互联网、物联网等新技术的发展，大数据成为决策支持系统新的资源宝藏。《华尔街日报》将大数据时代、智能化生产和无线网络革命称为引领未来繁荣的三大技术变革。麦肯锡公司的报告指出，数据是一种生产资料，大数据是下一个创新、竞争、生产力提高的前沿。世界经济论坛的报告认定大数据是新财富，价值堪比石油。因此，发达国家纷纷将开发利用大数据作为夺取新一轮竞争制高点的重要抓手。大数据的特点可用 Volume（大量）、Velocity（高速）、Variety（多样）和 Value（价值）4 个 "V" 概括。另外,维克托·迈尔-舍恩伯格和肯尼斯·库克耶共同编写的《大数据时代》中指出,大数据还具有不能应用随机分析法(抽样调查)这类捷径,而要对所有数据进行分析处理的特点。

当前,大数据时代已经到来,它正悄悄改变人类生存的环境,不断地从商业、学习、生活等各个角度影响人类的行为方式。在这个快速且复杂变换的信息时代,人类需要一个更精准的方法去决策自身的行动,大数据技术的崛起具有跨时代的意义,它构造了一种全新的思维模式,帮助人们做出更好的决定。

大数据技术的战略意义不在于掌握庞大的数据信息,而在于对这些含有意义的数据进行专业化处理。换言之,如果把大数据比做一种产业,那么这种产业实现盈利的关键在于提高对数据的"加工能力",通过"加工"实现数据的"增值"。

从技术上看,大数据与云计算的关系就像一枚硬币的正、反面一样密不可分。大数据必然无法用单台的计算机进行处理,必须采用分布式架构。它的特色在于对海量数据进行分布式数据挖掘,但它必须依托云计算的分布式处理、分布式数据库和云存储、虚拟化等技术。

随着云时代的来临,大数据也吸引了越来越多人的关注。著云台的分析师团队认为,大数据通常用来形容一个公司创造的大量非结构化数据和半结构化数据,这些数据在下载到关系型数据库用于分析时会花费人们过多的时间和金钱。大数据分析常与云计算联系到一起,因为实时的大型数据集分析需要像 MapReduce 一样的框架来向数十、数百甚至数万的计算机分配工作。

它们各自从不同的角度进行辅助决策。大数据、数据仓库是基础,联机分析处理和数据挖掘是两类不同的分析工具,其结合使数据仓库辅助决策能力达到更高层次,这是一种新型的决策支持系统。数据驱动的决策支持框架如图 5.1 所示。

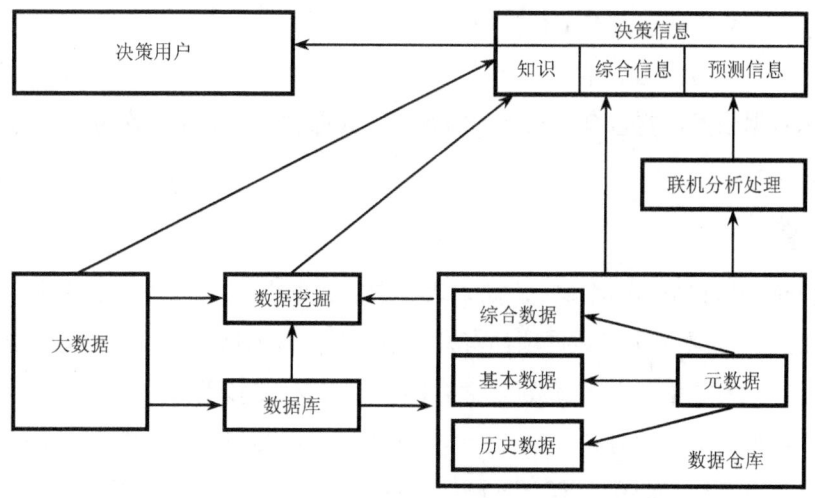

图 5.1 数据驱动的决策支持框架

5.2 数据与集成

数据是基于数据的决策支持系统的基础，是有效发挥决策支持系统功能的"源泉"。没有良好的数据，则基于数据的决策支持系统将成为无源之水。

5.2.1 数据模型

在决策支持系统中，信息从客观事物出发，流经数据库，通过控制决策机构，最后又返回来控制客观事物。信息的这一循环经历了现实世界、观念世界和数据世界三个领域。

（1）现实世界是由人们头脑之外的客观事物组成的，它是信息的根本来源，是设计数据库的出发点，也是使用数据库的最终归宿。

（2）观念世界是客观事物在人们头脑中的反映。客观事物在观念世界中称为实体，模型从主要方面反映了事物的运动形态及其相互关系，其中实体模型和数据模型的关系最为密切。

（3）数据世界是观念世界中信息的数据化，实现数据世界中的事物及其联系，要用数据模型来描述。

数据库的数据模型是描述数据结构的模式，是对客观事物及其联系的数据描述，即实体模型的数据化。下面介绍与数据模型相关的概念。

1. 记录与数据项

数据模型中把描述对象的数据称为记录，而把描述属性的数据称为项。由于一个对象具有若干属性，故记录也由若干数据项组成。

一般可采用属性名作为描述它的数据项名，但用做属性名时表述观念信息，用做数据项名时表示数据信息，它包含数据项的特征——数据类型（数字、字母、字符串等）与数据长度。

2. 型与值

由于实体有总体和个体两个概念，所以表示它的数据也有"型"（表示总体）与"值"（表示个体）之分。上述记录和数据项都有型与值之分，数据项"年龄"的型就是"名称为年龄，数据特征为2位十进制整数"，而它的值为1岁、2岁等。

应当指出，型与值是相对的，即一个数据项的值可以是另一个数据项的型；反之亦然。例如，数据项"车"的值"汽车"可以作为数据项"汽车"的型，而数据项"汽车"的值又是"公共汽车"、"吉普车"和"卡车"等。

3. 记录与文件

由于记录是一种数据,因此也有型和值之别。记录型是数据项型的一个有序组,记录值是数据项值的对应有序组。记录型是一个框架,只有给它的每个数据项赋值后才得到记录。

文件是记录型和值的总和,把根据值唯一标示记录的一个或多个数据项称为记录类型(或文件)的关键字,把用于组织文件的关键字称为主关键字。

5.2.2 数据质量

数据质量是一个极其重要的问题,因为质量决定数据的有用性以及基于这些数据的决策质量。低质量数据造成的经济和社会损失每年可达几十亿美元。

总体上来说,决策支持对数据质量的要求可归纳为以下九方面:

(1) 数据的正确性,指数据是否正确体现在可证实的数据源上。
(2) 数据的完整性,指数据仓库中数据之间的参照完整性是否存在或一致。
(3) 数据的一致性,指数据仓库中的数据是否被一致地定义或理解。
(4) 数据的完备性,指所需要的数据是否都存在。
(5) 数据的有效性,指数据是否在定义的可接受范围之内。
(6) 数据的时效性,指数据在需要的时间内是否有效。
(7) 数据的可获取性,指数据是否易于获取、易于理解和易于使用。
(8) 数据的冗余性,指数据仓库中是否存在不必要的数据冗余。
(9) 数据逻辑合理性,主要从业务逻辑角度判断数据是否正确。

数据质量存在问题的根本原因在于数据源,保证数据质量是很困难的事情,可以把数据质量存在问题的原因归为以下三类:

(1) 数据格式问题,如数据缺失、超出数据范围、无效数据格式等。
(2) 数据一致性问题,出于数据库性能考虑,有时可能会有意地去掉一些外键或者检查约束。
(3) 业务逻辑问题,通常是由于数据库设计得不够严谨所致。

只有设计从根本上识别和消除糟糕数据的业务提升流程,才能从根本上改进数据质量。数据仓库应用需要每次在升级时进行数据清洗。下面给出一个提升数据质量的行动计划框架,该框架是一个建议性的框架,主要遵循以下步骤:

(1) 确定要考虑的关键业务功能。
(2) 识别选择关键数据需求的标准。
(3) 指出关键数据元素。

(4）识别已知针对关键数据元素的数据质量关注点及其原因。

(5）确定应用于关键数据元素的数据质量标准。

(6）为每一标准设计测量方法。

(7）识别并实施快速而有效的数据提升措施。

(8）实施达到数据质量标准的测量方法。

(9）评价测量数据质量关注点和它们的原因。

(10）进一步提升计划措施。

(11）继续测量质量水平并调整计划。

(12）扩展这一流程以包括更多的数据元素。

5.2.3 数据集成

数据源数据集成的目的是为应用提供统一的访问支持，因此集成后的数据必须保证一定的完整性，包括数据完整性和约束完整性。数据集成还必须考虑语义冲突问题，因为信息资源之间存在的语义区别可能引起各种矛盾。从简单的名字语义冲突到复杂的结构语义冲突，都会干扰数据的处理、发布和交换。此外，数据访问权限、异构数据源数据的逻辑关系、数据集成范围等问题都需要加以考虑。

1．数据集成的内容

1）基本数据集成

基本数据集成面临的问题很多。

通用标志符问题是数据集成时遇到的最难的问题之一。由于同一业务实体存在于多个系统源中，并且没有明确的办法确认这些实体其实是同一实体时，就会产生这类问题。处理该问题的办法是：

（1）隔离，保证实体的每次出现都指派一个唯一标志符。

（2）调和，确认哪些实体本质是相同的，并且将该实体不同的表现形式合并。

当目标元素有多个来源时，指定某一系统在冲突时占主导地位。

数据丢失问题是最常见的问题之一，一般可采用为丢失的数据产生一个非常接近实际的估计值的办法进行处理。

2）多级视图集成

多级视图机制有助于对数据源之间的关系进行集成，它将底层数据表示方式为局部模型的局部格式，如关系和文件；中层数据表示为公共模式格式，如扩展关系模型或对象模型；高层数据表示为综合模型格式。

视图的集成化过程为两级映射：

（1）数据从局部数据库中，经过数据翻译、转换并集成为符合公共模型格式的中间视图。

（2）进行语义冲突消除、数据集成和数据导出处理，将中间视图集成为综合视图。

3）模式集成

模型合并属于数据库设计问题，常视设计者的经验而定，在实际应用中很少有成熟的理论指导。

实际应用中，数据源的模式集成与数据库设计情形仍有差距，如模式集成时出现的命名、单位、结构和抽象层次等多种冲突，就无法照搬模式设计的经验。

在众多互操作系统中，模式集成的基本框架如属性等价、关联等价和类等价可最终归于属性等价。

4）多粒度数据集成

多粒度数据集成是异构数据集成中最难处理的问题，理想的多粒度数据集成模式应是自动逐步抽象。

数据综合（或数据抽象）指由高精度数据经过抽象形成精度较低但是粒度较大的数据。其作用过程为从多个较高精度的局部数据中，获得较低精度的全局数据。要对各局域中的数据进行综合，可提取其主要特征。数据综合集成的过程实际上是特征提取和归并的过程。

数据细化指通过由一定精度的数据获取精度较高的数据，实现该过程的主要途径有：时空转换、相关分析或者对综合中数据变动的记录进行恢复。

数据集成是最终实现数据共享和辅助决策的基础。

2．异构数据集成的方法

异构数据集成的方法归纳起来主要有两种，分别是过程式方法和声明式方法。采用过程式方法，一般是根据一组信息需求，用一种 ad-hoc 的设计方法来集成数据。在这种情况下，关键是设计一套合适的软件模块来存取数据源。软件模块不需要一个关于完整数据模式的清晰概念，它主要依赖于 wrapper 来封装数据源，利用 mediator 来合并和一致化从多个 wrappers 和其他 mediator 过来的数据。

声明式方法的主要特点就是通过一套合适的语言来对多个数据源的数据进行建模，构建一个统一的数据表示，并且基于这一数据表示来对整体系统数据进行查询，通过一套有效的推理机制来对数据源进行存取，获得所需的信息。对于声明式数据集成方法，在设计过程中要重点考虑两个关键问题：相关领域的概念化建模和基于这一概念化表示的推理的可行性。

实现异构数据库的集成也主要有两种方法，一种方法是将原有的数据移植到新的数据管理系统中来，为了集成不同类型的数据，必须将一些非传统的数据类型（如类与对象）转化成新的数据类型。许多关系数据库厂商提供了类似的数据移植功能，即 ETL 工具（Extract、Transformation、Loading，抽取、转换和加载）。5.3 节介绍的数据仓库系统是这种数据集成方案的典型应用。

另一种方法是利用中间件集成异构数据库。该方法并不需要改变原始数据的存储和管理方式。中间件位于异构数据库系统（数据层）和应用程序（应用层）之间，向下协调各数据库系统，向上为访问集成数据的应用提供统一的数据模式和数据访问的通用接口。各数据库仍完成各自的任务，中间件则主要为异构数据源提供一个高层次的检索服务。例如，Sybase 针对异构数据源可互操作的市场需求，推出的开放性互连接口产品 Omni SQL Gateway，能有效地解决企业范围内异构环境内的可互操作性，它能把 Sybase 的 T-SQL 转换为适用于相应目标的 RDBMS，因而提供整个系统的 SQL 透明性。它的主要构成部分为 T-SQL 语法分析器，供 DB2、ORACLE 等数据源内部用的存取方法、智能型分布式优化器以及 Open Server 接口程序等。

5.3 数据仓库与决策支持

如前所示，数据仓库是建设基础数据环境的重要手段，数据仓库也是基于数据决策支持的重要组成部分。

5.3.1 数据仓库概念

数据仓库（Data Warehouse）的概念形成是以 Prism Solutions 公司副总裁 W.H.Inmon 在 1992 年出版的书《建立数据仓库》（Building the Data Warehouse）为标志的。数据仓库的提出是以关系数据库、并行处理和分布式技术的飞速发展为基础，是解决信息技术在发展中存在的"拥有大量数据却又信息贫乏（Data rich, Information poor）"的综合解决方案。

从目前的形势看，数据仓库技术已紧跟 Internet 发展而上，成为信息社会中获得企业竞争优势的又一关键。据美国 Meta Group 市场调查机构的资料表明，《幸福》杂志所列的全球 2000 家大公司中已有约 90%将 Internet 和数据仓库这两项技术列入其企业计划，而且有很多企业为使自己在竞争中处于优势已经率先采用数据仓库技术。

对于数据仓库，Inmon 在《建立数据仓库》一书中，对数据仓库给出了如下定义：数据仓库是面向主题的、集成的、稳定的、不同时间的数据集合，用于支持经营管理中决策制定过程。

传统数据库用于事务处理，也叫操作型处理，是指对数据库联机进行日常操作，即对一个或一组记录的查询和修改，主要为企业特定的应用服务。一般来说，用户关心的是响应时间、数据的安全性和完整性。数据仓库用于决策支持，也称分析型处理，用于决策分析，它是建立决策支持系统的基础。

例如，银行的用户有储蓄款，又有贷款还有信用卡。这些数据是存放在不同业务处且彼此独立的数据库中。现在，有了数据仓库，就可以把这些业务数据库集中起来建立起对用户的整体分析，以决定是否继续对该用户贷款或发放信用卡。

操作型数据（DB 数据）与分析型数据（DW 数据）的对比如表 5.1 所示。

表 5.1 DB 数据与 DW 数据的对比表

DB 数据	DW 数据
细节的	综合或提炼的
在存取时准确的	代表过去的数据
可更新的	不更新
操作需求事先可知道	操作需求事先不知道
事务驱动	分析驱动
面向应用	面向分析
一次操作数据量少	一次操作数据量多
支持日常操作	支持决策需求

1. 面向主题性

面向主题性表示了数据仓库中数据组织的基本原则，数据仓库中的所有数据都是围绕着某一主题组织展开的。由于数据仓库的用户大多是企业的管理决策者，这些人所面对的往往是一些比较抽象的或层次较高的管理分析对象。例如，企业中的客户、产品、供应商等都可以作为主题看待。从信息管理的角度看，主题就是在一个较高的管理层次上对信息系统中的数据按照某一具体的管理对象进行综合、归类所形成的分析对象。而从数据组织的角度看，主题就是一些数据集合，这些数据集合对分析对象做了比较完整的、一致的描述，这种描述不仅涉及数据自身，而且还涉及数据之间的联系。

数据仓库的创建、使用都是围绕着主题实现的。因此，必须了解如何按照决策分析来抽取主题，所抽取出的主题应该包含哪些数据内容，这些数据内容应该如何组织。在进行主题抽取时，必须按照决策分析对象进行。例如，在企业销售管理中的管理人员所关心的是本企业哪些产品销售量大、利润高，哪些客户采购的产品数量多，竞争对手的哪些产品对本企业产品构成威胁。根据这些管理决策的分析对象，就可以抽取出"产品"、"客户"等主题。

确定主题以后，需要确定主题应该包含的数据。此时，应该注意不能将围绕主题的数据与业务处理系统中的数据相混淆。例如，"产品"主题在销售业务处理系统中已有数据存在，但是这些数据未必都能用于数据仓库。因为在业务处理系统中，数据组织的目的在于如何能够更加有效地处理产品的销售业务。因此，可能采用"产品订单"、"产品销售细则"、"产品库存"、"客户"等数据来描述产品的销售活动。但是在对产品销售所进行的决策分析中，分析哪些客户订购产品量大时，只有客户才是所需要分析的对象。而"产品订单"、"产品销售细则"、"产品库存"等数据只是业务处理系统中的业务操作数据。但是仅仅使用业务处理系统中的"客户"数据，又不能完成对"客户"的分析，因为还需要了解客户的产品采购量、最后一次采购时间、购买竞争对手的产品等数据。这就需要围绕"客户"这一主题重新进行数据的组织。在围绕"客户"主题进行数据组织时，对不适合决策分析要求的数据可能需要抛弃。例如，"产品库存"对客户的产品采购量没有直接的影响，就不需要在数据仓库中出现。而有的则要将关于某一主题的、散落在其他业务处理系统中的信息组织进来。例如，客户的"信用"信息存在于财务处理系统中，在进行客户的产品采购分析时，需要了解这一信息，就要将其组织进来。有的信息则可能存在于企业的外部系统中，在决策分析中需要使用，也要将其组织到所分析的主题中。例如，客户购买竞争对手产品的信息是从企业的销售代理商或市场调查公司那里所获取的，不是企业内部的数据，但是也需要组织到"客户"主题中。

在主题的数据组织中应该注意，不同的主题之间可能会出现相互重叠的信息。例如，"客户"主题与"产品"主题在产品购买信息方面有相互重叠的信息。这种重叠信息往往来源于两个主题之间的联系，如"客户"主题与"产品"主题在产品购买信息方面的相互重叠是源于与客户和产品都有关的销售业务处理系统。这种主题间的重叠是逻辑上的重叠，而不是同一数据内容的物理存储重复。

主题在数据仓库中可以用多维数据库方式进行存储。如果主题的存储量大，用多维数据库存储时，处理效率将降低。为提高处理效率，可以采用关系数据库方式进行存储。应该注意，主题只是逻辑上的一个概念，一个主题在数据仓库中存储时可能需要几个表来实现。此时，这些表之间的相互联系需要通过表的主键来实现，这些主键就构成了主题的公共主键。实际存储的主题数据是需要经过综合处理的，而不再是业务处理系统中的详细数据。

在主题的划分中，必须保证每一个主题的独立性。也就是说每一个主题要有独立的内涵和明确的界限。在划分主题时，应该保证在对主题进行分析时所需要的数据都可以在此主题内找到。如果对主题进行分析时，涉及主题外的其他数据，就需要考虑将这些数据组织到主题中，以保证主题的完备性。

由于主题是在较高层次上的数据抽象，这就使面向主题的数据组织可以独立于数据的处理逻辑，并很方便地在这种数据环境上进行管理决策的分析处理。

2. 数据仓库的集成性

数据仓库的集成性是指根据决策分析的要求，将分散于各处的源数据进行抽取、筛选、清理、综合等工作，使数据仓库中的数据具有集成性。

数据仓库所需要的数据不像业务处理系统那样直接从业务发生地获取，而是从业务处理系统里获取。这里所指的业务处理系统可以包含这样一些系统：传统的以客户/服务器为基本框架的在线事务处理系统（OLTP）、从早期事务处理系统发展起来的企业资源计划（ERP）和企业业务流程重组（BPR）以及基于 Internet 的电子商务（EC）等业务处理系统。这些业务处理系统中的数据往往与业务处理联系在一起，只为业务的日常处理服务，而不是为管理决策分析服务。这样，数据仓库在从业务处理系统那里获取数据时，并不能将源数据库中的数据直接加载到数据仓库中，而是需要进行一系列的数据预处理，即数据的抽取、筛选、清理、综合等集成工作。也就是说，首先要从源数据库中挑选出数据仓库所需要的数据，然后将这些来自不同数据库中的数据按照某一标准进行统一，即将不同数据源中的数据的单位、字长与内容按照数据仓库的要求统一起来，消除源数据中字段的同名异义、异名同义现象，这些工作统称为数据的清理。在将源数据加载进数据仓库后，即源数据装入数据仓库后，还需要将数据仓库中的数据进行某种程度的综合，即根据决策分析的需要对这些数据进行概括、聚集处理。

3. 数据仓库的时变性

数据仓库的时变性，就是数据应该随着时间的推移而发生变化。尽管数据仓库中的数据并不像业务数据库那样要反映业务处理的实时状况，但是数据也不能长期不变，如果依据 10 年前的数据进行决策分析，那决策所带来的后果将是十分可怕的。因此，数据仓库必须能够不断捕捉主题的变化数据，将那些变化的数据追加到数据仓库中去，也就是说在数据仓库中不断地生成主题的新快照，以满足决策分析的需要。数据新快照生成的间隔，有的是每天一次，有的是每周一次，可以根据快照的生成速度和决策分析的需要而定。例如，如果分析企业近几年的销售情况，那新快照可以每隔一个月生成一次；如果分析一个月中的畅销产品，那快照生成间隔就需要每天一次。快照的生成时间一般选择在业务系统处理较空闲的夜间或假日进行。这些快照是业务处理系统的某一时间的瞬态图，而这些瞬态图则构成了数据仓库中数据的不同画面，这些画面的连续播放可以产生数据仓库的连续动态变化图，这十分有利于高层管理者的决策。

数据仓库数据的时变性，不仅反映在数据的追加方面，而且还反映在数据的删除上。

尽管数据仓库中的数据可以长期保留,不像业务系统中的数据那样只保留数月。但是在数据仓库中,数据的存储期限还是有限的,一般保留 5～10 年,在超过限期以后,也需要删除。

数据仓库中数据的时变性还表现在概括数据的变化上。数据仓库中的概括数据是与时间有关的,概括数据需要按照时间进行综合,按照时间进行抽取。因此,在数据仓库中,概括数据必须随着时间的变化而重新进行概括处理。为满足数据仓库中数据的时变性需要所进行的操作一般称为数据仓库刷新。

4. 数据仓库的非易失性

数据仓库的数据非易失性是指数据仓库中的数据不进行更新处理,而是一旦数据进入数据仓库以后,就会保持一个相当长的时间。因为数据仓库中数据大多表示过去某一时刻的数据,主要用于查询和分析,不像业务系统中的数据库那样,要经常进行修改和添加,除非数据仓库中的数据是错误的。数据仓库的操作除了进行查询以外,还可以定期进行数据的加载,即追加数据源中新发生的数据。数据在追加以后,一般不再修改,因此数据仓库可以通过使用索引、预先计算等数据处理方式提高数据仓库的查询效率。数据的非易失性可以支持不同的用户在不同的时间查询、分析相同的问题时,获得同一结果。避免了以往决策分析中面对同一问题,因为数据的变化而导致结论不同的尴尬。

5. 数据仓库的集合性

数据仓库的集合性意味着数据仓库必须按照主题,以某种数据集合的形式存储起来。目前数据仓库所采用的数据集合方式主要是以多维数据库方式进行存储的多维模式、以关系数据库方式进行存储的关系模式或以两者相结合的方式进行存储的混合模式。数据的集合性意味着在数据仓库中必须围绕主题全面收集有关数据,形成该主题的数据集合。全面正确的数据集合有利于对该主题的分析。例如,在超市的客户主题中就必须将客户的基本数据、客户购买数据等与客户主题有关的数据形成数据集合。

6. 支持决策作用

数据仓库组织的根本目的在于对决策的支持。高层的企业决策者、中层的管理者和基层的业务处理者等不同层次的管理人员均可以利用数据仓库进行决策分析,以提高管理决策的质量。

企业各级管理人员可以利用数据仓库进行各种管理决策的分析,利用自己所特有的、敏锐的商业洞察力和业务知识从貌似平淡的数据中发现众多的商机。数据仓库为管理者利用数据进行管理决策分析提供了极大的便利。

5.3.2 数据组织

数据仓库是在原有关系型数据库基础上发展形成的，但不同于数据库系统的组织结构形式，它是把从原有的业务数据库中获得的基本数据和综合数据分成一些不同的层次。一般数据仓库的结构组成如图 5.2 所示，包括当前基本数据（current detail data），历史基本数据（older detail data），轻度综合数据（lightly summarized data），高度综合数据（highly summarized data），以及元数据（meta data）。

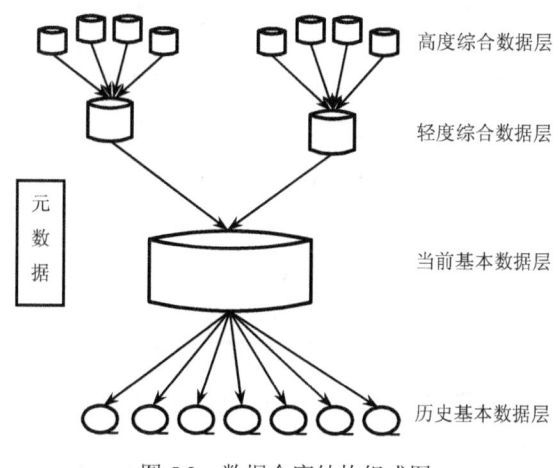

图 5.2 数据仓库结构组成图

其中，当前基本数据是最近时期的业务数据，是数据仓库用户最感兴趣的部分，数据量较大。当前基本数据随时间的推移，由数据仓库的时间控制机制转为历史基本数据，一般被转存于磁带等介质中。轻度综合数据是从当前基本数据中提取出来的，设计这层数据结构时会遇到"综合处理数据的时间段选取，综合数据包含哪些数据属性（attributes）和内容（contents）"等问题。最高一层是高度综合数据层，这一层的数据十分精练，是一种准决策数据。

整个数据仓库的组织结构是由元数据来组织的，它不包含任何业务数据库中的实际数据信息。元数据在数据仓库中扮演了重要的角色，它被用在以下几种用途：① 定位数据仓库的目录作用；② 将数据从业务环境向数据仓库环境传送时数据仓库的目录内容；③ 指导从当前基本数据到轻度综合数据，轻度综合数据到高度综合数据的综合算法的选择。元数据至少包括数据结构（the structure of the data），用于综合的算法（the algorithms used for summarization），从业务环境到数据仓库的规划（the mapping from the operation to the data warehouse）这样一些信息。

数据仓库是以多维表型的"维表—事实表"结构形式组织的,共有星形、雪花和星网模型三种形式。

1. 星形模型

大多数的数据仓库都采用"星形模型"。星形模型是由"事实表"(大表)以及多个"维表"(小表)所组成。"事实表"中存放大量关于企业的事实数据(数量数据),通常都很大,而且非规范化程度很高。例如,多个时期的数据可能会出现在同一个表中。"维表"中存放描述性数据,它是围绕事实表建立的较小的表。星形模型数据例如图5.3所示。

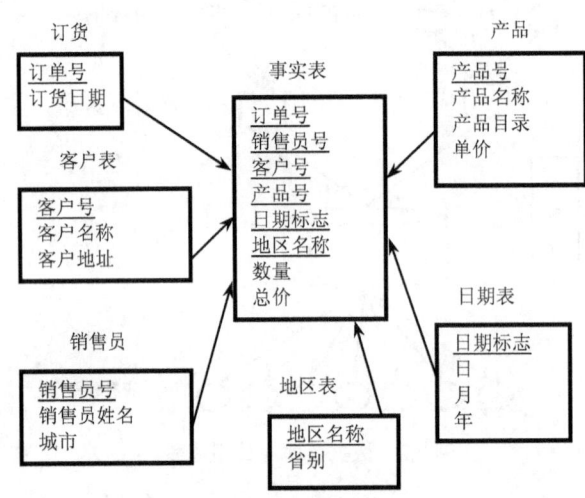

图 5.3 星形模型数据例

2. 雪花模型

雪花模型是对星形模型的扩展,雪花模型对星形模型的维表进一步层次化,原来的各维表可能被扩展为小的事实表,形成一些局部的"层次"区域。它的优点是最大限度地减少数据存储量,以及把较小的维表联合在一起来改善查询性能。

雪花模型增加了用户必须处理的表的数量,以及某些查询的复杂性。但这种方式可以使系统更进一步专业化和实用化,同时降低了系统的通用程度。数据仓库前端工具将用户的需求转换为雪花模型的物理模式,完成对数据的查询。

在如图 5.3 所示的星形模型数据中,将"产品表"、"日期表"、"地区表"进行扩展形成雪花模型数据,如图 5.4 所示。使用数据仓库的工具完成一些简单的二维或三维查询,既满足了用户对复杂的数据仓库查询的需求,又能够不访问过多的数据而完成一些简单查询功能。

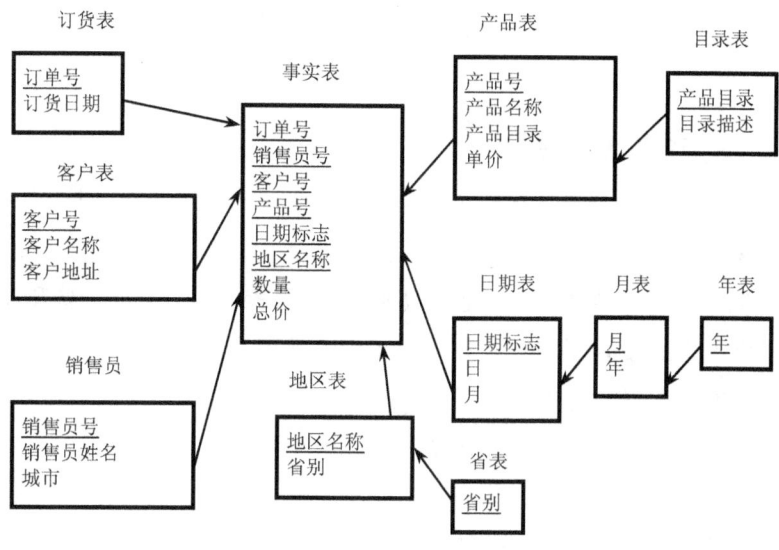

图 5.4 雪花模型数据例

3．星网模型

星网模型是将多个星形模型连接起来形成网状结构。多个星形模型通过相同的维，如时间维，连接多个事实表。

5.3.3 系统结构

数据仓库系统由数据仓库（DW）、仓库管理和分析工具三部分组成，其系统结构如图 5.5 所示。

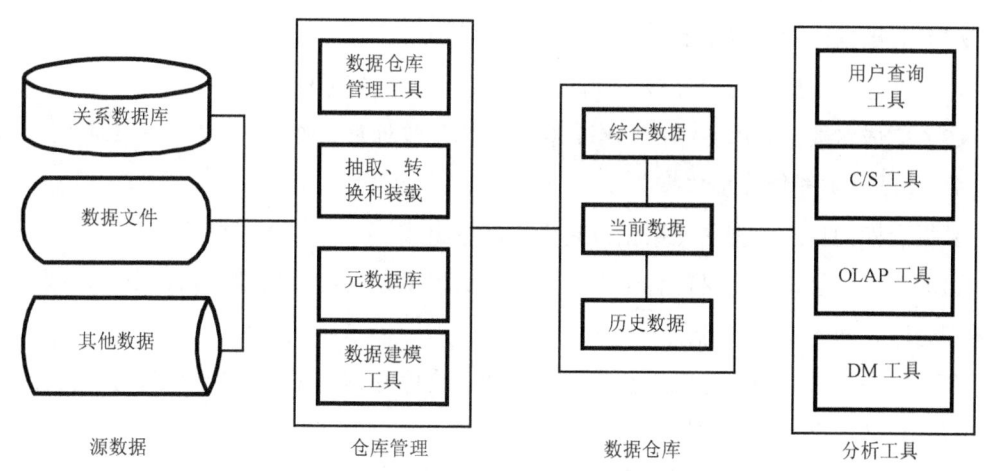

图 5.5 数据仓库系统结构图

数据仓库的数据来源于多个数据源。源数据包括企业内部数据、市场调查报告以及各种文档之类的外部数据。

1. 数据仓库管理系统（DWMS）

在确定数据仓库信息需求之后，首先进行数据建模，确定从源数据到数据仓库的数据抽取、清理和转换过程，划分维数以及确定数据仓库的物理存储结构。元数据是数据仓库的核心，它用于存储数据模型，定义数据结构、转换规划、仓库结构和控制信息等。数据仓库的管理包括对数据的安全、归档、备份、维护和恢复等工作，这些工作需通过数据仓库管理系统来完成。

数据仓库管理系统由以下五部分组成。

1）定义部件

定义部件用于定义和建立数据仓库系统，它包括：

（1）设计和定义数据仓库的数据库。

（2）定义数据来源。

（3）确定从源数据向数据仓库复制数据时的清理和增强规则。

2）数据获取部件

数据获取部件把数据从源数据中提取出来，依定义部件的规则，抽取、转化和装载数据进入数据仓库。

这项工作由集成和传输程序来完成。

3）管理部件

管理部件用于管理数据仓库的工作，包括：

（1）对数据仓库中数据的维护。

（2）把仓库数据送出给分散的仓库服务器或决策支持系统用户。

（3）完成对数据仓库数据的归档、备份、恢复等处理工作。

4）信息目录部件（元数据）

数据仓库的目录数据是元数据，它由三部分组成：

（1）技术目录，由定义部件生成，是关于数据源、目标、清理规则、变换规则及数据源和仓库之间的映像信息。

（2）业务目录，由仓库管理员生成，是关于仓库数据的来源及当前值、预定义的查询和报表细节、合法性要求等。

（3）信息引导器，它使用户容易访问仓库数据，包括查询和引导功能，利用固定查询或建立新的查询，生成暂时的或永久的仓库数据集合的能力等。该部件是数据仓库使用能力的关键因素。

5）数据库管理系统（DBMS）部件

数据仓库的存储形式仍为关系型数据库，因此需要利用 DBMS。由于数据仓库含大量的数据，要求 DBMS 产品提供高速性能。

2．数据仓库工具集

由于数据仓库的数据量很大，因此必须有一套功能很强的分析工具集来实现从数据仓库中提供辅助决策的信息，完成决策支持系统的各种要求，包括一般的查询工具、可视化工具、多维分析工具及数挖掘工具等。

5.3.4 数据仓库的运行结构

数据仓库位于操作系统之外，接收来自操作环境的数据并为决策信息提供中央存储库。所谓决策信息是指那些作为业务战略基础的信息。

数据仓库系统位于操作系统之外，但又与操作环境息息相关。从不同角度对数据仓库进行观察，仅能了解到局部特征而缺乏对数据仓库全景式的认识。从数据传送的角度看，数据是从操作环境流向数据仓库的，但数据仓库又不仅仅是数据档案；从数据仓库的内容看，数据仓库中的确有大量的数据，但用于数据存储的中央存储库也只是整个数据仓库的一部分。因此，认识数据仓库的关键是掌握数据仓库各部分之间的相互作用，即数据的关系。数据仓库的各组成部分及其所处的位置如图 5.6 所示。

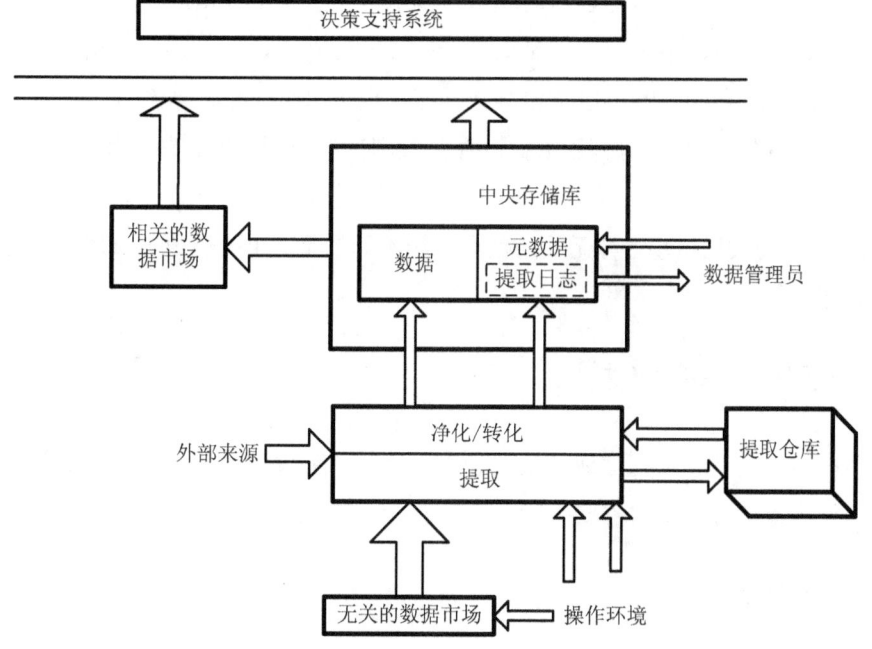

图 5.6　数据仓库组成结构

下面简单介绍图 5.6 所示中的各组成部分：

（1）操作环境，操作环境处理执行组织的日常工作，如操作环境中的订单输入和可支付及可接收账户。这些系统都含有描述组织当前状态的原始数据。

（2）无关的数据市场，人们经常错误地认为数据市场是小型数据仓库，事实上，数据市场与小型数据仓库在范围上是不同的。数据市场面向组织内独立的主题区域，数据仓库则面向整个组织。

（3）提取，提取引擎从操作环境中检索/接收数据。提取过程可采用不同的方法，数据仓库既可以被动接收来自操作环境的数据，也可以主动从操作环境中检索数据。

（4）提取仓库，来自操作环境的数据在成为数据仓库的一员之前必须经过净化处理。而提取仓库则用于放置等待转换和净化的提取数据。

（5）净化/转化，净化处理由数据转化和净化两部分组成。数据转化即指把来自不同系统、具有不同格式的数据转化成统一数据格式的过程。净化即指从数据中去除错误的过程。

（6）提取日志，在把操作数据集成到数据仓库的过程中，提取日志记载了提取过程的情况。提取日志是数据仓库中的元数据部分，对于数据质量的保证十分重要。

（7）外部来源，数据仓库中也包括来自组织之外的数据，这些数据可由股票市场报告、人口统计数据、利率以及其他经济信息构成。

（8）数据管理员，数据管理员的职责是确保数据仓库中数据的质量。

（9）中央存储库，中央存储库是数据仓库技术的基石，其中存有数据仓库的全部数据和元数据。中央存储库既可以是多维数据库，也可以是关系数据系统。

（10）元数据，元数据包含了数据的业务规则，即组织内数据的使用方法。

（11）数据，数据存储库由数据仓库中的原始数据组成。

（12）相关的数据市场，与无关的数据市场不同的是，相关的数据市场把数据仓库作为其数据源。

5.4 OLAP 与决策支持

OLAP 技术是基于数据库或者数据仓库进行数据展现和分析的有力工具，因而也成为数据驱动决策支持系统的主要手段。

5.4.1 基本概念

数据仓库是管理决策分析的基础，要有效地利用数据仓库的信息资源，必须要有强大的工具对数据仓库中的信息进行分析决策。在线分析处理或联机分析处理（OnLine Analytical Processing，OLAP）就是一个应用广泛的数据仓库使用技术。它可以根据分析人员的要求，迅速、灵活地对大量数据进行复杂的查询处理，并以直观的、容易理解的形式将查询结果提供给各种决策人员，使他们能够迅速、准确地掌握企业的运营情况，了解市场的需求。

OLAP 技术主要有两个特点：一是在线性（On Line），表现为对用户请求的快速响应和交互式操作，它的实现是由客户/服务器体系结构完成的；二是多维分析（Multi Analysis），这也是 OLAP 技术的核心所在。

在 20 世纪 60 年代的末期，Codd 提出关系数据模型以后，促进了关系数据库与联机事务处理的发展。随着关系数据库的大规模应用，管理人员对数据库中的数据查询的要求越来越复杂，查询中所涉及的数据不是一张关系表中的一两条记录，而是涉及了多个关系中的成千上万条记录，数据量从早期的兆（M）字节、千兆（G）字节发展到兆兆（T）字节、千兆兆（P）字节，而且在查询中还需要对各种数据进行综合分析处理。为满足这些要求，许多软件开发商就开发了各种关系型数据库的前端产品。利用专门的数据综合引擎和直观的数据访问界面，以统一复杂查询中各种混乱的应用逻辑，使系统能够在很短的时间内响应用户的复杂查询。Codd 在 1993 年将这类技术称为 OLAP。Codd 认为联机事务处理（OLTP）已不能满足终端用户对数据库查询分析的需要，SQL 对大型数据库的简单查询也不能满足用户决策分析的需要。用户的决策分析需要对关系数据库进行大量计算才能得到结果，而简单查询的结果并不能满足决策者提出的需求。因此，Codd 提出了多维数据库和多维分析的概念，即 OLAP。这类技术与 OLTP 有完全不同的特性和应用。

OLAP 主要是针对特定问题的联机数据查询和分析。在查询分析中，系统首先要对原始数据按照用户的观点进行转换处理，使这些数据能够真正反映用户眼中问题的某一真实方面（"维"），然后以各种可能的方式对这些数据进行快速、稳定、一致和交互式的存取，并允许用户对这些数据按照需要进行深入的观察。

5.4.2 OLAP 特征

根据 OLAP 产品的实际应用情况和用户对 OLAP 产品的需求，人们提出了对 OLAP 简单明确的定义，即共享多维信息的快速分析。因此，OLAP 应该具有以下四个方面的特性。

（1）快速性。用户对 OLAP 的快速反应能力有很高的要求，要求系统能在数秒内对用户的多数分析要求做出反应。如果终端用户在 30 秒内没有得到系统的响应就会变得不耐烦,因而可能失去分析的主线索,影响分析的质量。大量的数据分析要达到这个速度并不容易,这就需要一些技术上的支持,如专门的数据存储格式、大量的事先运算、特别的硬件设计等。

(2)可分析性。OLAP 系统应能处理与应用有关的逻辑及统计分析。尽管系统可以事先编程,但并不意味着系统已定义好了所有的应用。在应用 OLAP 的过程中,用户无须编程就可以定义新的专门计算,将其作为分析的一部分,并以用户所希望的方式给出报告。用户可以在 OLAP 平台上进行数据分析,也可以连接到其他外部分析工具上进行数据分析,如连接时间序列分析工具、成本分配工具、意外报警和数据挖掘等。

(3)多维性。多维性是 OLAP 的关键属性。系统能够提供对数据分析的多维视图和多维分析,包括对层次维和多重层次维的支持。事实上,多维分析是分析企业数据最有效的方法,是 OLAP 的灵魂。

(4)信息性。不论数据量有多大,也不管数据存储在何处,OLAP 系统应能及时获得信息,并且管理大容量信息。这里有许多因素需要考虑,如数据的可复制性、可利用的磁盘空间、OLAP 产品的性能以及与数据仓库的结合度等。

5.4.3 OLAP 与多维分析

在 OLAP 中有几个重要的基本概念,如维、多维数据集、维成员、多维数据集的度量值和聚集等。这些基本概念对理解 OLAP 乃至数据仓库是十分重要的。

1. 维

管理人员在日常管理决策中,经常需要不断地选择各种对决策活动有重要影响的因素去进行分析。这反映在数据仓库的应用中,就需要有一个出发点、一个观察问题的角度。管理人员可以从客户的角度、产品的角度,或者是从供应商、地点、渠道、事件发生的时间等角度来分析决策问题。用户的这些决策分析角度或决策分析出发点就是数据仓库中的维,数据仓库中的数据就按照这些维来组织,维也就成了数据仓库中识别数据的索引。同时,数据仓库中的维还可以作为数据仓库操作过程的路径,这些路径通常位于维的不同层次结构中。

2. 多维数据集

多维数据集是决策支持的支柱,也是 OLAP 的核心,有时也称为立方体或超立方。OLAP 展现在用户面前的是一幅幅多维视图。多维数据集可以用一个多维数组来表示,如经典的时间、地理位置和产品的多维数据集可以表示为:(时间,地理位置,产品,销售数据)。可以看出,在多维数据集中,用(维1,维2,…,维n,观察变量)的方式进行表达。对于三维数据集用图 5.7 所示的可视化方式表达得更清楚，但是在多维结构中并不是要观察维度结构，而是要观察由维度结构所描述的观察变量，也就是说要在这个三维结构上再添加销售数据，这就得到了一个由三维结构所对应的销售数据。对于超过三维的多维数据集结构可以用一个多维表来显示。

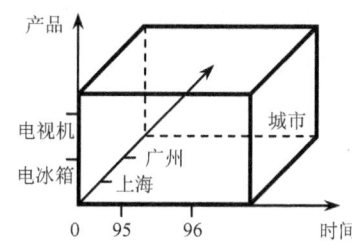 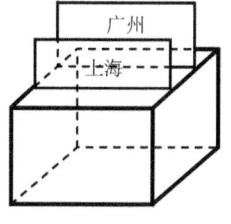 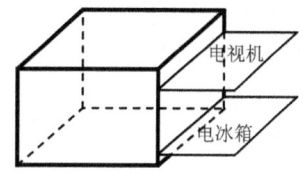

图 5.7 切片与切块

3. 维成员

维成员是维的一个取值，如果维已经分成了若干个维，那么维成员就是不同维层次取值的组合。例如，某一公司的销售数据有省、市、县地理维的三个层次，那么"江苏省扬州市宝应县"就构成了地理维的一个维成员。维成员并不是一定要在维的每一个层次上都取值。例如，"江苏省扬州市"、"扬州市宝应县"、"江苏省"都是地理位置维的维成员。维成员的值并不是人们在数据仓库中所关心的对象，人们常常是用这些维成员去描述他所关心的主题在维中的位置。例如，企业的销售管理人员只对销售数据感兴趣，但是在观察销售数据时，却需要从地理位置维、时间维或产品维的维成员值去描述销售数据。例如，对一个销售数据而言，维成员"江苏省扬州市"表示该销售数据是"江苏省扬州市"的销售数据，"江苏省扬州市"是该销售数据在地理位置维上的位置描述。

当在多维数据集中的每个维都选中一个维成员以后，这些维成员的组合就唯一确定了观察变量的值。数据单元也就可以表示为：(维1维成员，维2维成员，维3维成员，维4维成员，观察变量值)。例如，在销售地区、时间、产品维度上分别选取了"上海"、"2002年4月"和"服装"，则可以唯一确定观察变量的值（10000），这样该数据单元为（上海，2002年4月，服装，10000）。

4. 多维数据集的度量值

在多维数据集中有一组度量值，这些值是基于多维数据集中事实表的一列或多列，这些值应该是数字。度量值是多维数据集的核心值，是最终用户在数据仓库应用中所需要查看的数据。这些数据一般是销售量、成本和费用等。

5. 聚集

聚集或聚合是指收集了基本事务的结构。在一个立方体中包括很多层次，这些层次可以向用户提供某一层次的概括数码。因为管理者在进行决策分析的过程中，并不是要观察每一个详细的数据，而是根据自己的管理范围进行总体情况的了解。例如，地区销售经理想了解本地区的销售总量、未来的销售趋势、客户的类型，那么就需要按照本地区的城市、街道、产品种类和客户类型进行概括，也就是进行聚集。通过聚集，形成基于维的有决策分析意义的一些数据交集。

5.4.4 OLAP 分析手段

1. 切片和切块（slice and dice）

在多维数据结构中，按二维进行切片，按三维进行切块，得到所需要的数据。例如，在"城市、产品、时间"，三维立方体中进行切块和切片得到各城市各产品的销售情况，如图 5.7 所示。

2. 钻取（drill）

钻取有向下钻取（drill down）和向上钻取（drill up）两种操作。例如，1995 年各部门销售收入表如表 5.2 所示。

表 5.2　1995 年各部门销售收入表

部　门	销　售
部门 1	900
部门 2	650
部门 3	800

在时间维进行下钻（drill down）操作之后，获得新表如表 5.3 所示。

表 5.3　新表

部　门	1995 年			
	1 季度	2 季度	3 季度	4 季度
部门 1	200	200	350	150
部门 2	250	50	150	150
部门 3	200	150	180	270

那么相反的操作为上钻（drill up），drill 的深度与维所划分的层次应对应。

3. 旋转（Pivoting）

通过旋转可以得到不同视角的数据。旋转操作相当于将坐标轴旋转，由此改变一个报告或页面的显示方式。

5.5 数据挖掘与决策支持

OLAP 对数据的分析主要体现在对数据的展现，而数据挖掘则是对数据的进一步加工，是相关智能技术的一种应用。

5.5.1 数据挖掘概念

数据挖掘是应用具体算法从数据中提取模式和知识的过程。具体来说，数据挖掘就是应用一系列技术从大型数据库或数据仓库的数据中提取人们感兴趣的信息和知识。这些知识或信息是隐含的、事先未知而潜在有用的，提取的知识表现为概念（concepts）、规则（rules）、规律（regularities）、模式（patterns）等形式。

5.5.2 数据挖掘过程

数据挖掘被认为是从数据中发现有用知识的整个过程，即从大量数据中提取出可信的、新颖的、有用的并能被人理解的模式的高级处理过程。"模式"可以看成是知识的雏形，经过验证、完善后形成知识。

数据挖掘过程如图 5.8 所示。

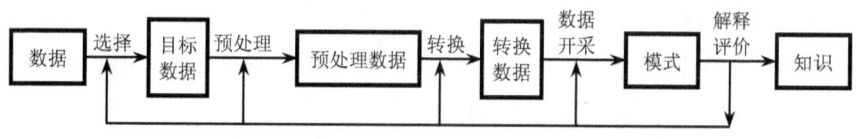

图 5.8 数据挖掘过程

从该图中可见，数据挖掘是多个步骤相互连接起来，反复进行人-机交互的过程。具体说明如下：

（1）学习某个应用领域，包括应用中的预先知识和目标。

（2）建立一个目标数据集，即选择一个数据集或在多数据集的子集上聚焦。

（3）进行数据清理和预处理，即去除噪声或无关数据，去除空白数据域，考虑时间顺序和数据的变化等。

（4）数据转换，即找到数据的特征进行编码，减少有效变量的数目。例如，年龄，10 年为一级，一般为 10 级。

（5）选定数据挖掘算法，即决定数据挖掘的目的，用 KDD 过程中的准则选择某一个特定数据挖掘算法（如汇总、聚类、分类、回归等）用于搜索数据中的模式，它可以是近似的。

（6）数据挖掘，即通过数据挖掘方法产生一个特定的感兴趣的模式或一个特定的数据集。

（7）解释，即解释某个发现的模式，去掉多余的不切题意的模式，转换某个有用的模式为知识。

（8）评价知识，即将这些知识放到实际系统中，查看这些知识的作用，或者证明这些知识。用预先可信的知识检查和解决知识中可能的矛盾。

以上处理步骤往往需要经过多次的反复，以不断提高学习效果。

5.5.3 数据挖掘任务

数据挖掘任务包括关联分析、时序模式、聚类、分类、偏差检测、预测六项。

1．关联分析

关联分析是从数据库中发现知识的一类重要方法。若两个或多个数据项的取值重复出现且概率很高时，它就存在某种关联，可以建立起这些数据项的关联规则。

例如，买面包的顾客有90%的人还买牛奶，这是一条关联规则。若商店中将面包和牛奶放在一起销售，将会提高它们的销量。

在大型数据库中，这种关联规则是很多的，需要进行筛选，一般用"支持度"和"可信度"两个阈值来淘汰那些无用的关联规则。

"支持度"表示该规则所代表的事例（元组）占全部事例（元组）的百分比。例如，买面包又买牛奶的顾客占全部顾客的百分比。

"可信度"表示该规则所代表事例占满足前提条件事例的百分比。例如，买面包又买牛奶的顾客占买面包顾客中的90%，可信度为90%。

2．时序模式

通过时间序列搜索出重复发生概率较高的模式。这里强调时间序列的影响。例如，在所有购买了激光打印机的人中，半年后80%的人再购买新硒鼓，20%的人用旧硒鼓装碳粉；在所有购买了彩色电视机的人中，有60%的人再购买VCD产品。

在时序模式中，需要找出在某个最小时间内出现比率一直高于某一最小百分比（阈值）的规则。这些规则会随着形式的变化做适当的调整。

时序模式中，一个有重要影响的方法是"相似时序"。用"相似时序"的方法，要按时间顺序查看时间事件数据库，从中找出另一个或多个相似的时序事件。例如，在零售市场上，找到另一个有相似销售的部门，在股市中找到有相似波动的股票。

3. 聚类

数据库中的数据可以划分为一系列有意义的子集，即类。在同一类别中，个体之间的差距较小，而不同类别上的个体之间的差距偏大。聚类增强了人们对客观现实的认识，即通过聚类建立宏观概念。例如，鸡、鸭、鹅等都属于家禽。

聚类方法包括统计分析方法、机器学习方法和神经网络方法等。

在统计分析方法中，聚类分析是基于距离的聚类，如欧氏距离、海明距离等。这种聚类分析方法是一种基于全局比较的聚类，它需要考察所有的个体才能决定类的划分。

在机器学习方法中，聚类是无导师的学习。在这里距离是根据概念的描述来确定的，故聚类也称概念聚类，当聚类对象动态增加时，概念聚类则称谓概念形成。

在神经网络方法中，自组织神经网络方法用于聚类。例如，ART 模型、Kohonen 模型等，这是一种无监督学习方法。当给定距离阈值后，各样本按阈值进行聚类。

4. 分类

分类是数据挖掘中应用最多的任务。分类是找出一个类别的概念描述，它代表了这类数据的整体信息，既该类的内涵描述，一般用规则或决策树模式表示。该模式能把数据库中的元组影射到给定类别中的某一个。

一个类的内涵描述分为特征描述和辨别性描述。

特征描述是对类中对象的共同特征的描述；辨别性描述是对两个或多个类之间的区别的描述。特征描述允许不同类中具有共同特征；而辨别性描述对不同类不能有相同特征。一般来说，辨别性描述用得更多。

分类是利用训练样本集（已知数据库元组和类别所组成的样本）通过有关算法而求得。

典型的建立分类决策树的方法包括 ID3、C4.5、IBLE 等方法；而典型的建立分类规则的方法，包括 AQ 方法、粗集方法和遗传分类器等。

目前，分类方法的研究成果较多，判别方法的好坏，可从三个方面进行：① 预测准确度（对非样本数据的判别准确度）；② 计算复杂度（方法在时间和空间上的复杂度）；③ 模式的简洁度（在同样效果情况下，希望决策树小或规则少）。

在数据库中，往往存在噪声数据（错误数据）、缺损值、数据疏密不均匀等问题，这些对分类算法获取知识将产生不利的影响。

5. 偏差检测

数据库中的数据存在很多异常情况（偏差），从数据分析中发现这些异常情况也是很重要的，以引起人们对它更多的注意。

偏差包括很多有用的知识，如：

(1) 分类中的反常实例。
(2) 模式的例外。
(3) 观察结果对模型预测的偏差。
(4) 量值随时间的变化。

偏差检测的基本方法是寻找观察结果与参照之间的差别。这里的观察常常是对某一个阈值或多个阈值的汇总；而参照是指给定模型的预测、外界提供的标准或另一个观察。

6. 预测

预测是利用历史数据找出变化规律，建立模型，并用此模型来预测未来数据的种类和特征等。

预测的典型方法是回归分析，即利用大量的历史数据，以时间为变量建立线性或非线性回归方程。预测时，只要输入任意的时间值，通过回归方程就可求出该时间的状态。

近年来，发展起来的神经网络方法，如 BP 模型，它实现了非线性样本的学习，能进行非线性函数的判别。

分类也能进行预测，但分类一般用于离散数值；而回归预测用于连续数值。神经网络方法预测既可用于连续数值，也可以用于离散数值。

5.5.4 数据挖掘方法与技术

数据挖掘有很多种方法，包括分类、聚类、关联规则、决策树、神经网络等方法。下面仅对几种常用的方法进行介绍，其中重点介绍决策树、关联规则方法。

1. 决策树方法

当前国际上最有影响的示例学习方法是 1986 年首先由 Quinlan 提出的 ID3 算法，它是一种改进的决策树算法。ID3 方法将信息论中的互信息引入到了决策树算法中，它把信息熵作为选择测试属性的标准，对训练实例集进行分类并构造决策树。它的关键是选择何种属性作为依据来对整个实例空间进行划分。

ID3 的工作过程为，首先找出最有判别力的因素，把数据分成多个子集，每个子集又选择最有判别力的因素进行划分，一直进行到所有子集仅包含同一类型的数据为止。最后得到一棵决策树，可以用它来对新的样例进行分类。

在一个实体世界中，其中的每个实体用多个特征来描述，而每个特征限于在一个离散集中取互斥的值。例如，设实体是某天早晨，分类任务是关于气候的类型，特征如下所示。

天气　取值为：晴，多云，雨

气温　取值为：冷，适中，热

湿度　取值为：高，正常

风　　取值为：有风，无风

某天早晨气候描述为：

天气：多云

气温：冷

湿度：正常

风：无风

这类特征属于哪类气候呢？要解决这个问题，需要用某个原则来判定，这个原则就是来自于大量的实际例子，从例子中可总结出原则，有了原则就可以判定任何一天的气候了。

每个实体在世界中属于不同的类别，为简单起见，假定仅有两个类别，分别为 P 和 N。在这两个类别的归纳任务中，P 类和 N 类的实体分别称为概念的正例和反例。将一些已知的正例和反例放在一起便得到训练集。

表 5.4 给出一个气候训练集。由 ID3 算法可得出一棵正确分类训练集中每个实体的 ID3 决策树，如图 5.9 所示。

表 5.4　气候训练集

No.	属性				类别
	天气	气温	湿度	风	
1	晴	热	高	无风	N
2	晴	热	高	有风	N
3	多云	热	高	无风	P
4	雨	适中	高	无风	P
5	雨	冷	正常	无风	P
6	雨	冷	正常	有风	N
7	多云	冷	正常	有风	P
8	晴	适中	高	无风	N
9	晴	冷	正常	无风	P
10	雨	适中	正常	无风	P
11	晴	适中	正常	有风	P
12	多云	适中	高	有风	P
13	多云	热	正常	无风	P
14	雨	适中	高	有风	N

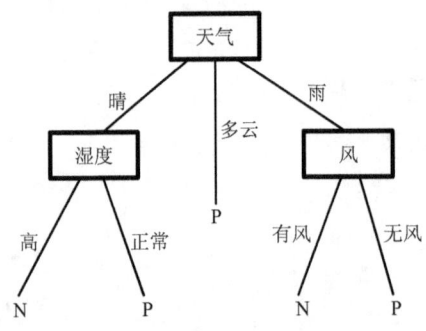

图 5.9 ID3 决策树

决策树的叶子称为类别名，即 P 或者 N。其他节点由实体的特征组成，每个特征的不同取值对应一分枝。若要对一实体分类，从树根开始进行测试，按特征的取值分别向下进入下层节点，并对该节点进行测试，此过程一直进行到叶节点，实体被判为属于该叶节点所标记的类别。现用图 5.9 来判本节开始处的具体例子，得到该实体的类别为 P 类。ID3 就是要从表 5.4 所示的训练集构造图 5.9 这样的决策树。

实际上，能正确分类训练集的决策树不止一棵。Quinlan 的 ID3 算法能得出节点最少的决策树。

2．关联规则方法

1）什么是关联规则

关联规则是形如 $X \rightarrow Y$ 的蕴涵式，表示通过 X 可以推导 "得到" Y，其中 X 和 Y 分别称为关联规则的先导（antecedent 或 Left-Hand-Side，LHS）和后继（consequent 或 Right-Hand-Side，RHS）。

2）如何量化关联规则

关联规则挖掘的一个典型例子便是购物车分析。通过关联规则挖掘能够发现顾客放入购物车中的不同商品之间的关联，由此可分析顾客的消费习惯。这种关联规则的方法能够帮助卖家了解哪些商品被顾客频繁购买，从而帮助他们开发更好的营销策略。比如，将经常同时购买的商品位置离近一些，以便进一步促进这些商品捆绑销售；或者将两件经常同时购买的商品的位置离远一点，这样可能诱发买这两件商品的用户一路挑选其他商品。

在数据挖掘当中，通常用"支持度（support）"和"置性度（confidence）"两个概念来量化事物之间的关联规则。它们分别反映所发现规则的有用性和确定性。

关联规则 $A \rightarrow B$ 的支持度 support=P(AB)，指的是事件 A 和事件 B 同时发生的概率。

关联规则 $A \rightarrow B$ 的置信度 confidence=P(B|A)=P(AB)/P(A)，指的是发生事件 A 的基础

上发生事件 B 的概率。

比如：

Computer→antivirus_software，其中 support=2%，confidence=60% 表示的意思是所有的商品交易中有 2%的顾客同时买了计算机和杀毒软件，并且购买计算机的顾客中有 60%也购买了杀毒软件。在关联规则的挖掘过程中，通常会设定最小支持度阈值和最小置信度阈值，如果某条关联规则满足最小支持度阈值和最小置信度阈值，则认为该规则可以给用户带来感兴趣的信息。

3）关联规则挖掘算法 Apriori

自 1994 年由 Agrawal 等人提出的关联规则挖掘算法 Apriori 从其产生到现在，对关联规则挖掘方面的研究有着很大的影响。Apriori 算法使用频繁项集的先验知识，使用一种称做逐层搜索的迭代方法，即以 k 项探索$(k+1)$项频繁集，然后在 k 项频繁集的基础上生成关联规则。其中，如果事件 A 中包含 k 个元素，那么称这个事件 A 为 k 项频繁集，并且事件 A 满足最小支持度阈值的事件称为频繁 k 项集。

（1）频繁集生成

首先，通过扫描事务（交易）记录，找出所有的频繁 1 项集，该集合记做 $L1$，然后利用 $L1$ 找频繁 2 项集的集合 $L2$，用 $L2$ 找频繁 3 项集的集合 $L3$，如此下去，直到不能再找到任何频繁 k 项集。最后再在所有的频繁集中找出强规则，即产生用户感兴趣的关联规则。

其中，Apriori 算法具有这样一条性质：任一频繁项集的所有非空子集也必须是频繁的。因为假如 $P(I)<$ min_Support（最小支持度阈值），当有元素 A 添加到 I 中时，结果项集（$A\cap I$）不可能比 I 出现次数更多。因此 $A\cap I$ 也不是频繁的。

（2）关联规则生成

Confidence(A→B)=P(B|A)=support_count(AB)/support_count(A)

关联规则生成步骤如下：

① 对于每个频繁 1 项集，产生其所有非空真子集；

② 对于每个非空真子集 s，如果 support_count(l)/support_count(s)>=min_conf，则输出 s→(l-s)，其中 min_conf 是最小置信度阈值。

（3）Apriori 算法实例

表 5.5 为某商场的交易记录，共有 9 个事务，利用 Apriori 算法寻找所有的频繁项集的过程如图 5.10 所示。

表 5.5　某商场的交易记录

交易 ID	商品 ID 列表
T100	I1, I2, I5
T200	I2, I4
T300	I2, I3
T400	I1, I2, I4
T500	I1, I3
T600	I2, I3
T700	I1, I3
T800	I1, I2, I3, I5
T900	I1, I2, I3

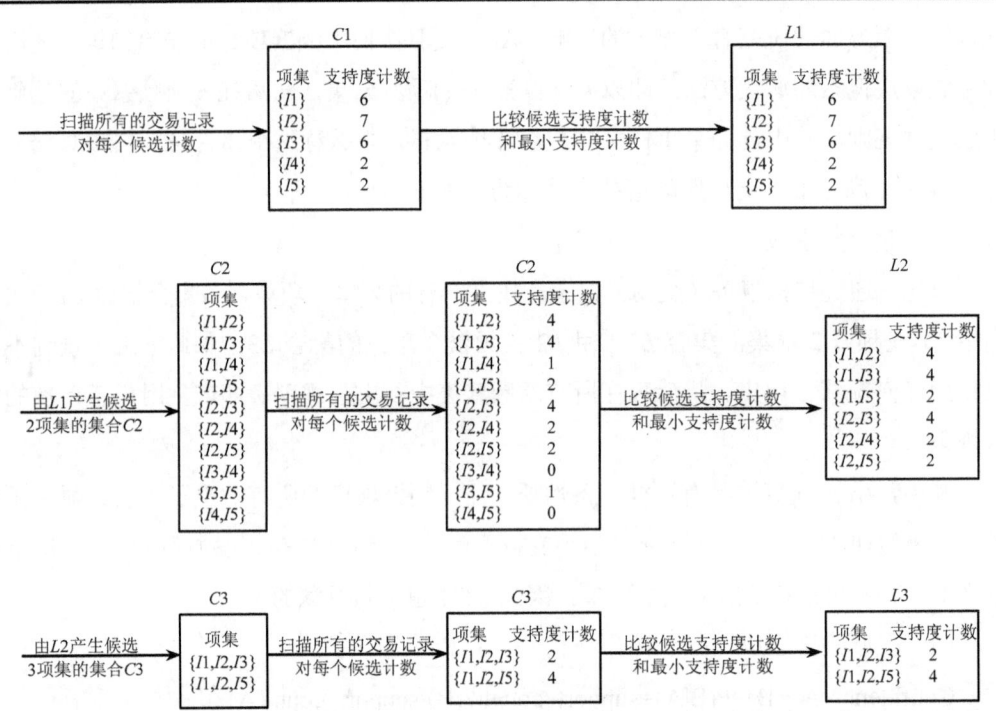

图 5.10　Apriori 算法应用实例

这里详细介绍下候选 3 项集的集合 $C3$ 的产生过程：首先从连接操作开始生成初始集合 $C3$，$C3=L2×L2$，即由 $L2$ 与自身连接产生，所以 $C3=\{\{I1,I2,I3\}, \{I1,I2,I5\}, \{I1,I3,I5\}, \{I2,I3,I4\}, \{I2,I3,I5\}, \{I2,I4,I5\}\}$。根据 Apriori 性质，频繁项集的所有子集也必须是频繁的，可以确定有 4 个候选集 $\{I1,I3,I5\}$、$\{I2,I3,I4\}$、$\{I2,I3,I5\}$、$\{I2,I4,I5\}$ 不可能是频繁的，因为它们存在的子集不属于频繁项集，因此将它们从 $C3$ 中删除。注意，由于 Apriori 算法使用逐层搜索技术，给定候选频繁 k 项集后，只需检查它们的 $(k-1)$ 个子集是否频繁。

在上述例子中，针对频繁项集 $\{I1,I2,I5\}$。可以产生哪些关联规则？该频繁项集的非空真子集有{$I1,I2$},{$I1,I5$},{$I2,I5$},{$I1$},{$I2$}和{$I5$},它们分别对应的置信度如下:

$I1\&\&I2\rightarrow I5$　　　　　confidence=2/4=50%

$I1\&\&I5\rightarrow I2$　　　　　confidence=2/2=100%

$I2\&\&I5\rightarrow I1$　　　　　confidence=2/2=100%

$I1\rightarrow I2\&\&I5$　　　　　confidence=2/6=33%

$I2\rightarrow I1\&\&I5$　　　　　confidence=2/7=29%

$I5\rightarrow I1\&\&I2$　　　　　confidence=2/2=100%

如果 min_conf=70%,则强规则有 $I1\&\&I5\rightarrow I2$,$I2\&\&I5\rightarrow I1$,$I5\rightarrow I1\&\&I2$。

3. 其他数据挖掘方法

1)神经网络方法

神经网络方法即通过大量神经元构成的网络来实现自适应非线性动态系统,并使其具有分布存储、联想记忆、大规模并行处理、自学习、自组织、自适应等功能的方法。

它对于逼近实数值、离散值或向量值的目标函数提供了一种健壮性很强的方法。对于某些类型的问题,如学习解释复杂的现实世界中的传感器数据,人工神经网络是目前知道的最有效学习方法。人工神经网络的研究在一定程度上受到了生物学的启发,因为生物的学习系统是由相互连接的神经元(neuron)组成的异常复杂的网络。而人工神经网络与此大体相似,它是由一系列简单单元相互密集连接构成,其中每一个单元有一定数量的实值输入(可能是其他单元的输出),并产生单一的实数值输出(可能成为其他很多单元的输入)。

它在数据挖掘中可用来进行分类和聚类知识及特征的挖掘。比如,神经网络 BP 算法对大量数据的训练能力及其良好的鲁棒性使得它在数据分类和预测方面得到广泛应用。分类目的生成一个分类函数和分类模型,该模型能把数据库中的数据项映射到给定的某个类别。预测是从数据历史记录中自动推导出给定数据的推广描述,从而对未来数据进行预测。

2)深度学习

深度学习的概念源于人工神经网络的研究。含多隐层的多层感知器就是一种深度学习结构。深度学习通过组合低层特征形成更加抽象的高层表示属性类别或特征,以发现数据的分布式特征表示。

它是机器学习领域中一系列试图使用多重非线性变换对数据进行多层抽象的算法。它是机器学习中表征学习方法的一类。一个观测值(如一幅图像)可以使用多种方式来表示,而某些特定的表示方法可以让机器学习算法更加容易进行学习。表征学习的目标是寻求更好的表示方法并建立更好的模型来学习这些表示方法。

至今已有多种深度学习框架，如深度神经网络、卷积神经网络和深度信念网络已被应用于计算机视觉、语音识别、自然语言处理等领域并取得了良好的效果。

3）粗糙集理论

粗糙集理论是建立在分类机制的基础上的，它将分类理解为在特定空间上的等价关系，而等价关系构成了对该空间的划分。粗糙集理论将知识理解为对数据的划分，被划分的每一个集合称为概念。粗糙集理论的主要思想是利用已知的知识库，将不精确或不确定的知识用已知的知识库中的知识来（近似）刻画。该理论与其他处理不确定和不精确问题理论的最显著的区别是它无须提供问题所需处理的数据集合之外的任何先验信息，所以对问题的不确定性的描述或处理可以说是比较客观的。由于这个理论未能包含处理不精确或不确定原始数据的机制，所以这个理论与概率论、模糊数学和证据理论等其他处理不确定或不精确问题的理论有很强的互补性。

总体而言，粗糙集理论是由上近似集和下近似集来构成粗糙集，进而以此为基础来处理不精确、不确定和不完备信息的智能数据决策分析工具，较适于基于不确定性的数据挖掘。

4）遗传算法

遗传算法是一种模拟生物进化过程的算法，它借鉴了达尔文的进化论和孟德尔的遗传学说。其本质是一种高效、并行、全局搜索的方法，它能在搜索过程中自动获取和积累有关搜索空间的知识，并自适应地控制搜索过程以求得最优解。

它可以对问题的解空间进行高效并行的全局搜索，能在搜索过程中自动获取和积累有关搜索空间的知识，并可通过自适应机制控制搜索过程以求得最优解。数据挖掘中的许多问题，如分类、聚类、预测等知识的获取，均可以用遗传算法来求解。比如，在数据挖掘中，它能够从大型数据库中提取隐含的、先前未知的、有潜在应用价值的知识和规则。可将许多数据挖掘问题看成是搜索问题，数据库看成是搜索空间，挖掘算法看成是搜索策略。因此，应用遗传算法在数据库中进行搜索，对随机产生的一组规则进行进化，直到数据库能被该组规则覆盖，从而挖掘出隐含在数据库中的规则。这种方法曾被应用于遥感影像数据中的特征发现。

5）数据可视化方法

数据可视化方法是一种通过可视化技术将数据显示出来，帮助人们利用视觉分析来寻找数据中的结构、特征、模式、趋势、异常现象或相关关系等知识的方法。数据可视化主要旨在借助于图形化手段，清晰有效地传达和沟通信息。为了有效地传达思想概念，美学形式与功能需要齐头并进，通过直观地传达关键的内容与特征，从而实现对于相当稀疏而又复杂的数据集的深入洞察。为了确保这种方法行之有效，必须构建功能强大的可视化工具和辅助分析工具。

将可视化技术引入数据挖掘中去,这两种方法的结合既弥补了数据挖掘算法复杂难懂的缺陷,又能帮助用户发现隐性知识,探索潜在的规律。

(1) 在数据预处理阶段,用可视化技术来显示有关数据,可对数据有一个初步的宏观的理解,为较好地选取数据和确定数据挖掘方向打下基础。就像在一个陌生的城市寻找一个地方,首先找一幅地图,整体浏览一下,辨清大致的方位,然后再根据所找地方的一些特征(如所在街道名、门牌号码等)进行寻找。

(2) 在数据挖掘阶段,选用适合领域问题的可视化技术形成数据图形,可帮助用户通过观察数据图形方便直观地发现有用模式,甚至是一些目前非可视化技术不能发现的有用模式。

(3) 在结果表示阶段,也可用可视化技术。俗话说"一幅图能顶一千句话",把发现的模式进行可视化,会帮助用户理解,尤其是对非专业人士。例如,在数据挖掘中,典型的知识表示为"if...then..."规则,相同的知识能很方便地用图形表示出来。

(4) 用户通过可视化数据挖掘进行交互式数据挖掘,在及时反馈回的数据图形的引导下,快速从数据中发现知识。

数据挖掘是一个高速发展的领域,还存在许多其他方法,并且一些新的方法也在不断涌现,这里就不在对所有方法进行一一介绍了。

5.6 大数据与决策支持

继云计算、物联网成为引领信息化升级热点之后,"大数据(Big Data)"以及与"大数据"相关的研究、产品及应用渐渐步入了人们的视野。决策支持系统(Decision Support System,DSS)结构化、非结构化混合的基础数据特征与"大数据"特征高度吻合。"大数据"技术的深化研究和应用,必将为企业决策支持系统建设和应用带来新的发展动力和更为广阔的发展空间。

1. 决策支持系统及发展瓶颈

决策支持系统是指建立在数据库、模型库、知识库、方法库基础上,以人-机交互方式辅助决策者进行半结构化决策的计算机应用系统。

决策支持系统概念自 20 世纪 70 年代提出到现在 40 年来,虽然在零售、金融、医疗、军事等行业和领域均有一些单项应用案例,但在企业中并未大范围普及,主要原因是存在一些技术上的瓶颈。

1)数值计算语言与数据库语言存在异构障碍

目前,计算机语言的支持能力还相当有限,数值计算语言(如 Fortran、Pascal 和 C 等)不支持对数据库的操作,数据库语言(如 FoxPro、Oracle 和 Sybase 等)的数值计算能力又很薄弱,而决策支持系统既要进行数值计算又要进行数据库操作。这个问题一直是决策支持系统发展的技术障碍,成为决策支持系统发展缓慢的主要原因。

2)多样化数据在转换与处理上存在困难

在运用决策支持系统的数据库、方法库、模型库和知识库进行辅助决策之前,首先需要对来自不同数据源的数据进行转换与清理(ETL)。面对决策支持系统多样化的数据来源,数据清理过程存在数据属性难以统一、规范,冗余数据、错误数据和异常数据难以快速辨识并消除等困难。

3)传统数据库技术对存储能力及存储方式有限制

目前成熟的经典数据库技术结构化数据查询语言(SQL),在设计一开始是没有考虑非结构化数据的,也就是说以前计算机人员讨论数据的时候,数据的范围限定在结构化数据范畴以内。除此之外,传统的数据库部署不能处理 TB 级的数据,也不能很好地支持高级别的数据分析。

4)缺乏数据专家和领域专家复合型人才

一般来说,领域专家为决策支持系统提供知识和经验,数据专家则可进行基于数据逻辑与关联关系的分析与判断。兼具数据专家和领域专家技能的复合型人才的缺乏,使决策支持系统的效用大打折扣,也是决策支持系统的应用发展缓慢的一个重要原因。

2. "大数据"带来的主要变革

进入"大数据"时代,从数据特点、技术产品与应用等方面都面临着新的变革。

1)数据呈现出体量大、类型多、电子化的特点

一是数据量级从 TB 级到 PB 级和 ZB 级;二是数据类型从结构化数据,拓展到文本、音频、视频、图片、地理位置、Web 页面、微博、及时通信等其他半结构化与非结构化的数据;三是电子数据占比迅速提高。根据中国互联网络信息中心(CNNIC)统计数据显示,截至 2012 年 12 月,中国网络购物用户规模达 2.42 亿人,网络购物使用率提升至 42.9%。

2)数据行业新技术、新产品不断涌现

数据存储、分析与管理开源软件 Hadoop 得到持续应用和发展。多家"大数据"行业巨头,针对大数据的发展在 2011—2012 年间亦推出了创新技术和产品,包括易安信公司的 DCA、IBM 的 BigInsights 与 Streams、甲骨文的 Exadata 与 Exalogic 等新产品。

3）企业应用"大数据"技术进行深层次价值挖掘

从国际上看，亚马逊（Amazon）、谷歌（Google）和脸谱（Facebook）走到了"大数据"应用的前列，已开始使用"大数据"的分析结果进行客户管理和市场营销。在国内，马云利用阿里巴巴"大数据"中询盘指数和成交指数的强相关性成功预测了 2008 年金融危机，利用及时更新的淘宝"CPI"预测了通货膨胀。

3. "大数据"时代决策支持系统发展趋势

"大数据"时代的数据技术革命为决策支持系统带来了发展机遇，决策支持系统在系统定位、决策模式、数据处理、信息检索、系统安全等方面形成了新的发展趋势。

1）单项决策支持系统向企业级决策支持系统转变

企业级的决策支持系统，相比单项决策支持系统，对全局性事项预测的实时性与准确性要求更高。在"大数据"时代，可通过对全方位、结构化、非结构化实时数据和历史数据，特别是对隐藏于表象数据之后的行为特征数据的在线收集和即时分析，为决策者进行企业级、全局性决策提供支持。

2）群体决策和社会化决策应用更普遍

在"大数据"时代，随着移动互联网络、社交网络的发展，决策支持系统将向群体决策和社会化决策的方向发展。主要表现在：① 决策者可以邀请异地不同业务领域专家登录系统参与复杂问题的决策过程；② 针对某一特定事项的网络投票统计数据、电子商务网站统计数据、搜索引擎统计数据等多时空、群体性行为的分析和结论，将成为定性决策的重要参考依据。

3）数据质量受到更多关注，数据分析功能更加强大

在"大数据"时代，决策支持系统基础数据不仅包括结构化数据，还包括图形、语音、图像、地理位置等非结构化数据。面对价值密度低的"大数据"，对于决策支持系统来说最大的挑战就是如何提高数据质量和创新分析方法，从"大数据"中挖掘出真正有价值的信息和知识。与"大数据"处理相关的商业智能、数据挖掘技术、可视化分析平台的应用和内存分析技术的进步，都将助力这些问题的解决。

4）信息检索工具功能更强大、智能化程度更高

在"大数据"时代，要从海量、纷繁复杂的数据中快速找到决策者关注的信息，必须借助功能强大、智能化的信息检索工具。搜索引擎技术、超文本全文检索技术、多媒体检索技术和人工智能技术将进一步得到整合；基于用户检索行为分析而提供的人性化信息检索服务与信息推送，将大幅提高信息检索的效率，提高信息检索的查全率和查准率。

5）系统安全问题上升到战略高度

"大数据"时代决策支持系统存储、加工、处理全局性与全方位信息，系统数据一旦外泄，其可能对企业的打击将是毁灭性的，这些都要求人们要高度重视决策支持系统的安全问题。同时，"大数据"引发了计算机行业的重新整合，应用软件实现泛互连化，越靠近终端用户的企业，在产业链上拥有更大的发言权。这也要求从国家安全、企业安全的战略高度出发，建立自有数据中心，培育和发展本土数据服务提供商，以避免在技术上受制于人。

 本章小结

数据驱动的决策支持是最近几年发展非常迅速的一类决策支持方法，其技术基础来源于数据仓库、OLAP 和数据挖掘理论和方法的发展。本章主要从概念层次上介绍基于数据的决策支持构成，重点介绍了数据仓库、OLAP 和数据挖掘。数据仓库为基于数据的决策支持的数据组织和管理提供了强大的技术基础，而 OLAP 和数据挖掘在此基础上为管理决策人员提供了灵活有效的以数据为核心的决策支持手段。

 本章习题

1. 简述数据驱动决策支持产生的基础。
2. 论述数据驱动决策支持的框架。
3. 什么是数据仓库？它与数据库系统的区别是什么？
4. 数据仓库中的数据组织模型有哪些？其优、缺点是什么？
5. 简述数据仓库系统结构。
6. 什么是元数据？仓库系统中的元数据有哪些功能？
7. OLAP 的概念是什么？
8. 简述 OLAP 的基本特征。
9. 论述 OLAP 的基本操作。
10. 什么是数据挖掘？数据挖掘的主要特征是什么？
11. 简述数据挖掘过程。
12. 论述数据挖掘任务。
13. 大数据决策支持的优势是什么？

第 6 章

知识与决策支持

本章学习重点

本章重点学习知识驱动的决策支持系统。知识是人类的财富,知识驱动的决策支持系统是以知识的收集、组织、推理和应用为核心的辅助管理决策活动的一类决策支持系统,也称智能决策支持系统。

本章要求掌握知识的概念和形态,熟悉知识与数据、信息的区别;掌握知识驱动的决策支持系统的结构和使用过程,了解知识获取的手段、组织存储方式,掌握主要的知识表示和推理技术;重点掌握产生式规则专家系统的原理、结构及推理方法,神经网络专家系统的原理、结构及推理方法;了解专家系统工具 JavaKBB。

6.1 知识的概念

知识是人们对客观事物运动规律的认识，是经过人脑加工处理过的系统化的信息。知识是人类经验的总结，是人们科学地认识世界、改造世界的力量。知识也是智能的基础，如果决策支持系统能够理解人的知识，就能模拟人的智能，更好的辅助决策。

6.1.1 知识的形态

知识的形态是指有意义的有序信息的抽象化符号表征形式，一般可以分为文字、数字符号、图表、多媒体等形态。知识的形态关注于知识在计算机中的表示，是知识在决策支持系统中成功应用的基础。

知识形态根据用处可以分为如下三类：

（1）描述性知识，表示对象及概念的特征及其相互关系的知识，以及问题求解状况的知识，也称为事实性知识。

（2）判断性知识，表示与领域有关的问题求解知识，如推理规则等，也称启发性知识。

（3）过程性知识，表示问题求解的控制策略，即如何应用判断性知识进行推理的知识。

6.1.2 知识与信息和数据的关系

信息、数据与知识之间即存在着紧密的联系又有区别。信息是对数据加工的结果，知识是对信息系统处理后的产品。数据是通过仪器等手段记载下来的事实，是客观世界实体属性的值；信息是已经被加工为特定形式的一组数据，构成一定的含义；知识是经过人脑加工处理过的系统化了的信息，阐明了人们对客观事物运动规律的认识。知识是人类经验的总结，是人们科学地认识世界、改造世界的力量。

人的智能活动是以知识处理为主的一系列活动，如学习、推理、思考等智能活动都是基于知识进行的。在人进行决策判断的时候，由于知识比数据和信息更能反映问题和方案的本质特征，所以人通常是以知识为基础展开决策的。

6.1.3 人工智能技术

知识的概念最早来源于人工智能，人工智能处理的对象是人类的可形式化的知识。人工智能（AI）是一门以模拟人类智能处理知识能力的学科，它也是一门多学科领域交叉的前沿技术，是由计算机科学、控制论、信息论、神经物理学、心理学、语言学等多种学科互相融合发展起来的一门学科。自1956年首次提出人工智能的概念之后，人工智能至今未能够有统一的定义。就其本质来说,人工智能主要研究、设计智能系统来描述和模拟执行人的智能活动。人的智能活动主要是指人脑从事的推理、学习、思考等思维活动,包括认识理解外部世界的能力、演绎推理的能力、学习的能力等。

人工智能从发展至今,在实际的工程应用中体现了较强的生命力。尤其是在决策支持领域,因为人工智能能够较好的模拟人处理知识的过程,因此人工智能技术被广泛应用于决策支持系统的开发中,其相关的主要技术有:

(1)专家系统。专家系统是人工智能支持决策支持系统的主要形式,它是利用大量的专门知识解决特定领域中实际问题的计算机程序系统,利用专家的定性知识进行推理,达到领域专家解决问题的能力。

(2)神经网络。神经网络利用神经元的信息传播模型进行学习和应用。

(3)数据挖掘。指通过机器学习等方法从数据中挖掘规律知识,是知识获取的新型手段。

(4)自然语言理解。

(5)机器学习。

6.2 知识驱动决策支持系统结构

知识驱动的决策支持系统以知识采集、加工、组织和推理为核心,在解决决策问题的过程中引入了人工智能的相关技术,也称智能决策支持系统(IDSS)。

知识驱动决策支持系统是在传统的三部件结构的决策支持系统上增加知识部件形成的。知识驱动决策支持系统是人工智能与决策支持系统相结合,使决策支持系统能够更充分地利用人类的知识,如关于决策问题的描述性知识,决策过程中的过程性知识,求解问题的推理性知识,通过逻辑推理来帮助解决复杂的决策问题的辅助决策系统。人工智能技术包括专家系统、神经网络、数据挖掘、自然语言理解等。

可以将上述这些知识处理技术都认为是以下结构形式:知识库+推理机。因为专家系统的基础是知识库和推理机;神经网络的推理机是神经元的信息传播模型,知识库是样本库和网络权值库;数据挖掘的算法可以认为是推理机对数据库进行操作获取知识;自然语言理解的推理包括推导和规约,知识库主要是语言文法库。

知识驱动决策支持系统的基本结构如图 6.1 所示。

知识驱动决策支持系统中的知识库管理系统完成的是知识的查询、浏览、增加、删除、修改和维护等管理工作,而推理机完成对知识的推理。知识一般需要经过推理才能够用于解决实际问题。推理机在知识部件中是重要的组成部分,是使用知识的重要手段。

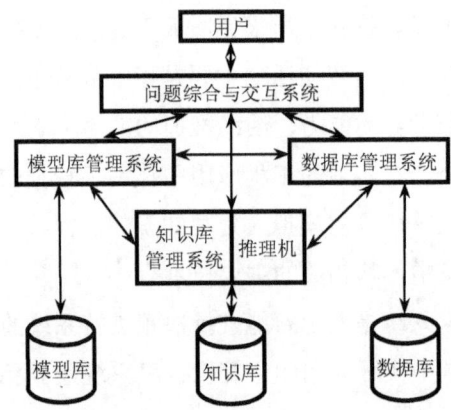

图 6.1　知识驱动决策支持系统的基本结构

知识驱动决策支持系统充分发挥了人工智能技术以知识推理形式解决定性分析问题的特点，又发挥了决策支持系统以模型计算为核心的解决定量分析问题的特点，充分做到定性分析和定量分析的有机结合，使得解决问题的能力和范围得到一个大的发展。

如果从知识的广义角度看，数据可以看成是事实型知识，模型是过程型知识，规则是产生式知识。这些知识都为解决决策问题提供服务。这样，把数据、模型、规则统一看成是为问题处理系统服务的知识，数据库、模型库和知识库都视为广义的知识系统，就可以得到以下的知识驱动决策支持系统的简化结构，如图 6.2 所示。

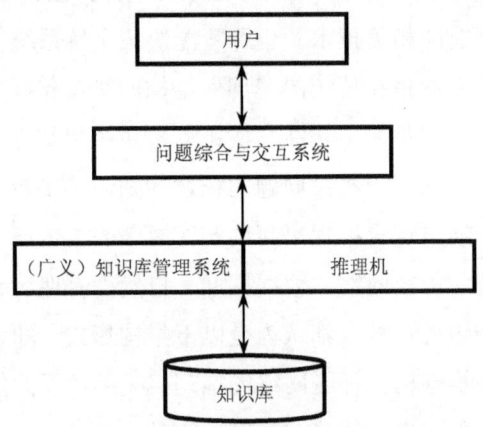

图 6.2　知识驱动决策支持系统简化结构

知识驱动的决策支持系统的运行过程包括以下三个步骤：

（1）用户通过问题综合与交互系统输入要解决的决策问题，接着问题综合与交互系统开始收集数据信息，并根据知识库中已有的知识，来判断和识别问题，如果出现问题，再与用户进行交互对话，反复这个过程直到问题得到明确。

（2）系统根据问题的特征构造问题解决的途径，如果问题的一部分可以定量化地计算，则调用模型库管理系统（见图6.1）搜寻与问题相关的数据和模型，进行模型的组合计算，完成定量的辅助计算；如果问题的一部分需要通过定性知识解决，则调用知识库管理系统，通过推理机对知识库中的相关知识进行推理，完成定性的知识推理。

（3）在整个问题解决的过程中，系统能够辅助启发和引导决策者进行难度较大或根本无从下手的问题的决策求解，实现到决策者、专家知识和模型的综合集成。最终提供问题的解决方案和评估结果，通过问题综合与交互系统提交给用户。

6.3 知识管理技术

知识管理是知识驱动决策支持系统的基础，知识管理技术涉及知识的获取、知识组织与存储以及相关系统支持技术等。

6.3.1 知识获取

知识驱动的决策支持系统的关键任务是从专家那里获得知识。从专家、书本处（知识源）获得知识以及把它转化为计算机程序，这样一个过程称为知识获取。

知识获取工作贯穿整个专家系统的建造过程。从专家那里获取知识到建立知识库，一般分为确定智能问题、知识形式化、建造和修改知识库三个阶段。

1．确定智能问题

任何一个专家系统都是用来解决某一个智能问题的，确定智能问题即是要解决如下问题：

（1）智能问题属于哪种类型？它的目标是什么？

（2）智能问题的原型系统是什么？它的范围有多大？

（3）如何定义和描述该原型系统？

（4）如何划分该原型系统的子问题？

（5）原型系统的求解模型是什么？

（6）将要建立的专家系统的体系结构是什么？

2．知识形式化

知识形式化阶段要进行问题概念化和知识形式化两种过程。

1）问题概念化过程

在问题概念化过程中，要从智能问题的原型系统中得到基本概念、子问题和信息流特征。概念是智能问题的基础，只有掌握智能问题的基本概念以及它们之间的关系，才能把握住智能问题的实质。其具体要解决的问题有：

（1）智能问题中含有哪些基本概念？

（2）各子问题含有哪些概念？

（3）概念详细到什么程度（粒度是粗还是细）？

（4）概念间的关系是什么？特别是因果关系和时间关系。

（5）概念中哪些是已知？哪些需要推理？

（6）概念是否有层次结构？

2）知识形式化过程

在知识形式化过程中，首先要对概念形式化，即将概念转换成计算机所要求的形式，再将形式化的概念连接起来形成问题求解的空间。建立领域问题求解模型是知识形式化的重要一步。求解模型包括行为模型和数学模型，数学模型是利用算法来完成；行为模型是利用推理来完成。对该概念信息流和各子问题元素的形式化，其结果将形成知识库模型。在知识形式化过程中，还要确定数据结构，推理规则和控制策略等内容。

3. 建造和修改知识库

建造知识库是对整个智能问题的知识库框架填入各子问题的形式化知识，并保持整个问题知识的一致性和相容性。将知识库与智能问题推理求解结合起来，建立专家系统。

建造知识库后，需用若干实例测试专家系统，以确定知识库和推理结构中的不足之处。这里通常造成错误的原因在于输入/输出特性、推理规则、控制策略或测试的例子等。

输入/输出特性错误主要反映在数据获取和结论输出方面。对用户来说，可能体现在问题很难理解或表达不清楚，以及对话功能不很完善等。

推理规则错误主要在于推理规则集，如规则可能不正确、不一致、不完全或者遗漏了。

控制策略问题主要是搜索顺序的不当，表现在搜索方式以及时间效果上。

测试例子的不当也会造成失误。例如，某些问题超出了知识库知识的范围。在测试中发现错误后需要进行修改，其修改包括概念的重新形式化，表达方式的重新设计，调整规则及其控制结构，直到获得期望的结果为止。

知识获取是决定系统知识库是否优越的关键，是专家系统设计的"瓶颈"问题。按照获取途径的不同，知识获取方法分为三类：

第一类是通过知识工程师获取知识。知识工程师是计算机方面的工程师，从专家那里获取知识，并以正确的形式储存到知识库。由于专家所掌握的知识和计算机所存储的知识形式之间存在很大的差别，因此知识工程师与专家之间要多次交换意见，密切配合才能做到使知识库正确地反映专家的知识。

第二类方法是领域专家通过知识编辑器直接将所掌握的知识和经验存入知识库。在这种方法中，知识编辑器提供了一个具有规定格式的对话界面，领域专家按照对话要求输入知识。

第三类方法是通过知识学习器从数据库中自动获取知识。这是目前国内外学者研究最为热门的、也是最难实现的知识获取方法，这类知识获取方法按照其使用的技术理论来源又可分为基于算法的方法和基于可视化的方法两类。

1）基于算法的方法

基于算法的知识发现技术多来源于人工智能、信息检索、数据库、统计学、模糊集和粗糙集理论等领域，理论基础成熟，目前的应用范围也很广泛。具体方法参见第5章5.5节。

2）基于可视化的方法

基于可视化的方法是在图形学、科学可视化和信息可视化等领域发展起来的，它主要包括以下六种。

（1）几何投射技术，指通过使用基本的组成分析、因素分析、多维度缩放比例来发现多维数据集的兴趣投影。

（2）基于图标技术，指将每个多维数据项映射为图形、色彩或其他图标来改进对数据和模式的表达。

（3）面向像素的技术，其中每个属性只由一个有色像素表示，或者属性取值范围映射为一个固定的彩色图。

（4）层次技术，指细分多维空间，并用层次方式给出子空间。

（5）基于图表技术，指通过使用查询语言和抽取技术以图表形式有效地给出数据集。

（6）混合技术，指将上述两种或多种技术合并到一起的技术。

目前最常用的知识获取方法是通过具有一定知识编辑能力的知识获取工具来获取知识。最高级的知识获取方法是自动知识获取，随着机器学习研究的日益深入和大量学习算法的出现，机器学习方法正成为专家系统自动获取知识的强有力工具。

6.3.2 知识的组织与存储

知识组织是指用一定的知识架构将零散的知识元素联系起来。有条理的知识组织能够提高知识搜索和知识获取的质量。知识存储是指采用数据库等形式将组织好的知识保存起来，供知识管理系统使用。

知识的组织与存储在决策支持系统中是通过知识库技术来实现的。知识库是以一致的形式存储知识的分布式系统，它是人工智能与数据库技术相结合的产物。知识库由知识和知识处理部分组成，知识库中除了有关事实、概念、数据、规则、表格、框架和图形等各类的问题领域知识之外，还包含推理、归纳、演绎等知识处理方法，逻辑查询语言、语义查询优化功能和人-机交互界面等。广义的知识库可以把数据库和模型库中的内容统统看成是知识库中的内容。

当把知识送入知识库时需要进行知识组织，其面临的问题就是要事先确定知识库的存储结构，以便建立知识库中知识的逻辑联系。知识的组织形式一方面依赖于知识的表示模式，另一方面也与计算机系统所使用的软件环境有关。原则上可用于数据库组织的方法都可用于知识库的组织，究竟使用哪种组织方式，要视知识的表示形式和对知识的使用方式而定。这里需要考虑以下原则。

1．知识的分层性

知识库中的知识分为三种等级。最低级是有关问题领域的实物、事实和它们之间的关系（由公式、定律和经验等组成）；中间级是序列规则，利用这些规则可对在最低级存储的事实进行推演，导出新的事实和关系；最高级存储控制知识，它是关于如何合理利用规则的知识，又称元知识。一般来说，特定的领域知识可放在前两级中，而专家的决策知识和经验知识可放于最高级，也就是用来控制对问题的分析和推理。

2．知识的独立性

选用的知识组织方式应使知识具有相对的独立性，这就不会因为知识的变化而对决策支持系统的推理机产生影响。

3．便于对知识的搜索

在知识推理过程中，对知识库搜索是经常要进行的工作，而知识组织方式直接与搜索相关，会直接影响到系统工作的效率。因此在确定知识的组织方式时要充分考虑到采用的搜索策略，使两者能够密切配合，以提高对知识库的搜索速度。

4．便于对知识进行维护与管理

知识库建成后对知识库的维护与管理是经常性的工作，知识的组织方式应便于检测知识可能存在的冗余、不一致、不完整之类的错误，便于向知识库增加新知识、删除错误知识以及对知识的修改。

5．便于在知识库中同时存储用多种模式表示的知识

把多种知识表示模式（产生式规则、语义网络、框架等）有机地结合起来是一个专家系统的知识表示的常用方法。知识的组织方式应当能对多模式表示的知识实现存储，而且便于对知识的利用。

6. 尽量节省存储空间

知识库一般需要占用较大的存储空间,其规模一方面取决于知识的数量,另一方面也与知识的组织方式有关。因此,在确定知识的组织方式时,关于存储空间的利用问题也应当作为考虑的一个因素,特别是在确定大型知识库时更应考虑这个问题。

下面以产生式规则为例来说明知识库中知识的存储结构。

产生式规则知识用于表达现实世界中大量的因果关系,一般表示为:if A then B,即表示为:如果 A 成立则 B 成立。在知识库中使用规则库和事实数据库存储产生式规则,如表 6.1 和表 6.2 所示。规则库存储规则的前提、结论,事实数据库存储规则推理过程中产生的事实。

表 6.1 规则库

规则号	前提表	结 论
		I
3	I, J	A
1	A	G

表 6.2 事实数据库

事实	y、n 值	规则号
A	y	3
G	y	1

产生式规则的推理过程是:逐条搜索规则库,针对每一条规则的前提条件,检查事实库中是否存在。前提条件中各子项,若在事实库中不是全部存在,则放弃该条规则;若在事实库中全部存在,则执行该条规则,把结论放入事实库中。反复循环执行上面过程直至推出目标,并存入事实库中为止。

事实数据库中每一个事实,除该命题本身,它还应该包含更多的内容,每个事实由表中的属性,构成关系型结构。事实栏中放入命题本身;y、n 值表示是 y(yes)还是 n(no)。对 no 值事实,记录它是为了减少重复提问;规则号表示该事实取 y 或 n 的理由,具体规则号表示由该规则推出事实是 y 或 n。事实数据库在推理过程中是逐步增长的,对不同的问题,事实数据库的内容也不相同,故也称事实数据库为动态数据库。

6.3.3 知识管理系统

知识管理系统是对知识库中的知识进行管理和使用的系统,其目的就是在信息和知识的基础上更有成效、有效率地制定决策、采取行动。知识管理系统支持知识创作、获取、识别、建模、组织、发布、分享、应用、反馈以及改进等活动。它主要分为知识库的维护，知识库元素的集成、检索和分类，知识的分发三方面工作。

1. 知识库的维护

知识库中存储了多类模式、不同层次的领域知识、元知识和这些知识之间的关联。维护知识库包括整合分散的知识，对新知识进行创造和捕获，对知识库内容进行添加和更新，并及时淘汰过期内容。

2. 知识库元素的集成、检索和分类

为了迅速建立知识元素之间的关联并对其进行分析，知识管理系统还应该能够对知识元素进行检索和分类。根据不同知识的结构相似度、抽象层次对知识进行归类和集成，实现知识的分类和分层管理。

知识管理系统还应当能够提供知识的检索功能，知识管理系统使用信息字典存储知识库的结构信息，并包含知识的索引。

当知识库管理系统要求某种知识时，知识库管理系统就根据请求信息，到信息字典的知识库描述部分找到相应的登记项，检查其合法性及安全性后，将知识送出。知识的获取过程可牵涉到可证实性和矛盾性检查。知识库的检索是根据推理控制系统提出的要求，检索出与问题有关的知识，通常这种检索具有某种程度的推理。

3. 知识的分发

知识管理系统提供了知识分发的灵活性。知识分发包括对知识的查询、发布、共享和推送，这里提到的知识查询是一种主动查询，知识管理系统根据用户的决策偏好，主动将可能需要的知识呈现给决策用户。

知识库与信息管理系统既存在紧密的联系，也存在明显的区别，知识管理系统相比信息管理系统具有以下特点：

（1）知识管理系统是一个对知识进行创造、捕获、整理、传递和共享，进而创造出新知识的完整的管理系统，对知识流程中的各个方面进行综合支持。

（2）知识管理系统处理的对象是客观世界信息的个人化知识，具有直接指导行动的意义，包括隐含的知识、人的经验和观点等，可以是新知识产生的源泉。

（3）知识管理系统的加工过程较多着眼于对知识的解析、分类、合成、整理、映射等深层处理；知识加工是在通常的知识背景下对信息的加工过程。知识管理系统要求提供的知识产品倾向于创新性、科学性、经验和技巧的验证，注重知识产生的背景及其内在联系。

（4）知识管理系统是对信息和知识深层次的加工和挖掘，是对信息管理系统功能的进一步拓展。知识管理系统对知识的收集、组织和共享通过数据库和知识库在对信息进行深层次的解析、合成、整理的基础上产生知识。

6.4 产生式规则专家系统

专家系统（Expert System，ES）是一种具有大量专门知识，并能够模拟人类专家解决特定领域实际问题的计算机程序系统。专家系统是一种智能的计算机程序。这种程序使用知识与推理过程，求解那些需要杰出人物的专门知识才能求解的复杂问题。

根据知识的表示方式不同，专家系统可分为产生式规则专家系统、语义网络、框架、状态空间、逻辑模式、脚本、过程、面向对象等多种形式，其中产生式规则专家系统是专家系统中最重要的一种形式。

6.4.1 产生式专家系统概述

一般认为，专家系统就是应用于某一专门领域，由知识工程师通过知识获取手段，将领域专家解决特定领域的知识，采用某种知识表示方法编辑或自动生成某种特定表示形式存放在知识库中；然后用户通过人-机接口输入信息、数据或命令，运用推理机构控制知识库及整个系统，能像专家一样解决困难的和复杂的实际问题的计算机（软件）系统。专家系统有三个特点：① 启发性，能运用专家的知识和经验进行推理和判断；② 透明性，能解决本身的推理过程，回答用户提出的问题；③ 灵活性，能不断地增长知识，修改原有知识。

产生式专家系统主要由规则库、事实数据库和控制器三部分组成。规则库用于存储规则——这些表示问题领域的一般知识，或叫产生式。其每个规则包括一个条件部分 A 和一个动作部分 B，并具有以下的形式：如果 A 则 B，即 $A \rightarrow B$。事实数据库存储的是求解问题的初始状态及已知事实，推理的中间结果及结论。随着产生式问题求解（推理）过程的进展，其存储的内容动态变化，它是通过简单的表、数组、带索引的文件结构、关系数据库等来实现的。控制器又称为规则解释器，它控制系统的运行和推理过程，主要功能包括规则扫描的起点和顺序安排，规则前件与工作存储器中事实的模式匹配，事实数据库的状态更新，多条规则被触发时的冲突消解，推理终止条件和判定等。产生式规则专家系统工作周期示意图如图 6.3 所示。

首先，在控制器作用下自顶向下一次扫描规则库中的所有规则，逐一比较事实数据库的所有元素与所有规则的前件，以搜索满足条件的规则。若一条规则前件中的所有条件都与事实数据库中的当前事实匹配成功,则把此规则放入冲突集中,然后进行下一条规则的检测,直到规则库中的所有规则都被检测。

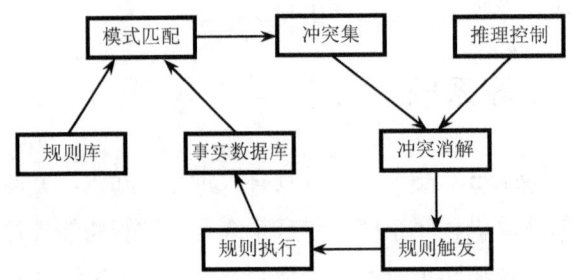

图 6.3　产生式规则专家系统工作周期示意图

当多条规则同时被匹配时即会产生冲突,此时,需要根据预先确定的评价准则,求出所冲突规则的优先度,决定使用哪一条规则。常用的冲突解决策略包括专一性排序、规则排序、数据排序、就近排序、上下文限制、匹配度排序、按条件个数排序七种,不同的系统,可使用这些策略的不同组合,目的是尽量减少冲突的发生,使推理有较快的速度和较高的效率。

执行步骤即将上一步所选择规则的结论添加到数据库中,作为新的事实。系统运行时,推理机制重复这三个阶段,根据规则库中的知识和数据库中的事实,不断地由已知的前提推出未知的结论,并记录到事实数据库中,作为新的前提或者事实继续推理过程,直至推出最终结论。

产生式规则专家系统的优点有三个:① 模块性,每一产生式可以相对独立地增加、删除和修改;② 均匀性,每一产生式表示整体知识的一个片段,易于为用户或系统的其他部分理解;③ 自然性,能自然地表示直观知识。其缺点在于其求解过程是一种反复进行的"匹配—冲突消解—执行"的迭代过程,使得其执行效率低;此外每一条产生式都是一个独立的程序单元,一般相互之间不能直接调用也不彼此包含,具有结构关系或层次关系的知识很难用自然的方式表示,因而不宜用来求解理论性强的问题。

6.4.2　产生式规则的表示

专家系统中预先定义的起控制作用的知识,一般称为元知识。具体有如下 8 种。

1) 目标

　　　　GOAL = EXPRESSION

EXPRESSION 描述咨询的目标,给定 GO 命令时,专家系统首先寻找这个表达式的值。

2）多值

  MULTIVALUED (EXPRESSION)

EXPRESSION 可以有多值,当一个确定的值求得后,专家系统将继续寻找下一个值。

3）提问句

  QUESTION (EXPRESSION) = TEXT

TEXT 是提问表达式所用的信息,TEXT 必须是符号串,提供的回答将受到该表达式的合法值域的检查。

4）合法值

  LEGALVALS (EXPRESSION) = LIST

LIST 表中的元素是该表达式可接受的值。

5）改变推理路径

  WHENFOUND (EXPRESSION) = LIST

一个 WHENFOUND 知识库项允许改变 TOES 的推理过程,即当求得 EXPRESSION 的值后,立即求 LIST 中的值。

6）屏蔽提问

  PBASKD (LIST)

屏蔽提问用于屏蔽掉 LIST 表中的事实的提问,目的是在专家系统推理过程中,对与某问题无关的事实省去提问。对于大知识库的搜索,该功能特别有用,它将加快搜索速度。LIST 表可以是全屏蔽(即 QPB)也可以是部分事实屏蔽。全屏蔽时,需要回答的事实,先要输入到动态数据库中,当推理时,只向数据库中查事实,不再向用户提问。部分屏蔽时,将要屏蔽的变量放入 LIST 表中,当推理过程中遇到 LIST 表中变量需要提问时,由于屏蔽作用,系统就不提问。

7）目标修改

  MODIGOAL =(目标 K,目标 I,…,目标 J)

目标修改用于当目标 GOAL 有多个目标且每一个目标各有一棵推理树时。在 GOAL 求得目标值 K 时,推理机只在目标 K 的推理树中进行推理,而不再进行其他目标如(目标 I,…,目标 J)等的推理树中的推理。

8）目标增加

  ADDGOAL =(目标 K,目标 I,…,目标 J)

当目标 GOAL 有多个目标，且每个目标各有一棵推理树时，在 GOAL 求得目标值 K 时，推理机要增加对（目标 I，…，目标 J）等的推理。

6.4.3 产生式规则的获取

根据前人研究表明：人类的知识有相当一部分可以用产生式规则来表示。规则知识由前提条件和结论两部分组成。前提条件由字段项（属性）的取值的合取（与∧）和析取（或∨）组合而成，结论由决策字段项（属性）的取值或者类别组成。由于产生式规则即可以表示过程性知识，又可以表示说明性知识，且知识表达能力较强，容易理解，因此获取产生式规则在工程实践中有着重要的应用价值，同时产生式规则的获取也是专家系统构造的难点所在。

产生式规则获取的途径主要有两种：一是通过知识工程师导向的知识获取。知识工程师通过与专家的访谈交流等，对专家知识和书本知识进行整理，将其改编为知识库。最常用的方法是：① 个人访谈法；② 跟踪推理过程法；③ 观察法。二是利用数据挖掘技术从数据样本信息中直接提取产生式规则知识。

6.4.4 产生式专家系统的推理

产生式专家系统的推理分为正向推理和逆向推理两种。正向推理也称为数据驱动推理，指的是从现有条件出发，自底向上地进行推理（条件的综合），直到预期目标实现。其推理的基础是逻辑演绎的推理链，从一组表示事实的谓词或者命题出发，使用一组推理规则，来证明目标谓词公式或命题是否成立。正向推理策略工作流程如下：

（1）将初始事实/数据置入事实数据库中。

（2）用事实数据库中的事实/数据，匹配/测试目标条件，若目标条件满足，则推理成功，结束。

（3）用规则库中各规则的前提匹配事实数据库中的事实，将匹配成功的规则组成待用规则集。

（4）若待用规则集为空，则运行失败，退出。

（5）将待用规则集中每个规则的结论加入事实数据库，或者执行其动作，返回第（2）步。

正向推理由数据驱动，它从一组事实出发推导结论。其优点是算法简单、容易实现，运行用户一开始就把有关的事实数据存入数据库，在执行过程中系统能很快取得这些数据，而不必等到系统需要数据时才向用户询问；其主要缺点是盲目搜索，可能会求解出许多与目标无关的子目标，当事实数据库中的内容更新后还需要遍历整个规则库，推理效率较低。

因此，正向推理策略主要用于已知初始数据，而无法提供推理目标，或解空间很大的一类问题，如监控、预测、规划和设计等问题的求解。

反向推理又称为目标驱动推理，它从预期目标出发，自顶向下地进行推理（目标的分析），直到符合当前的条件。其基本原理是从表示目标的谓词或命题出发，使用一组规则证明事实谓词或命题成立，即退出一批假设，然后逐一验证这些假设。其推理策略工作流程如下：

（1）将初始事实置入事实数据库，将目标条件置入目标链。

（2）若目标链为空，则推理成功，推理结束。

（3）取出目标链中的第一个目标，用事实数据库中的事实与其匹配，若成功则转入第（2）步。

（4）用规则集中的各规则的结论与该目标匹配，若匹配成功，则将第一个匹配成功且未用过的规则的前提作为新目标，并取代原来的父目标而加入目标链，转入第（3）步。

（5）若该目标为初始目标，则推理失败，退出。

（6）将目标的父目标移回目标链，取代该目标及其兄弟目标，转入第（3）步。

反向推理由目标驱动，从一组假设出发验证结论，其优点是搜索目的性强，推理效率高；其缺点是目标的选择具有盲目性，可能会求解出许多假目标。当目标解空间很大时，推理效率不高；当规则的后件是执行某种动作（如打开阀门、提高控制电压等）而不是结论时，反向推理不便使用。

因此，反向推理主要用于结论单一或者目标已知的目标结论，而要求证实的系统，如选择、分类、故障诊断等问题的求解。

表 6.3 分别从驱动方式、推理方法、启动方式、透明程度和推理方向五个方面对两种推理方式进行了比较。

表 6.3 正向推理和反向推理的比较

	正向推理	反向推理
驱动方式	数据驱动	目标驱动
推理方法	从一组表示事实的数据或命题出发，向前推导结论	从一组假设出发，向后推理验证结论
启动方式	从一个事件启动	由询问关于目标状态的一个问题启动
透明程度	不能解释其推理过程	可解释其推理过程
推理方向	自底向上推理	自顶向下推理

6.5 神经网络专家系统

传统的专家系统只能在有限的定制式的规则中寻求答案，对于一个庞大的知识库，或者复杂难解的数据结构，亦或者一个几乎无规则可循的知识集合，需要知识推理能力更强的工具进行知识解译。神经网络模拟了人脑的工作原理，可以模拟完成领域专家的知识分析过程。神经网络专家系统就是基于神经网络模型而构造的一类专家系统。

神经网络专家系统是神经网络与传统专家系统的集成，它将传统专家系统的显式知识表示方法变为基于神经网络机器连接权值的隐式知识表示，把基于逻辑的串行推理技术变为基于神经网络的并行联想和自适应推理。

6.5.1 神经网络原理及其基本要素

1．神经网络原理

人工神经网络（Anitificial Neural Network，ANN）是一个由大量简单的处理单元组成的高度复杂的大规模非线性自适应系统，它仿效生物体信息处理系统获得柔性信息处理能力。

T.Koholen 对此给出的定义："人工神经网络是由具有适应性的简单单元组成的广泛并行互连的网络，它的组织能够模拟生物神经系统对真实世界物体作出交互反应。"

人工神经网络从 20 世纪 80 年代后期开始兴起。它从微观上模拟人脑功能，是一种分布式的微观数值模型，其神经元网络通过大量经验样本学习知识。人工神经网络有极强的自学习能力，对于新的模式和样本可以通过权值的改变进行学习、记忆和存储，进而在以后的运行中能够判断这些新的模式。

人工神经网络是由大量简单神经元相互连接而成的自适应非线性动态系统，神经元是神经网络的基本处理单元，它一般为一个多输入单输出的非线性动态系统，其结构如图 6.4 所示。在神经元中，一个突触端点的强度由多种因子或权值 w 表示。神经元的激活通常由函数表达，此函数通常是非线性的，在 0 和 1 间取值，附加的偏差项 θ_j 确定了神经元的自然激励，也即没有任何输入信号的情况下神经元的状态，这一项是非线性阈单元，在神经网络的行动中起着重要的作用。

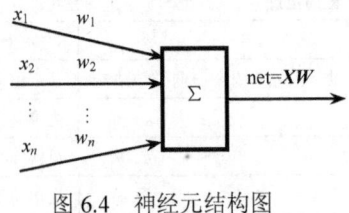

图 6.4 神经元结构图

图 6.4 的模型可以描述为

$$u_j = \sum_{i=1}^{n} w_{ji} x_i - \theta_j \qquad (6.1)$$

$$y_j = f(u_j) \qquad (6.2)$$

式中，θ_j 为神经元的阈值（偏差），u_j 为神经元内部状态（第 j 个神经元的状态值）。

输入信号

$$\boldsymbol{X} = [x_1 \quad x_2 \quad \cdots \quad x_n]^{\mathrm{T}}$$

x_i 表示第 i 个节点的输入值。从输入节点到此神经元的连接权值为

$$\boldsymbol{W} = [w_{j1} \quad w_{j2} \quad \cdots \quad w_{jm}]$$

人工神经网络有很多模型，按神经元的连接方式只有没有反馈的前向网络和相互结合型网络两种形态。前向网络是多层映射网络，每一层中的神经元只接收来自前一层神经元的信号，因此信号的传播是单方向的。BP 网络是这类网络中最典型的例子。在相互结合形网络中，任意两个神经元都可能有连接，因此输入信号要在网络中往返传递，从某一初态开始，经过若干变化，渐渐趋于某一稳定状态或进入周期震荡等其他状态，这方面典型的网络有 Hopfiled 模型等。

2．神经网络的基本要素

人工神经网络的基本信号处理单元是人工神经元，是对生物神经元的近似仿真。人工神经元模型一般由以下三个部分组成：

（1）一组连接，对应于生物神经元的突触，其连接强度由各连接上的权值表示，权值为正表示激活，为负表示一致。

（2）一个求和单元，用于求取各输入信息的加权和。

（3）一个非线性激励函数，非线性映射作用在于将神经元输出幅度限制在一定范围内，一般规范化限制在[0,1]或者[−1,+1]之间。此外还包含一个阈值，用于改变神经元的活性。

设计一个合适的人工神经网络需要从人工神经网络的激励函数、网络结构和学习规则三个基本要素分别进行考虑。

激励函数的形式很多，主要有阈值函数、分段线性函数、Sigmoid 函数、双曲正切函数等。

网络拓扑结构从连接方式上看主要有前馈型网络和反馈型网络。在前馈网络中各神经元只能接收前一层的输入，并输出给下一层，没有反馈。节点分为输入单元和计算单元两类，每一计算单元可以有任意个输入，但只有一个输出（它可耦合到任意多个其他节点作为其输入）。通常前馈网络可分为多个层，第 i 层的输入只与第 i−1 层的输出相连，

输入和输出节点与外界相连,而其他中间层则称为隐层。反馈型网络中所有节点都是计算单元,同时也可以接收输入,并向外界输出,可以画成一个无向图,其中每个连接线都是双向的,代表性的网络模型包括 Hopfield 网络和单层递归网络。

神经网络的学习方法有很多种,可以按有无监督分类,也可以按照网络连接方式分类、还可以按有无联想功能分类等。监督学习方式需要外界存在一个"教师",它可以对给定一组输入提供应有的正确输出结果。这组已知的输入/输出数据称为训练样本集,学习系统可根据已知输出与实际输出之间的差值来调节系统的各权值参数;非监督学习系统完全按照环境提供数据的某些统计规律来调节自身参数或结构,是一种自组织过程;再励学习又称强化学习,这种方式介于以上两种情况之间,外部环境对系统输出结果只给出奖或惩的评价信息,而不是给出正确答案。学习系统通过强化那些受奖动作来改善自身的性能。其余学习方式还包括误差修正学习、Hebb 学习和竞争学习等。

6.5.2 反向传播模型

BP 模型是由 Rumelhart 等人在 1985 年提出的,是目前用的最多的神经网络模型,如图 6.5 所示。

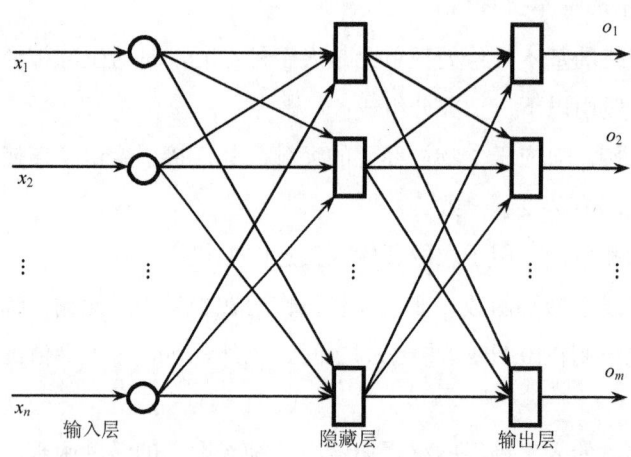

图 6.5　BP 网络结构图

1. 神经网络的结构

神经网络的结构如下:

输入层,被记做第 0 层,该层负责接收来自网络外部的信息。

第 j 层,第 $j-1$ 层的直接后继层($j>0$),它直接接收第 $j-1$ 层的输出。

输出层,它是网络的最后一层,具有该网络的最大层号,负责输出网络的计算结果。

隐藏层，除输入层和输出层以外的其他各层叫隐藏层。隐藏层不直接接收外界的信号，也不直接向外界发送信号。

输入节点 x_j、隐节点 y_i、输出节点 o_p、输入节点与隐节点之间的网络权值为 W_{ij}，隐节点和输出节点之间的网络权值为 T_{pi}。

此时第 i 个神经元的网络输入为

$$\text{net}_i = \sum_j W_{ij} x_j$$

输出层的网络输入为

$$\text{net}_p = \sum_i T_{pi} y_i$$

神经元所用的输出函数为 (0,1) S 型函数，即 Sigmoid Function

$$o = f(x) = \frac{1}{1 + e^{-x}}$$

输出函数的导数为

$$f'(\text{net}) = -\frac{1}{(1 + e^{-\text{net}})^2}(-e^{-\text{net}}) = o - o^2 = o(1 - o)$$

2. BP 神经网络训练过程

1) 向前传播阶段

BP 神经网络训练过程向前传播阶段如下：

(1) 从样本集中取一个样本 (X_p, t_p)，将 X_p 输入 BP 网络；

(2) 计算隐节点的输出

$$y_i = f(\text{net}_i) = f(\sum_j W_{ij} x_j) = \frac{1}{1 + e^{-\sum_j W_{ij} x_j}}$$

(3) 计算理想输出 o_p

$$o_p = f(\text{net}_p) = f(\sum_i T_{pi} y_i) = \frac{1}{1 + e^{-\sum_i T_{pi} y_i}}$$

2) 向后传播阶段——误差传播阶段

BP 神经网络训练过程向后传播阶段——误差传播阶段如下：

(1) 计算实际输出 t_p 与相应的理想输出 o_p 的差。

(2) 按极小化误差的方式调整权矩阵。

对样本 p 的误差计算公式为

$$E_p = \frac{1}{2}\sum_i (t_{pi} - o_{pi})^2$$

式中，t_p、o_p 分别表示实际的输出与计算的输出。

网络关于整个样本集的误差测度为

$$E = \sum_p E_p$$

输出节点的误差为

$$\delta_p = (t_p - o_p)f'(\text{net}_p) = (t_p - o_p)o_p(1 - o_p)$$

隐节点的误差为

$$\delta_i = f'(\text{net}_i)\sum_p \delta_p T_{pi} = y_i(1 - y_i)\sum_p \delta_p T_{pi}$$

3）输出层和隐藏节点层的权值调整

输出层权的调整式为

$$T_{pi}(k+1) = T_{pi}(k) + \eta \delta_p y_i$$

隐藏层权的调整式为

$$W_{ij}(k+1) = w_{ij}(k) + \eta' \delta_i x_j$$

3. 基本的 BP 算法

BP 算法的基本思想是：用输出层的误差调整输出层权矩阵，并用此误差估计输出层的直接前导层的误差，再用输出层前导层误差估计更前一层的误差。如此获得所有其他各层的误差估计值，并用这些估计值实现对权矩阵的修改，形成将输出端表现出的误差沿着与输入信号相反的方向，逐级向输入端传递的过程。

其具体包括三部分内容：

（1）对输出层节点和其他各层节点输出信息的计算。

（2）对输出层节点和其他各层节点的误差计算。

（3）对网络权值的修正。

BP 算法流程图如图 6.6 所示。

6.5.3 神经网络专家系统的知识表示、推理机制和体系结构

神经网络专家系统是一种以人工神经网络技术为基础构建的专家系统，按照其结合方式可分为三类，第一类是神经网络支持专家系统：以传统的专家系统为主，以神经网络的有关技术为辅；第二类是专家系统支持神经网络：以神经网络的有关技术为核心，

建立相应领域的专家系统，采用专家系统的相关技术完成解释等方面的工作；第三类为协同式的神经网络专家系统：针对大的复杂问题，将其分解为若干子问题，针对每个子问题的特点，选择用神经网络或专家系统加以实现，在神经网络和专家系统之间建立一种耦合关系。

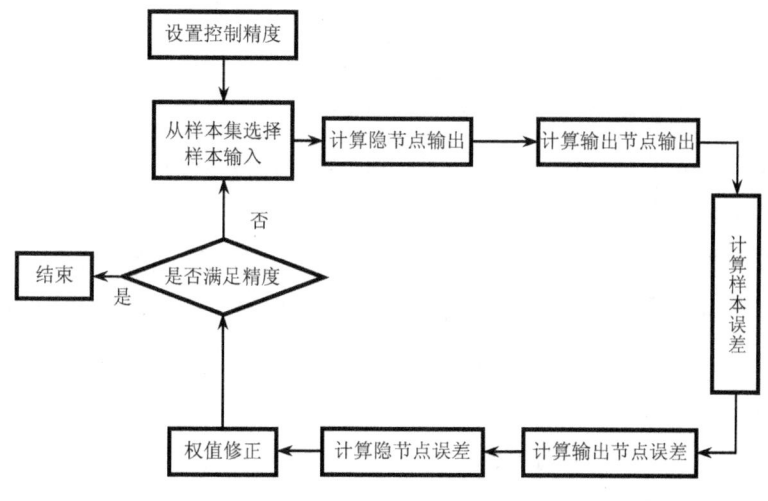

图 6.6　BP 算法流程图

神经网络专家系统将神经网络作为前端的知识获取器，其获取的知识存储在网络的权值和阈值当中，经过网络并行计算得到输出结果，此结果根据专家的经验判断转换成可描述的知识规则，输入到专家系统的推理机中。专家系统的推理机处理的是各个神经网络输出结果转换后的知识及面向对象方式存储在知识库中的专家经验知识。最后，由专家系统的推理机得到领域问题的最后结果。

1. 神经网络专家系统中的知识表示与推理机制

传统专家系统的知识表示形式是基于形式化的符号，通常采用显式的、描述性的表示方式，如语义网络表示、产生式表示、逻辑表示、过程表示方法等，而神经网络知识库是利用神经网络自身的分布式连接机制对知识进行隐式表示，知识表示不再是独立的一条条规则，而是分布于整个网络中的权值和阈值。

在神经网络专家系统中建立知识库，也就是确定神经网络的输入神经元、隐含神经元和输出神经元的权值和阈值。知识库的建立过程实际上也是神经网络学习的过程，即知识的获取和表示是同时进行、同时完成的。

神经网络专家系统知识的获取表现为训练样本的获取与选择，通过特定的学习算法对样本进行学习，经过网络内部自适应算法不断修改权值分布以达到要求。同时把专家求解实际问题的启发式知识分布到网络的节点及权值分布上,各节点的信息由多个与它相连的神经元输入信息和连接权值合成,经过这个过程,知识即被隐式地分散存储在神经网络的各项连接权值和阈值中。

神经网络专家系统的推理机制与传统专家系统基于逻辑的演绎方法不同,其推理机制实质上就是网络的数值计算过程,主要由输入逻辑概念到输入模式的转换、网络内的前向计算和输出模式解释三部分组成。其推理步骤如下:

(1) 将数据输入到神经网络输入层的各个神经元;

(2) 按照已确定的网络传递特性和输入数据计算输入层各神经元的输出值,并将其作为隐藏层单元的输入值;

(3) 在第(2)步的基础上分别计算隐藏层神经元及输出层神经元的输出值。

与传统专家系统的推理机制相比,神经网络的正向推理机制具有很大的优势。首先,由于神经网络同一层各个神经元之间完全是并行关系,而层内的神经元数量远大于层数,从整体上看是一种并行计算过程;其次,在网络推理过程中,不会出现传统人工智能系统推理的冲突问题;而且,神经网络推理只与输入及自身的参数有关,而这些参数是通过学习算法由网络训练所得,因此是一种自适应推理。神经网络计算机制的这种特点,决定了神经网络专家系统更加适合于对不确定性问题的推理。

2. 神经网络专家系统的体系结构

利用神经网络原理可以解决一般专家系统的某些类似问题。把利用神经网络达到专家系统能力的系统称为神经网络专家系统。神经网络专家系统具有一般专家系统的特点,也有其自身特点。其共同特点在于都由知识库和推理机组成;不同特点主要包括以下四个方面:

(1) 神经网络知识库体现在神经元之间的连接强度(权值)上。它是分布式存储的,适合于并行处理。一个节点的信息由多个与它连接的神经元的输入信息以及连接强度合成。

(2) 推理机基于神经元的信息处理过程,它以 MP 模型为基础,采用数值计算方法。这样对于实际问题的输入/输出,都要转化为数值形式。

(3) 神经元网络有成熟的学习算法,其学习算法与采用的模型有关,基本上是基于 Hebb 规则。感知机采用 delta 规则。反向传播模型采用误差沿梯度方向下降,以及隐节点的误差由输出节点误差反向传播的思想进行。通过反复学习逐步修正权值,使之适合于给定的样本。

(4) 容错性好。由于信息是分布式存储的,在个别单元上即使出错或丢失,所有单元的总体计算结果可能并不改变。这类似于人在丢失部分信息后,仍具有对事物的正确判别能力一样。

随着神经元网络的发展,神经元网络专家系统正在兴起,对于分类问题,神经元网络专家系统比产生式专家系统有明显的优势，对于其他类型的问题，神经元网络也在逐步发展它的特长。神经元网络专家系统进一步发展的核心问题在于学习算法的改进和提高。

神经元网络专家系统结构由知识获取环境和问题解决环境两部分组成，神经网络专家系统结构如图 6.7 所示。

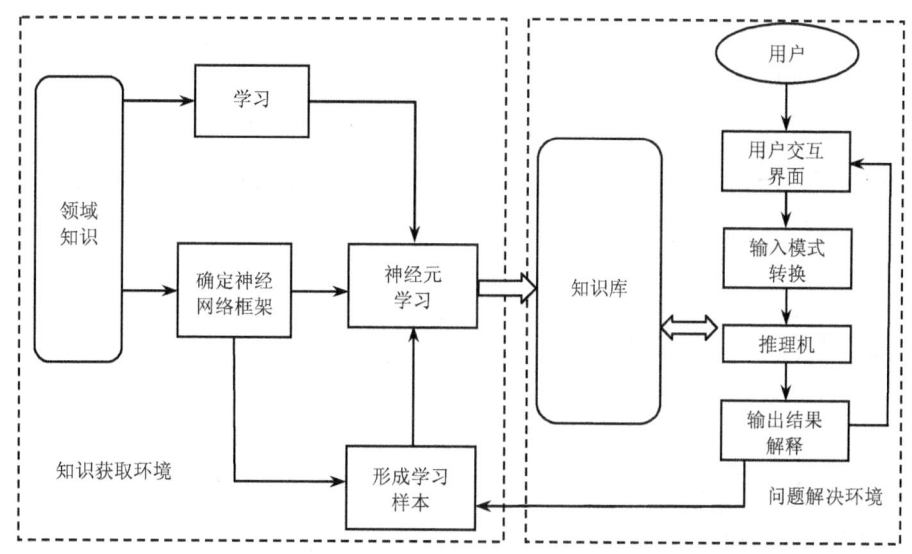

图 6.7 神经网络专家系统结构

知识获取环境由确定神经网络框架、形成学习样本和神经元学习三部分组成，神经网络通过样本例子进行学习得到知识库。

问题解决环境就是专家系统，用来解决实际问题，它由推理机、知识库、用户交互界面、输入模式转换、输出结果解释几部分组成。

1）确定神经网络框架

对神经网络框架的设计包括以下内容：

（1）神经元个数：神经元表示各个不同的变量和不同的值；

（2）神经元网络层次：一般表示输入层和输出层，对于复杂的系统引入一层或者多层隐节点；

（3）网络单元连接：一般采用分层全连接结构，即相邻两层之间都要连接；

（4）神经元的作用函数一般使用阶梯函数和 S 型函数。

（5）阈值的选取可以为定值或者进行迭代计算。

2）形成学习样本

学习样本是实际问题中已有输入和输出结果的实例、事实。

学习样本分为两类：线性样本和非线性样本。

非线性样本要采用复杂的学习算法，网络层次包含隐单元（BP 模型）或增加输入节点。

3）神经元学习

对不同的网络模型采用不同的学习算法，但都以 Hebb 规则为基础。如对感知机模型，采用 delta 规则；对反向传播模型，采用误差反向传播方法。

4）推理机

推理机是基于神经元的信息处理过程。

（1）神经元 j 的输入，即

$$I_j = \sum W_{jk} \cdot o_k$$

式中，W_{jk} 为神经元 j 和下层神经元 k 之间的连接权值，o_k 为 k 神经元的输出。

（2）神经元 j 的输出，即

$$o_j = f(I_j - \theta_j)$$

式中，θ_j 为阈值，f 为神经元作用函数。

5）知识库

知识库主要存放各个神经元之间的连接权值，由于上、下两层间各神经元都有关系，用数组表示为 (W_{ij})，i 行对应上层节点，j 列对应下层节点。

6）用户交互界面

用户交互界面为用户提供输入实际问题参数的界面。

7）输入模式转换

实际问题的输入通常以概念的形式表示，而神经元的输入要求以数值形式表示。因此要将物理概念转化为数值。

8）输出模式解释

实际问题的输出一般也以概念的形式表示，而神经元的输出一般是在[0,1]之间的数值，因此又要将数值转换为物理概念。

6.6 专家系统开发工具 JavaKBB

JavaKBB 是国防科技大学曹泽文教授研发的专家系统开发工具，其目标是设计一个容易使用、方便扩展的专家系统开发工具，可以同时表示领域概念知识与过程知识。它既可以运行于商用操作系统 Windows 上，也可以运行于中标麒麟等军用国产操作系统上。为此，提出了一种集成框架与产生式规则的知识表示模式，定义了五种抽象层次以设计一个专家系统，包括知识原语、知识单元、知识部件、知识库及知识系统。在此基础上基于 Java 语言设计并实现了 JavaKBB。JavaKBB 的另外一个重要特征是它能以 XML 格式保存知识库，具备与其他知识库进行交互的潜力。目前，JavaKBB 已经用来构建慢性肝炎防治专家系统和装备辅助决策系统等。

6.6.1 JavaKBB 的知识表示方法

JavaKBB 定义了五种抽象层次以设计一个专家系统,包括知识原语、知识单元、知识部件、知识库及知识系统,知识表示模型如图 6.8 所示(图 6.8 中*表示 1 到多)。在设计一个知识系统时,一系列原语构成单元,单元又是知识部件的一部分。知识单元主要包括框架、规则、知识构造块(主要表现方式就是对象属性值三元组)。知识部件可以用来构造自含式系统,系统还可以进一步集成到更复杂的系统中。

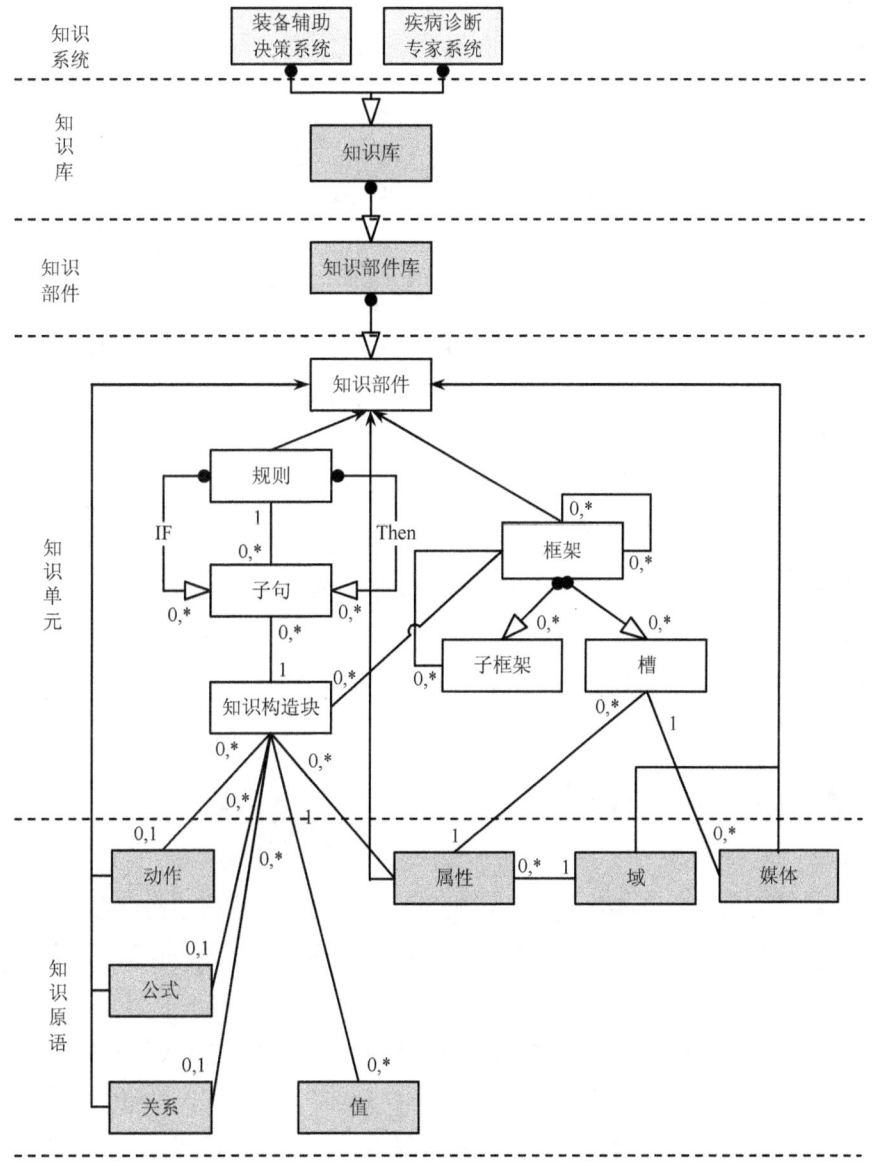

图 6.8 知识表示模型

1. 知识原语

知识原语表示知识的有意义的最小单位，包括域、属性、媒体、动作、关系、公式和值。

1）域

域用于定义值的基本数据类型及范围，具体包括域名称、基本数据类型和域约束信息。

2）属性

属性描述对象的某一方面特征，其取值类型用域来定义。每个属性仅有一个域，一个域可以对应多个属性。

3）媒体

媒体代表一个媒体元素（图片、视频等），用来图示化某一对象。

4）动作

动作用于定义一个过程，作用于某个槽。目前已经实现的动作包括：Stop（停止推理）、Ask_question（向用户提问，要求用户输入某变量的值）、Show_value（向用户显示某变量的值）、Get_from_database（从内外数据交换表中自动获取某变量的值）等。

5）关系

关系代表槽与值或者槽与槽之间的一个二元关系，如=、<=、>=、<、>、!=等。

6）公式

公式用于定义一个作用于具体值上的一个算子；如 sin(x)。

7）值

值表示一个某一类型的具体值及其可信度。

2. 知识单元

知识单元由以下六部分组成。

1）框架

框架是描述对象（一个事物、事件或概念）属性的一种数据结构，类似于面向对象编程中的类。框架是知识表示的基本单位，用框架名称进行描述，包括一组描述物体的各个方面的槽。

一个框架可以有一个父框架，体现对象之间的继承关系（"ISA"关系）；一个框架可以有多个子框架，体现对象之间的组成关系（"HAS"关系）。一个框架可以继承其他框架，也可以与其他框架进行聚集。一个框架最多只有一个父框架，一个框架可以有多个子框架。不同的框架之间可以通过属性之间的关系建立联系，从而构成一个框架网络，充分表达相关对象间的各种关系。框架知识表示的特点主要是描述事物的内部结构及事物之间的类属关系。

2）槽

槽是指框架与属性之间的一个链接。每个槽又由若干侧面（属性的一个方面）所组成，每个侧面都有自己的名字和填入的值，如提交给终端用户的提问信息、所有可能的回答及槽的描述等。另外，为了更好地描述相关问题及值，媒体也可以关联到槽上。

3）子框架

当框架需要与其他框架聚集（"HAS"关系）时，可以定义子框架。

4）规则

规则是指一种用 IF/THEN 子句构成的知识表示形式，即如果条件（前提或者前件）成立，那么一些行为（结果或结论或推论）将要发生。每一个规则有前提条件（一个或多个 IF 子句），只有当所有前提条件都满足时，结论（一个或多个 THEN 子句）才为真。如果一个规则有多个 IF 子句，可以用 AND/OR 逻辑操作符连接起来。

IF 子句是多个知识构造块的"与"和"或"的连接，THEN 子句也由多个知识构造块构成。

5）子句

子句指多个知识构造块的"与"和"或"的连接，类型主要包括 IF 子句和 THEN 子句。

6）知识构造块

知识构造块是一个基本逻辑句子，用于定义在某框架槽上的动作、槽与值之间的关系、槽与槽之间的关系等，主要作为规则的构造块。有四种不同类型知识构造块，最常用的是定义槽与值之间的关系的知识构造块。单独定义知识构造块的目的是实现知识构造块的共享与重用，减少冗余工作。

3. 知识部件

知识部件就是知识库中相对完整的知识单位，是针对某一（或某些）领域问题求解的需要，采用框架、产生式规则等知识表示方式在计算机中存储、组织、管理和使用的互相联系的知识集合。例如，求解某一问题所需所有知识（包括知识原语与知识单元）的集合构成就知识部件，包括框架、属性和规则等。

4. 知识库

将构建的关于一个确定领域的所有知识按一定的结构形式组织起来形成知识库，由一系列知识部件组成。

5. 知识系统

知识系统也称为基于知识的系统（Knowledge-Based System），是指任何包含知识、而且所包含的知识有某种明确表示的软件系统。

6.6.2 JavaKBB 的实现

1. 总体结构

按照"集中管理、统一服务、灵活配置"的设计思想，将 JavaKBB 设计成知识开发与管理、知识推理服务两个工具。其系统总体结构如图 6.9 所示。

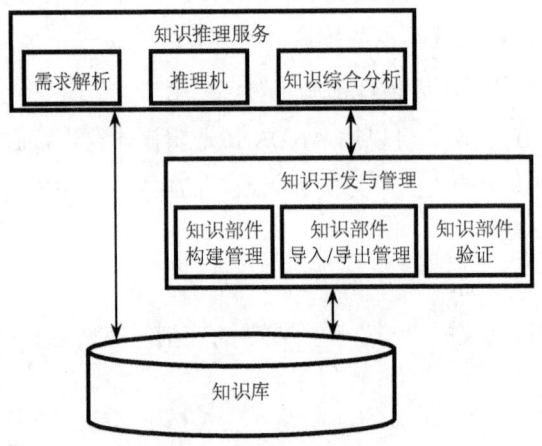

图 6.9　JavaKBB 系统总体结构

知识开发与管理工具能够提供图形化的交互式知识表达功能，支持专家知识的输入、更新和删除等，具体包括：① 支持框架、产生式规则等知识表达结构，能够对知识库知识进行输入、更新、删除或浏览等构建管理；② 提供知识部件的导入/导出功能；③ 能够通过调用推理机对专家知识进行验证。

知识推理服务工具能够根据决策应用的实际需要，对知识进行推理，为用户提供基于知识的辅助决策手段，具体功能包括：① 对应用需求进行解析；② 对知识进行推理，包括人在回路的交互参与；③ 对推理后的结果进行综合分析。系统提供两种工作模式，在 C/S 模式下，提供推理插件服务；在 B/S 模式下，提供 Web Service 推理服务，支持网络环境下多种知识资源的统一管理与服务；另外可以对知识推理过程进行控制。

2. JavaKBB 中的推理技术

JavaKBB 中的推理采用前向推理技术，冲突消解主要采用基于最高优先级规则及规则只能激活一次等原则。

6.6.3 JavaKBB 开发过程及实例

JavaKBB 系统为用户开发专家系统提供了友好而高效的集成式交互开发环境,其系统主界面如图 6.10 所示。

图 6.10 JavaKBB 系统主界面

该应用系统的开发过程为:首先分析待建专家系统领域概念及相互之间的关系,定义解决问题需要考虑的因素和相应的领域知识,包括所有框架和槽;其次定义产生式规则。最后使用系统提供的知识获取工具,完成建库和语法检查工作。具体工作有:① 定义域和属性;② 定义框架,包括框架名、组成框架的槽,输入槽名、提问语句和可选回答等,定义父框架和子框架等;③ 定义知识构造块及产生式规则;④ 进行语法检查。

利用 JavaKBB 开发一个"慢性肝炎防治专家系统"的具体开发过程如下:

(1)定义了 STRING、INTEGER、FLOAT 和 BOOLEAN 4 个域及性别、肝功能正常等 21 个属性。

(2)定义如下 5 个框架。

① 病人基本情况,用于表示病人的年龄、性别等基本信息,包括年龄、性别槽。其中"病人基本情况"框架的"性别"槽的定义窗口,其相关定义信息如下:

- 当前属性为:性别;
- 提问信息是:请问您的性别是什么?
- 取值类型为:仅仅只能选择一个答案;
- 可以选择的回答数:2 个;
- 允许的取值是:男性、女性。

其他槽的定义与"性别"槽类似。

② 病人化验结果，包括肝功能、HBV-DNA 复制、表面抗原、E 抗原、核心抗原性质槽。

③ 病人诊断情况，包括大三阳、小三阳等槽。

④ 治疗药物，包括干扰素、核苷类药物等槽。

⑤ 病人问题，包括生育问题答案、乙肝患者应该定期检查什么等槽。

（3）定义如下所示规则，共 28 条，其中第 8 条规则如下所示。

生育规则 8：

If　病人基本情况：性别="男性" and 病人化验结果：肝功能正常="是" and 病人化验结果：HBV-DNA 复制="否"

Then　病人问题：生育问题答案="可生育，不需要抗病毒治疗"。

其含义是：如果病人是男性，肝功能正常，而且 HBV-DNA 没有复制；则可以生育，且不需要抗病毒治疗。

（4）对规则进行语法及完整性检查，可以利用 JavaKBB 进行试推理，输入相关条件，其系统提问窗口如图 6.11 所示，检查是否可以准确输出结果。

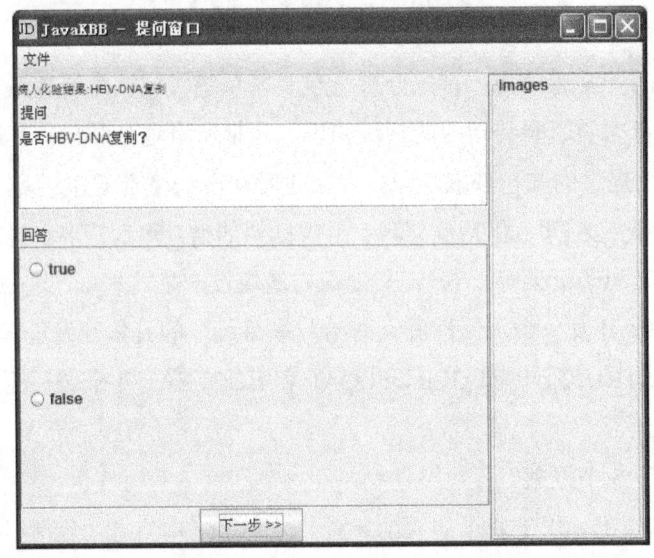

图 6.11　系统提问窗口

知识库构建完成后，支持用户通过 Web Service 的 API 按照指定知识部件及给定事实进行推理服务，由此实现知识系统与其他业务系统的集成。

除了上面介绍的"慢性肝炎防治专家系统"，该系统开发人员还利用 JavaKBB 开发了"面向任务的装备保障需求预测专家系统"。目前，正在研究用 JavaKBB 处理后勤供应保障标准计算和勤务规则问题。实践证明，JavaKBB 具有很好的实用性和较高的开发效率。随着解放军军事信息系统建设的逐步深入，各类作战规则管理及辅助决策功能已经成为新一代军事信息系统的能力需求，具有完全自主知识产权、有效支持国产硬/软件平台的 JavaKBB 必将发挥重要作用。

 本章小结

本章主要介绍基于知识驱动的决策支持系统的原理、组织、结构及功能，从知识管理技术、知识表示与推理技术等各个方面对知识驱动的内涵加以诠释，并对专家系统、神经网络专家系统中不同类型的知识驱动决策支持系统做了比较全面的介绍，最后介绍了一个实用的商用专家系统工具。

由于知识驱动的决策支持系统能够较好地结合专家的定性分析和传统决策支持系统的定量分析，目前知识驱动决策支持系统已经广泛地被认可并应用到了诸多领域，并且随着不同领域对复杂问题决策需求的增加，随着智能决策技术的快速发展，知识驱动决策支持系统提供的应用前景将更加的广阔。

 本章习题

1. 知识、信息与数据之间有什么区别？
2. 画出知识驱动决策支持系统的结构图，说明各模块的内容。
3. 知识获取有哪些方法？
4. 知识组织过程需要考虑哪些因素？
5. 知识管理的主要任务是什么？
6. 产生式规则的表示和推理过程是什么？举例说明。
7. 如何获取产生式规则？
8. 简述专家系统的基本原理。
9. 元知识在专家系统中的角色是什么？
10. 简述神经网络专家系统的基本原理。
11. 神经网络专家系统的基本结构是什么？
12. JavaKBB 的主要功能特点是什么？

第 7 章 协作与群决策支持

本章学习重点

本章重点学习群决策支持系统,群决策支持系统是决策支持系统研究领域中的重要分支。协作是解决复杂决策问题的主要模式,通信支持是协作得以进行的基础。本章首先介绍了协作的基本概念和群决策支持系统中常用的通信支持工具,然后探讨了群决策的理论和方法,研究了群决策支持系统的概念、组成和结构,最后介绍了群决策支持系统的主要应用。

本章要求重点掌握群决策的概念、类型和主要方法,掌握群决策支持系统的概念及其主要特点,了解群决策支持系统的运作过程,掌握群决策支持系统与一般决策支持系统区别与联系,了解群决策支持系统的应用。

7.1 通信与协作

7.1.1 协作概念

关于协作,从不同角度有不同的定义。《辞海》对协作的定义是:"两个以上单位在同一工作过程或彼此相联系的不同工作过程中,根据计划相互配合地进行工作的形态。"西蒙认为,协作是多个个体或工作群通过共同努力来完成一项任务或项目,包括两个或两个以上的个体间的互动,如通信、信息共享、协调、合作和协商等。

本书定义为:协作是两个或两个以上个体为了完成同一决策问题而相互交流、协调和合作的过程。

从不同角度,协作可分为不同类别,如表 7.1 所示。

表 7.1 协作的分类

分类方式	分类类别	描述
按协作时间	同步协作	协作成员在同一时间参与协作,实时地进行协同工作,协作活动同时进行、同时完成
	异步协作	协作的各成员之间,信息交流没有很强的时间限制,如按照一定的决策流程进行协调配合,不一定要有时间性很强的实时要求
按地理分布	同地协作	一般情况下,所有的参与成员在同一个局域网内部,基于比较高速的网络连接进行协同合作
	异地协作	所有的参与成员在空间上分布在不同位置,通过互联网开展协作

协作技术已经发展了近 20 年。如表 7.1 所示,协作技术通常可以根据时间和空间两个维度进行划分。根据协作的时间不同,可以划分为同步协作和异步协作。根据协作的空间分布不同,可以划分为同地协作和异地协作(也称分散协作)。通常所说的同地协作是指团队成员工作地点在一起。例如,举行一个面对面的会议。很多文献对同地/同时协作进行了论述,也有很多实际工具应用了同地/同时系统,可以支持同地/同步协作。例如,电子会议室、早期的群体决策支持系统等。异地/异步协作中,异地和异步的程度可能会有所不同。分散程度不同的协作需要利用不同的协同技术和方法。如果成员间距离、时间分布性很强,虽然在技术上可以实现同步,但协调沟通比较困难,而且还需要利用异步协作技术。

同步技术包括视频、音频会议,即时消息和实时应用程序共享等。异步技术包括电子邮件、数据库、在线讨论、共享文档知识库和日程系统等。

除了时间和空间的维度,协作技术还有以下特性:

(1) 表达方式丰富,可以促进及时达成共识。

(2) 交互性好,允许迅速反馈和交互。

（3）社会性好，可使成员感觉时空更接近。

表达方式丰富、交互性以及社会性好的特点可以使成员同时和连续的沟通，使用多元信息和书面信息。成员可以自发参与协作，并可以随时中断协作。异步的电子邮件可以将客观事件描述得很丰富，但在互动性和社会性方面比同步视频会议效果要差一些。面对面的互动是协作技术要达到的目标，因此，"面对面"的效果如何成为了协作技术工作和效果评价的标准。经过近20年的发展，目前，协作技术主要在消息的应用、会议的应用和团队协作应用三个领域进行应用。

1. 消息应用

消息应用支持同步和异步交互，从而有利于信息共享和共同决策。该方面的主要应用包括电子邮件、统一消息和即时消息。

电子邮件是一种提供撰写、发送、储存和接收信息手段的异步电子通信系统，主要应用范畴包括组织内部的局域网和互联网。电子邮件从20世纪60年代后期以来开始发展，到20世纪90年代，特别是互联网等先进的通信网络出现后，电子邮件发展成为占主导地位的组织和团队通信工具。但是，在过去20年，随着使用电子邮件的组织日益增多，组织成员往往会接收到很多、有时甚至每天数百封的电子邮件。因此，电子邮件成为最早的协作技术应用之一。

统一消息集成了多种技术，可以使位置分散的团队成员通过单一界面设备（如固定电话、手机、互联网连接的计算机）来发送和接收语音、传真和电子邮件。这种统一消息应用系统可以让团队成员从一个单一平台访问大量信息，从而提高其解决问题的能力。例如，接入的语音电话可以被转换为数字格式；".wav"格式的声音文件可以转换为适当的文件格式，发送到电子邮箱并在计算机的扬声器播放。同样的，接收传真也可以以电子邮件的附件形式从计算机上读取。

电子邮件和统一消息只支持异步协作，而即时消息提供了一种实时、同步互动的手段。这是最近几年出现的最重要的消息传递手段。即时消息系统可以为成员提供更好的"时空存在感"，用户可以方便地看到是否有其他团队成员连接到网络，并与在线的成员交换实时信息。即时消息不同于普通电子邮件消息的直接交流，比传送电子邮件要简单。即时消息最常用于桌面到桌面、点到点的通信，还可以扩展到无线环境，如PDA和移动电话等手持设备。

许多即时消息系统支持桌面视频、音频会议和文件共享以及常见的基于文本的交流，如Microsoft Communicator、IBM的Sametime等系统。对于组织和团队，成员必须考虑即时消息系统之间可能不兼容的情况。此外，企业的IT专业人员需要研究用户对保密性的需求，以及是否需要架设内部服务器或在第三方托管服务器。目前，安全性越来越强的企业信息系统正在取代像"美国在线"和"雅虎"这样的公共工具。即时消息系统通过支持成员间沟通使问题得到快速解答,并且支持组织召开会议、做出决策和交换文件,甚至与外部的合作伙伴进行互动。即时消息也正在与其他协作技术相结合,如一个电话会议在进行会议互动的同时,还可以起到支持团队成员之间社会关系互动的作用。如上所述,虽然即时消息不会影响到工作任务本身,但这些互动行为是协作团队内部的关系纽带。

2. 会议应用

会议应用是一种用于模拟进行面对面互动的技术,具体包括视频会议、音频会议和Web会议。和消息应用一样,会议应用也是用于共享信息、共享决策,但互动性更强的一种方式。

(1) 视频会议支持在两个或更多的网络连接位置间进行实时视频、音频数据传输。尽管存在一些影响视频和音频同步的常见问题,如图像和声音质量不高、缺乏面对面目光接触、传输延迟等,但视频会议发展得非常迅速。随着技术的发展,这些常见问题正在逐渐得到解决。例如,增强图像清晰度使成员更容易达成沟通。再者,一些应用工具开始提供高清晰度(HD)视频和高速传输功能(高达 1Gb/s),解决了传输延迟问题。通常情况下,当两个以上地点的团队成员在参与视频会议时,屏幕被划分成若干个小图像,用户难以分辨谁在发言。这时,可在每个地点分别设置屏幕,并调节扬声器的方向,使会议交谈和互动达到更好的效果。

(2) 音频会议通过标准的远程电话线路连接多个团队成员。视频会议和 Web 会议主要用于组织内部通信,音频会议主要是用于外部通信。多点音频会议通过电话网络桥接设备连接各个成员。每个网桥具有多个端口,团队成员可以通过这些端口接入。

(3) Web 会议支持在线上参加会议的团队成员进行 PC 桌面应用的共享,如共享白板和桌面应用程序等。随着网络基础设施的普及,Web 会议可以通过视频流共享报告和文档。Web 会议发展速度比传统的视频和音频会议快。单向 Web 会议支持某个成员给多个成员提供信息。双向 Web 会议则支持团队成员实时地交互会议内容。许多著名企业开始开拓 Web 会议市场,如 WebEx 通信公司、IBM 公司、微软等。安全管理是 Web 会议技术领域的难题,特别是当团队成员来自不同的团队,并有各自的防火墙时。

总体而言,在会议应用领域的发展有两种趋势:一种是整合,即视频会议、音频会议和 Web 会议都将会被集成到一些多功能的产品中。例如,微软推出的企业 Web 会议产品中就提供了视频会议功能。另一种是融合,即将网络通信应用(如即时消息)和音频会议合并。例如,IBM 和微软推出的产品就结合了即时消息与网络会议。

3. 团队协作应用

团队协作技术的应用很多，包括团队日程系统、协作项目管理系统、工作流系统、协同创作系统等。

团队日程系统，也称为时间管理系统。团队日程系统支持团队成员通过访问一个共享的组织日程或某个日程来规划自己的日程事件。团队日程工具需要解决的两个主要问题是如何保证成员日程应用的私密性和准确性。

协作项目管理系统支持团队在完成一个项目的时候对项目实施中的各个步骤进行跟踪和调整。虽然很早就有学者研究项目管理理论，但协作项目管理是刚刚出现的新技术。具体来说，由于传统的项目管理软件通常应用于单一地点、单个项目，而对于分布式项目和团队支持较少。项目管理应用软件厂商必须重新考虑使自己产品具有协作支持的能力。虽然目前 Microsoft Project 等项目管理软件支持通信活动，但未来的合作项目管理应用中，不仅应该提供信息共享支持，还应支持在同一项目中进行互动谈判、任务和资源分配、工作调度和协调等功能。

工作流系统与团队协作直接相关，支持商业过程中的任务和文档管理。协同创作系统可以提供异步/同步的支持。协同创作工具可以帮助作者规划和协调创作过程。该领域最近的一个新兴的研究方向是基于"维基"（wiki）的协同创作。"维基"是一种支持使用任何浏览器的团队成员进行 Web 内容创建和编辑的软件。

7.1.2 通信支持工具

协作是人类社会活动的固有特性，人类很早就开始有协作生产的实践活动。随着通信技术的普及，协作的发展突破了空间限制，使处于不相同位置的个体可以进行协同工作。借助通信技术的发展，将需要协作的信息传递给不同地域的决策者，以提供一种协同工作环境。通信驱动的协作环境为在时空分散的决策者提供了一个"面对面"的远程协作环境，支持多个时间上分离、空间上分散而工作又相互依赖的组织成员协同工作。现在，通信驱动的决策支持系统已经成为决策支持系统领域的研究热点，这种类型的决策支持系统具有十分广阔的应用前景。

通信驱动的决策支持系统使用网络和通信技术，以促进与决策有关的交流和协作。在这些系统中，通信工具是主要的基础构件。通常使用的通信支持工具包括电子公告板、电话会议、视频会议和即时消息系统。一般情况下，公告板、音频和视频会议是通信驱动的决策支持的主要技术。随着网络技术的发展，基于互联网协议的语音和视频通信技术大大提高了同步通信驱动的决策支持系统应用的可能性。

1. 电子公告板

电子公告板（Bulletin Board System，BBS），即电子公告板系统，是 Internet 上的一种电子信息服务系统，是为用户提供了一个公用环境，以发送消息、读取通告、参与讨论和交流信息。它提供一块公共电子白板，每个用户都可以在上面书写，可发布信息或提出看法进行协商。传统的电子公告板是一种基于 Telnet 协议的 Internet 应用，它是一种发布并交换信息的在线服务系统，可以使更多的成员通过基于网络的公告板系统得到丰富的信息，并为其成员提供进行网上协商、发布消息、讨论问题、传送文件、学习交流的机会和空间。

电子公告板的主要功能有以下四项：

（1）供用户选择若干感兴趣的问题组和讨论组。

（2）定期检查是否有新的消息发布。

（3）发布供他人阅读的消息。

（4）发表对成员消息的评论。

2. 电话会议

电话会议是指在不同地方的与会者，通过固定电话、移动电话或计算机等终端设备，基于 Internet 的语音传输所进行的实时会议，达到传统的"面对面"会议的目的。

传统会议的召开方式要求参加会议的所有人员必须面对面地坐在一起才能进行。电话会议的出现，打破了传统会议在时间上和空间上的局限性，成员无论何时何地，只要有固定电话、移动手机或是计算机终端等设备在身边，就能召开或参加会议，及时地与其他成员进行协商和协作，迅速做出正确的决策。

电话会议是使用网络通信辅助手段的会议系统，它有各种各样的定义，如数据会议、音频会议和 IP 网络会议等。从技术角度上讲，电话会议的发展大致经历了基于公用电话交换网的电话会议系统、基于专线和专网的电话会议系统、基于 Internet 的多种业务于一体的网络会议和服务系统三个阶段。

3. 视频会议

视频会议系统（Video Conference），通常又称之为电视会议、电视电话会议，是指两个或者两个以上不同地方的成员或者是群体通过传输线路及多媒体设备，将声音、影像及数据互传，达到即时互动沟通的一种通信系统。视频会议能够使地理上分散的用户在网络上通过视频、声音、文本等信息流进行交互式交流。随着网络技术和通信技术的不断发展，基于网络的多点视频会议系统由于其成本的低廉、交互性强大、多点共同参与的特点成为了人们通过远程进行会议交流、协作的理想选择。

通常，视频会议系统的功能包括：

（1）支持即时和预约会议模式，并在预约会议模式下支持通过即时消息工具向成员发送会议邀请功能。

（2）多路视频通信。

（3）支持语音通信功能。

（4）支持电子白板、文字交流功能。

（5）支持文件共享、传输功能。

4. 即时消息系统

即时消息（Instant Messaging，IM）指应用计算机网络平台上的实时交互方式，利用点对点的协议，实现即时的文本、音频和视频交流的一种通信方式，它可以实现两个或多个用户之间快速、直接的交流。目前即时消息系统主要有两种：一种是面向个人的即时消息系统（Personal Instant Messaging，PIM），另一种是面向企业的即时消息系统（Enierprise Instant Messaging，EIM）。随着社交网络的发展，即时消息系统用户规模不断扩展。根据腾讯公司 2014 年发布的数据，国内最大的即时消息系统 QQ 的月活跃账户达到了 8 亿户，另一款产品——微信的月活跃账户也达到了 4 亿户。

即时消息系统的主要功能包括：

（1）及时、高效地通信。

（2）可按照组织的结构方式呈现，且支持成员和组织结构的排序。

（3）即时信息发送与接收，可多人会话，群发广播通知，统一的信息管理。

（4）文件收发、传输功能。

（5）支持语音、视频交流，具有电子白板和截图功能。

（6）支持灵活的定义群组及发起讨论。

7.2 群决策理论

随着分布计算和网络计算技术的迅速发展，分析、决策用的知识、模型、数据等不再集中于一台机器上，而是分布于网络上的不同地区、不同部门。开放性和复杂性对决策支持系统提出了新的挑战。在分布环境下，人们工作的协作性、交互性和分布性成为目前研究的重点。对决策支持系统而言，基于协作的群决策支持系统成为新的趋势。

群决策支持系统指的是"一个基于计算机的系统，通过让一组决策者们以群的形式一起工作，使非结构化的、难以决策的问题更易于解决"，它作为计算机支持的协同工作的分支，是一个较新的、具有巨大发展前途的研究领域。另外，作为人工智能领域的研究热点——Agent，已融入计算机领域的各个方面。面向 Agent 的系统正致力于解决传统方法不能解决的问题，如开放性、复杂性和资源的分布性、异质性和动态性等。因此，多 Agent 技术为协作驱动的决策支持系统的开发和实现提供了新的方法。

7.2.1 群决策的概念

随着社会和经济的发展，许多决策问题变得越来越复杂，而每一个人对客观世界的观察、认识和理解，总与个人的文化背景、知识结构、社会地位及能力等因素密切相关。各种制约因素使得个体对客观世界的认识，不可避免地带有很大的局限性，因此重大问题的决策由单个人来做出将是十分危险的。要克服个人认识上的盲区，减少对决策可能产生的不利影响，提高决策水平，就需要邀请多人参与决策过程。这种由多人组成的群体所进行的决策称为群决策。不同的人对客观世界的认识总是有差异的，多人的相互作用可以大大减少对客体认识上的盲区。因此群体决策能够增加决策的科学性。

人们从不同角度给予群体决策定义和解释：① 从领导科学角度认为，群体决策是指由领导群体按照一定的原则、体制和工作程序，共同讨论解决涉及全局性的重大问题。② 从控制角度又认为，群体决策是信息、智囊、执行、监督、反馈等各群体成员都应参与决策，并发挥相互联系和制约的作用。③ 从系统工程角度认为，方案、状态和损益值是群体决策的基本因素，决策分析就是研究这三者的数量关系和性质，根据某种准则进行综合分析，以期在重重矛盾中确定最佳选择。④ 从多目标决策角度认为，群体决策往往是多目标决策，即存在着若干个相互矛盾的目标，也就是说，目标函数不是单目标函数，而常常是多目标函数，经常是一个目标达到最优状态，另外的目标达不到最优状态，每个目标都达到最优状态的多目标函数几乎是不存在的。因此，在决策过程中经常是逐步寻优，或者不是最优决策，而是寻求满意决策。⑤ 从组织行为角度认为：一组有才能的人不一定能成为一个有能力的群体。群体中的个体有自己的个性，由于他们的参与，会使组织朝好的或坏的方向发展。群体决策应建立在这样的基础上，即引导群体产生有效的工作。换言之，应基于把成员看做向量，将偏离目标方向的分量尽可能减少或改变其方向，强化目标方向分量。因此，应提供一个结构化的控制决策过程的框架，即方案的评价指标、选择合适的偏好评价算法，搜索最终解或折中方案。

美国的罗斯威伯通过实验证明，同个体决策相比，群体决策的正确率较高，误差率较小，但需要花费更多的时间，因而降低了平均效率。从决策的创造性方面看，个体决策不受其他意见的影响和制约，个人的创造性更容易发挥出来，在处理一些突发的或结构不清楚的问题时，个体决策的作用较为明显。对那些任务明确、执行程序清楚的决策问题，特别是关系重大、责任重大的决策，由集体进行决策更为适宜。

一般认为，群决策的优势在于以下四方面：

（1）由于群体有广泛的社会背景，各成员在不同领域各有所长，因而能从多方面对问题进行完备细致的分析，并就如何解决问题，提出多种建设性意见避免了片面性。

（2）决策群体使权力有所分散，这就消除或削弱了独断的现象，使决策更加民主化，充分反映受该决策影响的所有人员的愿望和要求。

（3）由于各执行部门管理人员参与决策，使得策略的制定与贯彻实施能相互协调，从而保障了策略的顺利执行。

（4）在群决策支持系统（Group Decision Support System，GDSS）的支持下，群体对问题的研究理解将会进一步加深。GDSS 是在决策支持系统基础上发展起来的，支持群决策过程的信息系统。GDSS 促进了群体的参与意识，使各成员能够充分发挥其主观能动性，同时也避免或削弱了集权现象，有利于成员的创造性发挥。研究普遍认为，引入 GDSS 能增强群体参与性，而且多数观点认为参与性增强能削弱权威优势，使各成员畅所欲言，减少失误，提高决策质量，增强决策的可接受性与群体对结论的满意度。

7.2.2 群决策的表示

群体决策是一个包含成员集、对象集、方法集、方案集、协同集的五元组，即 GDS $= \{M, O, W, S, C\}$，其中：

（1）M 表示成员集，是群体决策的 Agent。

（2）O 表示对象集，包括环境、问题、目标。

（3）W 表示方法集，指群体决策理论、采用的方法和手段。

（4）S 表示方案集，指所有可能选择的决策方案。

（5）C 表示协同集，指决策过程中采用的控制机制和协调策略。

这一定义表明，群体决策是一定组织形式的群体决策成员，面对共同的环境，为解决工作中存在的问题并要达到一定的目标，而依赖一定的决策方法和方案集，按照预先制定的协同模式进行的决策活动。再进一步分析，一定组织形式群体决策成员通常有分工和职权层次或权重的不同，他们在决策的某些环节可以是平等的，而在另一些环节可以是不平等的。决策是决策成员和决策对象的相互作用，这些作用主要通过问题和目标体现，而问题和目标通常有轻重缓急、实现的时间先后等属性。方法集说明既可以是人工会议和手工作业的方式，也可以是借助现代工具如电子会议、计算机支持的协作工作（Computer Support Cooperative Work，CSCW）的方式，而先进的方式应该是基于 GDSS 环境的人-机结合方式。显然，方法集的引入使群体决策的含义扩展了，"群"不仅指多成员和多目标，而且意味着多手段和多方法。方案集可以被认为是一种约束，限制成员随意的发挥，也是向心力的一种体现。方案集是长期工作形成和总结出来的，当然，也是不断地完善和更新的。方案集往往伴随有评价集，评价集的限制较小，以便发挥决策成员的主观能动性。协同集则体现五元组中四元的关系，通过协同集将四元组有机联系起来，形成一个动态系统，通常包括规则、条例和章程等。群体决策五元组可以被认为是群体决策的基本要素，也是建立 GDSS 的出发点。

此外，从系统工程的观点，群体决策是在问题维 QD、成员维 MD 和过程维 PD 的三维空间活动，如图 7.1 所示。

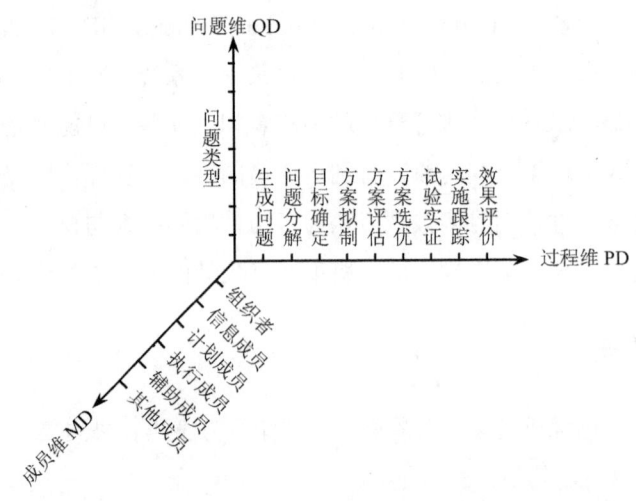

图 7.1　GDSS 三维空间活动图

（1）过程维 PD（Process Dimension），PD 是解决问题的逻辑过程。图 7.1 所示的群体决策三维空间中，过程维扩充了问题分解和决策效果评价。生成问题后，进行问题分解。所谓问题分解是为了将问题转化为多个个体决策，使得各个 ID（Individual Decision-maker）从不同角度面向决策问题。整个过程中，至少应该有三个综合点：第一个综合点是目标确定，应对解决问题的目标进行决策；第二个综合点是决策方案的确定，包括对多个 ID 结果进行评价、排队选优；第三个综合点是决策效果评价。群体决策过程的每一阶段称为决策步，并可视为子决策。

（2）成员维 MD（Member Dimension），MD 指群决策所涉及的成员。根据领导体制的不同，决策参与成员的关系也不相同，但可以抽象为几种角色：组织者、信息成员、计划成员、执行成员、辅助成员和其他成员。不同的决策问题，角色基本不变，但具体人员往往有一定的变化。而且不同的决策问题，各角色的权值也可能变化。通常由最高权威的决策成员担当组织者，其更多地面向整体完成协调和裁决功能。对于一个具体的决策，成员的分工、权重分布以及成员间的信息关联必须确定。

（3）问题维 QD（Question Dimension），QD 是一个机构遇到的和将要遇到的问题集合。显然 QD 是一个无穷集。对于具体问题产生具体的决策，相当于决策序列中的一个特例。然而，对于出现的任何问题不可能按照同一种模式走下去，这是结构化问题和非结构化问题的分界线，即对于已有处理模型和评价指标的问题便是结构化问题，反之，需要重新建立模型以及评价指标的问题便是非结构化问题。

7.2.3 群决策的类型

根据社会背景的不同，群决策类型可以分为合作型群决策、非合作型群决策和个体决策三种。

1. 合作型群决策

在合作型群决策中，决策成员有着共同的总体目标，根本利益是一致的。决策者以一种友好的、信赖的态度希望达到共同的目标，他们共同承担责任。常见的是成员代表的团体是群体中的不同机构或具有不同的分工，成员之间的分歧与争执是由偏好或掌握的信息不同而引起的，可以通过磋商、解释得以统一；至少他们遵循统一的组织原则（如少数服从多数、下级服从上级），往往由最高权威的决策成员担当组织者，实行最后的仲裁。现实中的群决策主要是合作型的，并且人们认为，GDSS 在合作型群决策中能发挥很好的作用。

2. 非合作型群决策

非合作型群决策是指决策成员代表各自团体的利益，为某种共同的需要而组成的群体，对一些共同涉及的问题进行决策。例如，经贸联合体、国际事务磋商，也包括一些集团公司的重大问题决策。这样的群体中，每一个团体的根本出发点是维护自己的利益，尽管也会有让步和做出一些牺牲的现象，但最终目的是要取得自己满意的决策。因此，每一个团体有各自的决策结果，决策者扮演着对手或争论者的角色，冲突和竞争是常见的现象，形成的决策很难从技术的角度发挥作用。但问题是合作型与非合作型很难严格区分，合作型群决策常常含有非合作型群决策的成分，GDSS 可以从交流手段和信息方面提供一些支持，而非合作型群决策的关键活动——冲突消解，则主要是靠人工处理和一定的协议约束。也有人认为非合作型群决策是合作型群决策的推广，因此，一个 GDSS 不应将非合作型群决策排除在外。

3. 个体决策

个体决策在此指个体决策者在群决策环境中活动。在只有一个人的群决策局势中，某个特定的决策者最终做出决策并对其行动负责。然而，这个决策仍可看成是集体的，原因是存在一个包围着这个决策者的复杂的影响网。事实上，决策组织中其他参与者可以支持、也可以反对这个决策。于是，还应分析那些间接地卷入到决策过程中的人的态度和行为。ID 可以有两种形式存在：第一，群体环境中，对一个问题委托某一个体全权处理；第二，对同一问题分别或冗余地处理，这种情形可看做合作型群决策的并行化预处理。

7.2.4 群决策的方法

1. NGT 法

NGT 法（Nominal Group Technique，NGT）是支持群体工作的最早方法之一，该方法包括群决策过程的一系列活动：① 产生问题解决意见；② 将列出意见公布出去；③ 群体有顺序地讨论意见；④ 认真地排列出意见的优先顺序；⑤ 讨论优先顺序；⑥ 认真地重新排序，给出优先顺序的值；⑦ 重复第⑤、⑥步骤，直到群体满意为止。

NGT 在产生大量高质量的信息等方面，优于常规的讨论。NGT 法的成功在很大程度上取决于对决策参与者的训练。另外，该方法不能解决群体决策过程中某些不良行为，如成员害怕讲话、会议计划和组织较差、缺乏适当的折中分析等。

2. 德尔菲法

德尔菲法（Delphi Method）是另一个早期应用的群体决策技术，可用于管理专家群体的决策过程。德尔菲法的目的是消除群体成员之间交互时可能产生的不良效果，专家们不必面对面地交流，不必知道其他专家是谁。该方法的决策过程为：各专家提供各自关于决策的意见以及支持其意见的论述和假设，这些意见递交给协调者，由他摘要、处理原始数据，再将这些意见匿名反馈给所有专家，并给出第二轮问题。反复多次征询意见，背靠背地交流，意见不断变得更集中，直到小组成员的意见达成一致。

德尔菲法具有以下三大特征：

（1）资源利用充分性。由于吸收不同的专家参与决策，充分利用了专家的经验和学识。

（2）最终结论的可靠性。由于采用匿名或背靠背的方式，每一位专家能够独立自由地做出自己的判断，不会受到其他繁杂因素的影响。

（3）最终结论的统一性。决策过程必须经过几轮的反馈，使专家的意见逐渐趋同。

正是由于德尔菲法使用匿名、多次意见反馈方法以及代表分散和群体通信的机制，才有益于群体讨论与决策。这种方法的优点是简便易行，具有科学性和实用性，可以避免会议讨论时产生的害怕权威、随声附和或是固执己见等弊病。同时也可使决策成员发表的意见较快收敛，在一定程度综合意见的客观性。

3. AHP 法

层次分析法（The Analytic Hierarchy Process，AHP），是将与决策有关的元素分解成目标、准则、方案等层次，在此基础之上进行定性和定量分析的决策方法。该方法是美国运筹学家匹茨堡大学教授萨蒂于 20 世纪 70 年代初，应用网络系统理论和多目标综合评价方法，提出的一种层次权重决策分析方法。这种方法的特点是在对复杂的决策问题的本质、影响因素及其内在关系等进行深入分析的基础上，利用较少的定量信息使决策的思维过程数学化，从而为多目标、多准则或无结构特性的复杂决策问题提供简便的决策方法。尤其适合于对决策结果难于直接准确计量的场合。层次分析法的步骤如下：

（1）通过对系统的深刻认识，确定该系统的总目标，弄清规划决策所涉及的范围，所要采取的措施方案和政策，实现目标的准则、策略和各种约束条件等，广泛地收集信息。

（2）建立一个多层次的递阶结构，按目标的不同和实现功能的差异，将系统分为几个等级层次。

（3）确定以上递阶结构中相邻层次元素间相关程度。通过专家打分构造比较判断矩阵并经过矩阵运算，确定对于上一层次的某个元素而言，本层次中与其相关元素的重要性排序，即相对权值。

（4）计算各层元素对系统目标的合成权重，进行总排序，以确定递阶结构中最底层各个元素在总目标中的重要程度。

（5）根据分析计算结果，考虑相应的决策。

层次分析法的整个过程体现了人决策思维的基本特征，而且将定性分析与定量分析相结合，便于决策者之间彼此沟通，是一种十分有效的系统分析方法，因此被广泛应用在 GDSS 的开发中。

7.3 群决策支持系统

群决策支持系统是在决策支持系统基础上发展起来的，是传统决策支持系统的重要拓展，目前已经成为决策支持系统的重要形式。

7.3.1 群决策支持系统的概念

1. 群决策支持系统的概念

随着社会和科学的进步，个人决策逐步向群体决策发展，发挥群体决策的作用。例如对长远发展的重大决策，个人决策局限很大，需要群体决策来解决。支持群决策的 GDSS 也随之得到发展。

群决策是一个涉及不同成员、时间、地点、通信方式及合作技术的复杂系统工程。为了高效和正确地做出群决策,仅仅利用传统的手工作业和面对面会议的方式是不够的,决策者们迫切需要有好的支持系统来辅助他们进行群决策。正因为如此,以计算机技术和现代通信技术为基础的群决策支持系统(协作驱动决策支持系统)应运而生。

群决策支持系统概念的出现最早可追溯到 20 世纪 70 年代,但是直到 20 世纪 80 年代初期,才涌现出一些利用计算机技术支持群行为过程的探索性研究。在 1987 年,Tang 发表了专著《A Group Decision Support System for Cooperative Multiple Criteria Group Decision Making》,这一专著对群决策支持系统的研究起到了先导的作用。20 世纪 90 年代以后,群决策支持系统的研究和应用取得了可喜的进展,许多大学和研究机构,如美国亚利桑那(Arizona)大学、明尼苏达(Minnesota)大学、佐治亚(Georgia)大学、印第安纳(Indiana)大学等都先后建立了自己的群决策支持系统实验室,从群决策支持系统对群成员的协同支持程度、群决策支持系统对群决策成员决策的影响等多方面进行研究;而一些大型企业和组织,如波音、IBM 等,已将群决策支持系统投入使用,并取得了较好的成效。

对于群决策支持系统的概念和理论,曾有过两种最具代表性的思想。一种是以 Desanctis 为代表的社会科学方法,该方法基于人们在群中工作的、社会的和认知的理论来确定最有效的支持工具,认为群决策支持系统是辅助联合工作协作解决非结构化问题的交互式计算机系统;另一种是以 Huber 为代表的工程方法,研究人们如何在会议中交互,并开发改进群交互效果和效率的工具,其将群决策支持系统定义为向参加决策会议的群提供支持的系统,主要功能是支持群信息检索、信息分享和信息使用。应该说这两种思想从不同的角度对群决策支持系统进行了描述,各具优势和不足。迄今为止,虽然对群决策支持系统的概念还没有一个统一的定义,但通过综合上述两种观点,可以认为群决策支持系统将通信技术、计算机技术和决策理论结合在一起,促进具有不同知识结构、不同经验的群体,在决策会议中对半结构化和非结构化问题求解,最大限度地减少决策过程中的不确定性,提高决策的质量和效率。其目标是消除群的通信障碍,提供结构化决策分析技术,改善群决策过程,指导群讨论的内容、时间和模式,以提高决策的效率和质量。与一般决策支持系统一样,群决策支持系统强调发挥决策人员的经验、判断力和创造力,但它并不能代替决策人员做出决策,而只能通过技术手段使决策过程更加可靠,决策结果更为正确。

2. 群决策支持系统的特点

1)协作性

群决策支持系统的最大特点就是支持群成员的协同工作。在群决策支持系统控制下的决策过程，应该充分体现群活动的各个要素与方法，包括等级、体制、约束条件、分工合作、信息沟通等。并且，群决策支持系统对群活动的支持应该是超越时空限制的，即使群决策成员处在不同的时间和地点，也都可以通过群决策支持系统实现决策行为。

2）支持性

群决策支持系统的另一个重要特点就是对群决策行为各个方面的支持，如对信息交流的支持，对改善群决策过程的支持，对群协同工作的支持，对非结构化问题求解的支持，对控制有害冲突的支持，等等。群决策支持系统所提供的支持从技术上可以分为如下三个层次。

第一层次的群决策支持系统主要提供过程支持，其目的是减少或消除通信障碍，通过改进信息来改善决策过程。主要的支持项目有：

（1）群成员之间的电子信息交流。

（2）连接各群成员终端的网络、协助者和数据库。

（3）为所有群成员提供信息的公共屏幕或中央大屏幕。

（4）匿名投票、匿名表决和无记名意见。

（5）投票统计、显示概要信息和投票结果。

（6）电子会议。

第二层次的群决策支持系统主要提供决策技术支持，其目的是使决策过程结构化，通过提供建模支持和决策分析的方法来支持减少群决策中的不确定性和"噪声"，改善决策结果。如财务模型、概率评估模型、资源分配模型和社会判断模型等。

第三层次的群决策支持系统提供次序规则支持，它融合了第一层次和第二层次的技术，加入了控制群决策过程的次序规则，由计算机根据规则启发、指导信息通信和决策行为，包括控制决策行为时间、决策内容和信息交流形式等。

3）集成性

群决策支持系统是一类为特殊用途而设计的信息系统，集成了多门学科知识和多项科学技术，主要包括：计算机技术、多用户系统技术、多媒体技术、数据库技术、通信技术（包括电子信息交换技术、局域网技术、Internet技术等）、决策支持技术（包括决策过程控制、分析与预测技术、决策模型技术、决策室技术等）以及组织行为学知识（包括群行为模式、团队管理、冲突处理方法和谈判方法等）。

4）开放性

群决策支持系统在技术层次上要高于一般的信息管理系统，其系统设计更为复杂，而且面向一个包含个体差异的、开放的决策群体，集成了多个领域的技术。这就要求群决策支持系统应该被设计成为开放式的、易扩充的系统。

5）交互性

群决策支持系统是用来辅助人进行决策的，因此强调人的因素，为了使决策成员能够在最友好、最自然的环境中工作，群决策支持系统必须提供充分的交互支持，除了人-机交互，还包括人-人交互和机-机交互。群中某个决策成员提出的问题、方案、评价等都能够通过群决策支持系统迅速地传递给其他成员，通过计算机多媒体技术，甚至还能将决策成员的语言、表情、行为等反映出来，使其他成员如身临其境一般。

3. 群决策支持系统的类型

根据群决策信息交互的时间特性，群决策支持系统可以分为同步和异步两种；根据群信息交互的空间特性，群决策支持系统又可分为集中式和分布式两种。将两者进行组合，则可形成同步－集中、异步－集中、同步－分布和异步－分布四种情况，与此相对应也就形成了四种类型的群决策支持系统。

1）决策室

决策室是一种支持群体决策活动的特殊电子会议室，在会议室中装备了各种硬件和软件工具，硬件工具包括相互连接的服务器、终端显示设备、电子大屏幕以及投影设备等；软件工具包括数据库、决策分析和计算模型、绘图程序包和表决工具等。通过这些工具，决策成员在各自终端，可以查询服务器上的数据库，调用计算模型，或将自己的决策方案显示在公共屏幕上。决策室环境下的决策过程一般都具有一定的时间限制，而且决策成员都被集中在会议室中，可以进行面对面的交互。因此决策室是同步—集中式群决策支持系统。

2）工程室

工程室与决策室不同的地方在于，提供了更强的信息检索和信息共享功能。决策成员可以随时访问工程室，查询决策活动的进度，输入自己的意见。在工程室决策环境下，决策群基本上都位于同一地点，但由于各种原因不能同时参与决策，而且决策活动的持续时间一般都较长。因此工程室是异步－集中式的群决策支持系统。

3）远程会议

远程会议是指将两个或两个以上的决策室通过视频和通信系统连接在一起，利用电视会议支持群协作决策活动。决策成员在地理上可以是分散的，但是他们可以通过电视会议同时参与决策。因此远程会议是同步－分布式的群决策支持系统。

4）远程决策

远程决策是指利用远距离通信设备将各决策辅助工具连接在一起，使地理上分散的群成员通过远程"决策站"之间的持续通信，参与持续时间不定的问题求解和决策活动。在远程决策环境下，如果某个决策成员要发起群决策，则需要把决策问题通过网络通信系统通知给其他成员,每个成员通过本地工作站或终端接收和发送信息,参与决策操作,关注决策进程和决策结果。由于在远程决策环境中决策成员无法进行面对面的交互,因此群决策支持系统必须为决策群提供更为强大的交流和沟通手段。例如,电子邮件系统、语音信箱、可视电话等。可以看出,远程决策是异步-分布式的群决策支持系统,其所支持的决策活动可以超越时空的限制,因此这种类型的群决策支持系统必须借助电子网络作为通信媒介,当决策群的地理位置相对较近时,可采用局域网;当决策群的地理位置相对较远时,可采用城域网和广域网。近年来,随着 Internet 和 Intranet 技术的飞速发展,基于这两种技术的远程决策已经成为群决策支持系统的发展方向。

7.3.2 群决策支持系统结构

1. 群决策支持系统的组成

群决策支持系统的基本组成包括人、硬件平台、软件系统和规程四个部分。

1)人

"人"指参与决策活动的所有成员。由于决策活动有些是单独进行的,有些是集体进行的,因此决策成员也可以被大致分为两种角色,一种是负责全局性活动和最终裁决的决策主持者,另一种是在各自的分工范围内进行活动的一般决策成员,如信息成员、计划成员、执行成员等。一个群决策支持系统的决策群中至少包含一名决策主持者和若干名一般决策成员。

2)硬件平台

硬件平台包括计算机、网络通信设备、多媒体设备、图形设备、打印设备等。群决策支持系统的硬件平台一般都采用分布式结构,以适应多人活动的需要。

3)软件系统

软件系统是群决策支持系统的核心,驻留在分布式的硬件平台上,提供决策支持工具。群决策支持软件系统由以下四个不同层次的部分组成:

(1)基础平台,包括操作系统、数据库工具软件、网络软件、算法语言和开发工具等。是群决策支持系统软件系统的基础。

(2)基础库,包括数据库、模型库、知识库、图形库和问题库等一系列群决策支持系统的支持库。问题库存放决策问题和由此产生的决策目标;模型库存放支持决策的各种模型和方法;数据库和图形库分别存放决策所需的信息、数据和图形。

(3)控制软件,包括各种库的管理系统、通信系统及决策控制系统等。库管理系统用做库的操作和维护工具;通信系统则建立在通信软件的基础上,实现各个分布节点间的格式转换、消息传播和信息共享;决策控制系统实现系统的启动、响应和状态监视,并根据执行规则,调度和指挥决策过程。

(4)交互平台,包括图形交互系统、语音交互系统、实时信息交互系统、命令解释执行系统等,主要通过人-机界面实现对决策成员的引导,提供操作手段,是人与群决策支持系统的接口。

4)规程

规程是对群协作决策行为的限定规则和协调策略。规程包括静态和动态两部分,静态部分包括规则、条例及决策环境的相关定义等;动态部分则包括决策活动的执行计划、条件和章程等。

2. 群决策支持系统的系统结构

群决策支持系统的一般结构如图 7.2 所示。

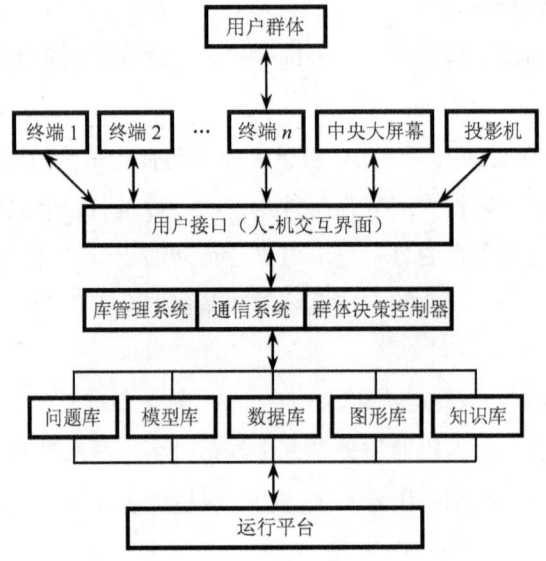

图 7.2 群决策支持系统的一般结构

可以看出,群决策支持系统的系统结构是常规决策支持系统的扩展,扩展的内容包括:

(1)用户接口呈分布式,设置了多个终端和 I/O 设备,提供多维的信息交互手段。

(2)增加了群体决策控制器,具有协调群行为的能力,如安排会议议程等。

(3)增加了通信系统,方便决策参与者之间进行交流。

(4)加强了模型库的功能,如增加了投票、排序、分类评估等功能,为实现达成一致的决策提供了方便。

3. 群决策支持系统的运作过程

群决策支持系统的运作过程就是群决策支持系统对决策活动的支持过程,是决策结果的产生过程。它既需要决策群的紧密合作,又需要群决策支持系统各功能模块的协调运作。群决策支持系统的运作过程主要包括以下步骤:

(1) 群决策控制器初始化各个功能模块,确保系统工作状态正常,网络通信畅通。

(2) 主决策成员根据问题制定目标,进行问题分解,并向决策群发布问题和任务。

(3) 决策成员针对自己要解决的问题查询群决策支持系统问题库,获取问题求解方法。

(4) 根据问题求解方法,决策成员访问群决策支持系统模型库,调用相关模型。

(5) 决策成员访问数据库获取模型运行时所需的数据信息。

(6) 决策成员通过控制执行模型的组合运算,根据运算结果,独立形成决策方案。

(7) 各决策成员将决策方案通过通信系统提交给主决策成员,或其他决策成员参考。

(8) 主决策成员汇总各决策方案后,形成方案集,并将方案集及评价指标发布给决策成员。

(9) 决策成员在群决策支持系统辅助下对方案进行评价和优选,形成方案的优劣排序,并再次提交给主决策者。

(10) 主决策者根据优选结果,进行方案的综合评价,确定最优方案,并组织决策群进行反馈与总结。

(11) 决策群根据反馈意见和总结结果,重复上述步骤,修改决策结果,直至决策达到最大限度的有效性和满意程度。

4. GDSS 与决策支持系统的关系

从系统集成的角度看,GDSS 可以被理解为在多个决策支持系统和多个决策者的基础上进行集成的结果,即 GDSS 是集成多个决策者的智慧、经验以及相应的决策支持系统组成的集成系统,它以计算机及其网络为基础,用于支持群体决策者共同解决半结构化的决策问题。

图 7.3 给出了一种由分散、松耦合的决策群体组成的协作式问题解决方式。在实际领域中,当将问题提供给各决策支持系统后,由它支持决策者做出各自的决策。个体的决策进入 GDSS 系统,由组织管理者对各自的决策通过 GDSS 进行综合分析和集成,形成决策结论,再将该决策结论反馈到实际领域问题中去。因此,GDSS 是决策支持系统在应用范围、空间广度和功能上的拓展,并以决策支持系统的功能和技术为依托,GDSS 更多涉及决策者之间决策通信、决策仲裁与决策过程控制等新问题。

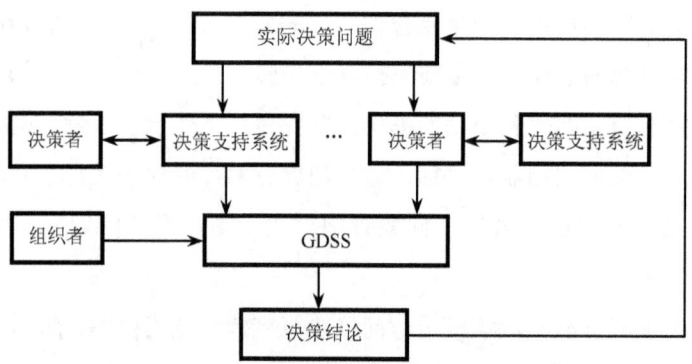

图 7.3 GDSS 与决策支持系统关系图

7.3.3 基于 MAS 的群决策支持系统

群决策支持系统以分布式的网络环境为支撑，面向协作式的决策问题进行求解。分布式人工智能（Distributed Artificial Intelligence，DAI）的研究，特别是多 Agent 系统（Multi-Agent System，MAS），在传统人工智能基础上增加了分布性和并发性，为协作式问题求解提供了新的思路，为群决策支持系统的设计与实现提供了新的方式。

1. Agent 的概念

Agent 的概念源自人工智能（AI）学科。早期的人工智能研究主要基于物理符号假设的思想，其主题是智能任务可以通过对问题的符号化内部表示进行操作的推理过程来完成，推理过程及内部表示构成了 Agent 的最初轮廓。随着硬件水平的提高和计算机科学理论的进一步完善，Agent 的能力不断加强，能模拟人越来越多的思维和行为。20 世纪 70 年代末，人工智能研究者又开始了合作、分布的多 Agent 系统的研究工作。近年来，在软、硬件领域，并行计算和分布处理技术的研究都取得了很大进展，使得早期研究者探索的一些 Agent 问题已在许多新领域广泛展开，如分布式人工智能、机器人学、人工生命、分布式对象计算、人-机交互、智能和适应性界面、智能搜索和筛选、信息检索、知识获取和终端用户程序设计等。

各种各样 Agent 的出现，使得在术语使用上存在混乱，目前学术界仍没有对 Agent 的确切含义达成一致意见。例如，某些程序被称为 Agent 仅仅是因为它们能够被预先调度并能在远程机器上完成任务（类似于早期一个主框架中的批处理工作）；某些程序是因为它们在完成低级计算任务的同时能够用高级程序设计语言编程；某些程序是因为它们抽象或封装了信息源或计算服务之间不同的细节；某些程序是因为它们实现了一个基本的或多个"认知功能"；某些程序是因为它们显示了分布智能的特性；某些程序是因为它们在人与程序之间起着中介职能;某些程序是因为它们起着"智能助手"的作用;某些程序是因为它们能够以自引导的方式在计算机之间移动;某些程序是因为它们以可信任的特点出现;某些程序是因为它们"说"一种 Agent 通信语言;某些程序是因为它们具有意图、心智状态等性质。由于存在多种理解,所以关于 Agent 的定义也是多种多样,下面介绍理想 Agent、智能 Agent 和软件 Agent 三种定义。

1) 理想 Agent

人工智能的本质是研究如何制造出人工的智能机器或智能系统,来模拟人类智能活动的能力,以延伸人的智能的科学。人类智能活动的能力一般是指人类在认识世界和改造世界活动中,由脑力劳动表现出来的能力,具体概括如下:

(1) 通过视觉、听觉和触觉等感官活动,接受并理解文字、图像、声音、语言等各种外界的自然信息,即认识和理解世界环境的能力。

(2) 通过人脑的生理、心理活动及有关的信息处理过程,将感性知识抽象为理性知识,并能对事物运动的规律进行分析、判断和推理,即提出概念,建立方法,进行演绎和归纳推理,做出决策并可能影响外部世界的问题求解能力。

(3) 通过教育、训练和学习过程,日益丰富自身的知识和技能,即学习能力。

(4) 对变化多端的外界环境,如干扰、刺激等作用,能灵活地做出反应,即自我适应能力。

(5) 能与其他人合作,解决单个人无法解决的大型复杂问题,即协作能力。目前,随着 Agent 概念的发展,人工智能研究者认为理想 Agent 应当具有上述五种智能,正如著名的 AI 学者 Hayes Roth 在一篇报告中所指出:"智能的计算机 Agent 既是人工智能最初的目标,也是人工智能最终的目标。"

2) 智能 Agent

目前的人工智能技术还难以实现理想 Agent 的智能行为。智能 Agent 是指能在某一环境中运行,并能响应环境的变化,灵活、自主地采取行动以满足其设计目标的计算实体。这类 Agent 通常由当前的人工智能技术来实现,一般具有某种程度的感知、推理、学习、自适应和协作能力,如某些智能控制系统、实时专家系统等。近年来,新的人工智能定义认为:人工智能是计算机学科的一个分支,其目标是构造具有一定智能行为的 Agent。因此 Agent 的研究仍然是智能的核心问题。

3) 软件 Agent

软件 Agent 是从软件设计的角度研究"Agent",shohaln 等人将其定义为:"Agent 是一种在特定环境中连续、自主地运行的软件实体,通常与其他 Agent 一起,联合求解问题。"

连续与自主的需求来自需要 Agent 以一种灵活和智能的方式完成其活动，无须人的引导与干预而响应环境的变化。最理想的情况是，一个 Agent 能够在一种环境中连续地运作一段较长时间，并能从自己的经验中学习。而且，希望一个 Agent 能够与其他 Agent 同处于一个环境，并能相互通信和协同，或从一个地方移到另一个地方以求解问题。目前，大部分软件 Agent 都十分脆弱，针对特定目的，还没有一个 Agent 系统能以一般形式完成这些功能。

倡导研究软件 Agent 的另一种观点类似于早期对面向对象的研究，将其作为设计和实现软件系统的新范例。正如一些算法用面向对象的表示形式比用过程的形式更易于表达和理解，有时对开发者和用户来说，根据 Agent 来设计程序的行为比各种对象更容易。

研究者希望 Agent 能够像人一样完成分配给它的一些特定任务，能够从告诉它的内容中推导出所需结果。Agent 只有在"知道"有关请求的背景知识时才能做到这一点。因此，最好的 Agent 不仅需要特定形式的专家知识，而且需要考虑用户和当前状态的独特性质。

2．多 Agent 系统

Agent 的智能行为体现在利用启发式或基于知识的方法求解问题，规划自然语言理解、感知和学习等。多 Agent 系统是分布式人工智能的研究重点。分布式人工智能作为人工智能的一个子领域，主要研究在逻辑上或物理位置上分离的多个 Agent 如何并发计算，协调一致地求解问题。

分布式人工智能的研究强调智能的分布性和并发性。人们在研究人类利用知识求解问题的过程中发现：大部分人类活动都涉及多个人或者一个团体。大型复杂问题的求解需要多个专业人员协作完成，"协作"本身也是人类智能行为的一种体现。"协作"在人类社会中是普遍存在的。例如，在军事指挥决策过程中，由于战场环境复杂、范围广，信息的收集需要分布在不同地理位置的多个传感器和信息处理系统同时工作，以便获得完整、准确的当前态势信息，而且军事决策的制定也需要各级军事专家相互协同。在医疗诊断方面，专家会诊也需要多方面的医疗专家相互讨论共同求解，以增强解的有效性。分布式人工智能正是将"协作"作为一种重要的问题求解方法和智能行为来研究的。研究分布式人工智能的另一个重要原因在于其将大型复杂问题分化成多个子问题，使系统易于开发和管理，同时各子系统并行工作可提高整个大系统的求解效率和速度。不仅如此，分布智能还有助于增强系统的可靠性、问题求解能力、容错能力和不精确知识处理能力。

多 Agent 系统主要研究一组自主的智能 Agent 之间智能行为的协调，怎样调整这些智能 Agent 的知识、目标、技能和计划，以便联合采取行动或求解问题。在 MAS 系统中，智能 Agent 可能是为着一个共同的全局目标工作，也可能是为着各自的不同目标，而这些目标之间存在某些相互制约关系。在 MAS 中，各智能 Agent 之间共享关于问题和求解的知识，但这些 Agent 还必须能够对 Agent 之间的协调过程进行推理。Agent 间的"协调"可能是十分困难的。例如，在某些情况下，如开放系统，可能不存在全局控制、全局一致的知识、全局共享的目标或全局的成功标准，甚至可能不存在全局相同的知识表示。

Alan H.Bond 和 Les Gasser 概括了分布式人工智能研究中的六个基本问题。这些问题是设计和实现 MAS 系统所必须解决的。

1) 任务的表达、描述、分解和分配

当一组智能 Agent 必须以协作的方式共同完成某项工作时，一个重要的问题就是组织策略问题，怎样使具有不同知识、不同技能、不同工作方式的每个 Agent 具有与其相适合的工作，以及怎样使这些 Agent 以某种协调的方式完成这些工作。为了能使任务合理分布，首先需要任务能够以一种体现分布性的方式或易于被分布的形式明确表达，任务的分解和分配要使得各智能 Agent 的技能和知识最终匹配相应的任务需求。

（1）任务的表达与描述。任务的表达与描述十分关键，决定了问题的分解和分配。在实际系统中需要提供一种语言和相应的概念，用以刻画问题的属性、功能成分、资源需求等，并表达出各子问题之间以及各 Agent 之间的依赖关系。

（2）任务分解。典型的任务分解过程是指一个任务被分解成一些较小的子任务，每个子任务的完成需要较少的知识和资源。任务的分解不仅要考虑知识、物理位置的分布，同时也要考虑任务的抽象层次和时态关系。

（3）任务分配。任务分配大致可以分为静态分配和动态分配。静态分配是指由设计者将任务分配作为一个控制问题静态决定；动态分配则是由一组 Agent 依据有关任务、性能和资源的知识，动态地完成任务分配。实现任务分配要考虑的因素包括任务的规范说明、Agent 之间知识的依赖性、冗余、资源的有效使用和出现意外事故时任务的再分配。目前用于实现任务分配的机制主要有类市场机制、多 Agent 计划、组织作用法、循环分配方法和选举等方法。

2) 相互作用与通信

（1）相互作用。不同的智能 Agent 具有不同的问题领域知识和解决问题的能力，并且它们的知识和技能都是有限的。当不同 Agent 所要解决的问题之间存在相互依赖关系时，一个 Agent 要采取的行动或制定的决策必然要受到其他 Agent 的知识和行为的影响，因而这些 Agent 之间必然存在着一定的相互协作关系。多个 Agent 相互协调其知识和行为的过程就是相互作用的过程。相互作用可能是协同的行为也可能是相互制约的行为。

（2）通信。通信是 Agent 之间实现相互作用的桥梁。通信通常是为了一个共同目的进行的一系列信息交换和对话，具有结构化的模式和相应的机制。通信方法可以从三个方面来考察：通信发生的模式，如共享内存的黑板模型、消息传递模式等；通信信息的语义内容，如在 FA/C 系统（又称功能精确的协同系统）中保持 Agent 之间功能语义的一致性等；通信所采用的协议，如合同网协议。另一种形式化相互作用的方法是将通信也作为问题求解的一种特殊行动，称作语言行动，与智能 Agent 中表示求解行为的其他操作算子一样进行计划和实施。

3）一致性、协调性和协同性

一致性是关于系统的整体性质。例如，解的性能、效能等都可作为考察系统行为一致性的评价标准。

协调性是指一组执行某些集体行动的 Agent 之间相互作用的性质。高效的协调性是指 Agent 能够在一定程度上预测与其相关的其他 Agent 的行为，避免不必要的冗余工作和冲突。

协同性是指一组智能 Agent 为完成某个共同的大目标而相互协作共同求解过程中所表现出来的协同性质。协同的 Agent 有可能会改变自己的目标以适合其他 Agent 的目标，或者为了整体利益而牺牲局部利益。协同性可看做协调性的一种特殊情况，即协调活动是发生在非敌对的 Agent 之间，这些 Agent 的行为都是围绕着一个共同的目标而进行。

协调性和一致性是部分相关的，好的协调性（如减少无关工作）可能带来更高效的一致性，但是好的局部决策不一定带来好的全局效果。对于 MAS 系统来说，实现一致性和协调性的主要困难在于系统中不存在集中控制或整体观点，怎样利用局部获取整体一致性是 MAS 研究的难点之一。

4）外部 Agent 的知识、行为模型的建立与推理

为了协调 Agent 的行为，智能 Agent 需要对其他 Agent 的知识、行为和计划进行表示和推理。

要建立一个完整的其他 Agent 的信念模型是十分困难的，目前大部分实际系统主要使用具有启发性抽象模型，如组织关系的图形模型、Agent 能力和作用的符号模型、信念模型，以及利用效用理论和对策论表示的理性选择等。

5）Agent 之间不一致观点的调解和冲突的消除

各 Agent 的知识库可能存在信念不完整性、逻辑不一致性、置信度不一致性或知识的不相容性等，这些不一致性在协作过程中可能会导致冲突。智能 Agent 必须具有一定的机制，用于识别和管理这些不一致性，以及消除由此而导致的冲突。常用的方法有：局部全局计划方法、各种协商方法、约束求解方法、证据推理和辩论等。

6）软件工具和测试床

软件工具和测试床一方面可以为试验和模拟某种特定类型的问题求解提供高级的试验环境，如试验系统的组织结构、任务分布粒度、控制机制、通信策略和求解性能等；另一方面也可以为系统集成提供框架。

从以上对 Agent 技术及 MAS 的介绍可以看出，MAS 中基于多个自主、智能 Agent 之间的协作来求解问题的特点与群决策的特点是完全一致的，MAS 是对人的群体智能的一种模拟和实现，MAS 为群决策支持系统的设计和实现提供了一种新的方法。

7.3.4 群决策支持系统应用

基于 GDSS 应用工具，研究者们根据不同的问题类型开发了分布式 GDSS、异步 GDSS、基于语言处理的 GDSS 和基于互联网技术的 GDSS 等多种应用系统。

1. 典型的 GDSS 应用工具

GDSS 的首选应用工具就是决策室。决策室技术就是提供一个特殊的房间专门用于协作计算。这种电子会议室可以有不同的形状和大小。一般的设计包括多台 PC，通过一个局域网相连。专用的 PC 与大屏幕投影仪相连，可以将个人计算机内容显示在大屏幕上。使用决策室还需要有训练有素的协调者。最著名的决策室是美国亚利桑那大学的决策支持实验室。

虽然决策室设施对实施群决策有很大帮助，但在实践中却使用得较少，其主要原因有：① 决策室一般需要在设施方面（包括软件系统）进行一定的投资。② 需要训练有素的协调者。③ 设计软件应支持冲突问题的处理，如资源分配等问题。因此，决策室对于匿名、投票、谈判和冲突求解的支持功能非常重要。

但是，群体工作任务的很大部分是合作问题，而不是冲突，因而较少使用决策室系统。随着 Internet 技术的发展，越来越多的群体工作是由群体成员在不同地点和不同时间进行。随着基于 Internet 的 GDSS 技术的发展，下一步可能没有必要再建立专门的决策室。在实际工作中，为了可以节省资源，可通过 Internet 建立虚拟的决策室。

用于建立 Internet 虚拟决策决策室的 GDSS 软件主要有以下几种：

（1）GroupSystems（Ventana 公司），是一个综合性的电子会议软件集。

（2）VisionQuest（Collaborative Technologies 公司），该产品支持大范围交互式的小组功能，例如，日程规划、优先次序、产生意见以及记录活动，同时也支持在不同位置的参与者举行会议，甚至能在不同的时间通信。

（3）LotuS Domino/Notes（Lotus 公司）该群件可在决策或共享数据的文件和数据库访问上协作工作，该软件也可在 EIS 中配置。

这些软件系统各有所强，其中 GroupSystems 具有一定的典型性。

GroupSystems 可提供综合的工具箱，以支持各种群体过程。GroupSystems 中的工具可分为标准工具和高级工具两种。

1）标准工具

（1）电子头脑法（ElectronicBrain），用一种非结构化的过程来收集群体成员的观点和建议，参与者对其他成员或会议主席提出的问题或观点自由提出自己的想法和建议。参与者可以同时以匿名或记名的方式提出观点和建议，用由软件系统提供的输入工具，可以按关键字进行排序或由协调者作归纳处理。

（2）群体概要器（GroupOutliner），可以将群体产生的观点或建议以大纲的方式或树形结构的方式进行组织，对每一层的提纲，参与者可以输入自己的观点或建议。这种情况下，参与者能看到别人和自己提交的观点或建议，软件工具可以较好地集中和协调各个成员之间的观点或建议。群体可以利用提纲产生初步的问题解决报告、项目的综合观点或者描述详细的方案产生过程。群体概要器可以用来将非结构化的讨论变成结构化的结果。

（3）主题管理器（Topic Commenter），允许参与者对给出的主题提出建议，这种方式相比电子头脑法更具有结构性，参与者可以根据开设多窗口文件选择主题，提出建议或观点。

（4）分类器（Categorizer），允许群体产生意见清单和进行评论，对意见进行分类，并且参与者能将意见"拖"到希望的类中，这些意见可来自 GroupSystems 的某个工具或其他来源。

（5）投票（Vote），支持集成群体成员对某个议题的评价，从而产生群体的综合意见。投票的方法包括：排序法、多项选择法、4 分或 5 分同意/不同意打分法、10 分制的评分法、是/不是选择法、真/假选择法，以及在上述方法中自己设定权重的方法。投票结果以电子列表的形式、统计表的形式或图形显示形式加以显示。

2）高级工具

（1）方案分析（AltemativeAnalysis），允许群体按一组准则对一组方案加权或估值，因为合作的决策需要多方面的意见和评价，像投票一样，评价结果可以以各种格式显示，包括散点图、直方图和文本报告。此外，群体可通过调整准则的权重，试验 what-if 假设。群体还可以用矩阵的形式建立行和列的关系，参与者通过从预定义的词组清单中选择或输入数据，将这些关系的本质特征化。群体矩阵动态地显示反映各单元中群体的平均结果，结果是否一致由各单元的颜色表示，因此群体可以此来达到群体一致的结果。

（2）调查（Survey），允许产生、管理和分析联机的调查问卷，这种工具可以通过 Internet 的应用来支持分散的参与者，数据收集之后可以汇编成一个报告。

（3）活动建模器（Activity Modeler），可以提供友好的用户接口，同时支持群体成员处理某一特定活动，如企业过程再造工程建模，快速地产生精确的和高效率的企业模型。其中一个 AI 部件可自动地画出所有的流程图，来描述活动和活动之间的联系，还提供错误校核和综合报告。

2. 典型的 GDSS 应用系统

从 20 世纪 80 年代早期开始，GDSS 应用研究就已取得了令人瞩目的进展。DEallupe 在 1985 年就开发了一个 GDSS 基本框架，美国的波音公司、IBM、亚利桑那州大学、乔治亚州大学等是世界上研究 GDSS 原型系统比较有影响的机构。这些机构已将 GDSS 投入应用，获得了较好的效果，成功的 GDSS 包括美国海军开发的指挥员进行指挥作战训练的 VMESTEMAS 和国防军事战略分析的 RSAS 军用指挥系统。西安交通大学、中南大学、北京航空航天大学的 GDSS 实验室，中国科学院计算技术研究所智能科学实验室等在 GDSS 的研究与应用方面都取得了很多优秀的成果。比较典型的是中南大学陈晓红主持的国家自然科学基金"互联网环境下企业群体智能决策支持系统生成器的研究与开发"，建立了中国第一个具有自主知识产权的决策应用软件开发平台 SmartDecision，并成功推广到政府办公决策、金融证券、电信、水利、旅游服务、交通运输等决策支持软件开发中，应用前景十分广阔。

随着 IDSS 与 GDSS 的结合，GDSS 有了更大的市场需求。国内许多院校和企业已经积极开展了 GDSS 实际应用系统的开发和建设。比较典型的系统有如下四种。

1）大规模生产模式下的企业管理及电子商务群决策支持系统

上海交通大学承担的"大规模生产模式下的企业管理及电子商务群决策支持系统"课题，针对大规模定制生产模式下企业管理及电子商务中的决策特点，提出了一种面向群决策的各个阶段、以群决策方法和分析手段按需构建群决策的过程，并通过开放式决策资源提供对过程和内容全面支持的柔性群决策过程建模机制。该系统提供了支持多种决策问题的求解、决策组织的动态组成、决策过程的灵活构建，以及决策模型、数据、知识和决策工具的有机集成的框架和方法，并开发了一个面向大规模定制的网络化群决策支持平台。这个网络化的群决策支持平台集成决策方法库、专家库、模型库、知识库、数据仓库、案例库等开放式决策资源，以及决策项目管理、联机分析处理、数据挖掘等决策支持工具。研究成果在上海三菱电梯企业进行了案例验证，取得了较好的效果。目前正在电梯、汽车制造等其他企业进行推广应用。

2）田野考古地理信息系统

田野考古地理信息系统的总体功能是使各田野考古现场能通过有线与无线网络两种方式与有关保护机构、职能部门、科学研究单位等联系成为一个互动的整体，通过已有的遗迹、遗物信息和建立的专家知识，发现田野发掘现场问题，制定和协调重大的发掘方案，从而提高田野发掘的质量与水平。在系统中使用了基于虚拟现实技术和三维时空场景的构建技术，进行智能群体决策支持系统的研究。该研究基于网络发布的虚拟考古三维地理环境，使不同地区的田野考古工作者就某个田野考古发掘问题展开共同探讨、发表各自的意见。该部分研究内容包括虚拟考古环境系统与三维体视化技术的集成与互操作研究、田野考古时空数据库的构建与时空数据挖掘机制研究，以及群体决策智能模型构建与协同工作机制的研究等。

3）多媒体群决策支持系统平台

西北工业大学研究开发的多媒体群决策支持系统主要研究多媒体技术、多 Agent 技术以及群决策支持技术，并将这些技术有机结合起来，开发具有国内自主知识产权的群决策支持系统软件平台。具体包括：

（1）实现了 GDSS 的数据库、知识库、模型库及问题库的创建。

（2）开发了 Internet 环境下的全互连多媒体会议系统和基于 IPv6 的软件。

（3）提出了用于作战规划与评估的规则、策略和实现方法，建立了作战辅助规划与评估的数学模型，给出算法并编程实现。

（4）建立了作战规划辅助决策的系统结构模式，开发原型系统，并在第二炮兵指挥中心应用，实现了网上作战训练。

（5）建立了驾驶员辅助决策的系统结构模式，并实现了原型系统。

（6）建立了典型的飞行作战驾驶员辅助决策方案及算法的示例。

4）基于 MAS 的群决策支持系统

水资源配置系统是一个规模庞大、结构复杂、功能综合、影响因素众多的大系统。运用分布式决策技术进行水资源配置，可以充分利用网络资源和高层次的水利专家知识，将多种技术和成果进行综合集成，以形象直观的方式向使用者提供决策咨询服务。它的系统结构设计采用网络中经常应用的分层技术，将复杂的大系统问题简化，同时兼顾功能、交互及管理。

水资源优化配置是指，在水资源自然配置的基础上，采取各种水利与非水利工程措施提高水资源的配置效率，合理解决各部门和各行业之间竞争用水的问题。水资源优化配置包括需水管理和供水管理两方面的内容。在需水管理方面，通过调整产业结构与生产力布局，积极发展高效节水产业，抑制需水增长势头，以适应较为不利的水资源条件。在供水管理方面，则是协调各单位竞争性用水的矛盾，加强管理，并通过工程措施改变水资源天然时空分布与生产力布局不相适应的被动局面，以实现经济、生态和社会三大利益的高度协调统一。通过对有限的不同形式的水资源进行科学、合理的分配，实现水资源的可持续利用。

水资源配置决策系统是在水资源配置中利用群决策支持系统,以水资源基本数据为基础,应用决策科学、运筹学和水资源工程学等相关学科的理论和方法进行决策分析,为研究者提供决策信息。

基于 MAS 的群水资源配置决策支持系统分成 3 层,如图 7.4 所示。该图中,第 1 层为用户界面层,由用户和界面 Agent 组成,用户通过网络与系统交互,由界面 Agent 将理解的问题转换成系统语言指令,传达给下一层,进行任务分配。它包括定义子任务,构筑逻辑模型,设计用户界面等。还负责将决策结果通过界面 Agent 经由网络传递至用户界面。

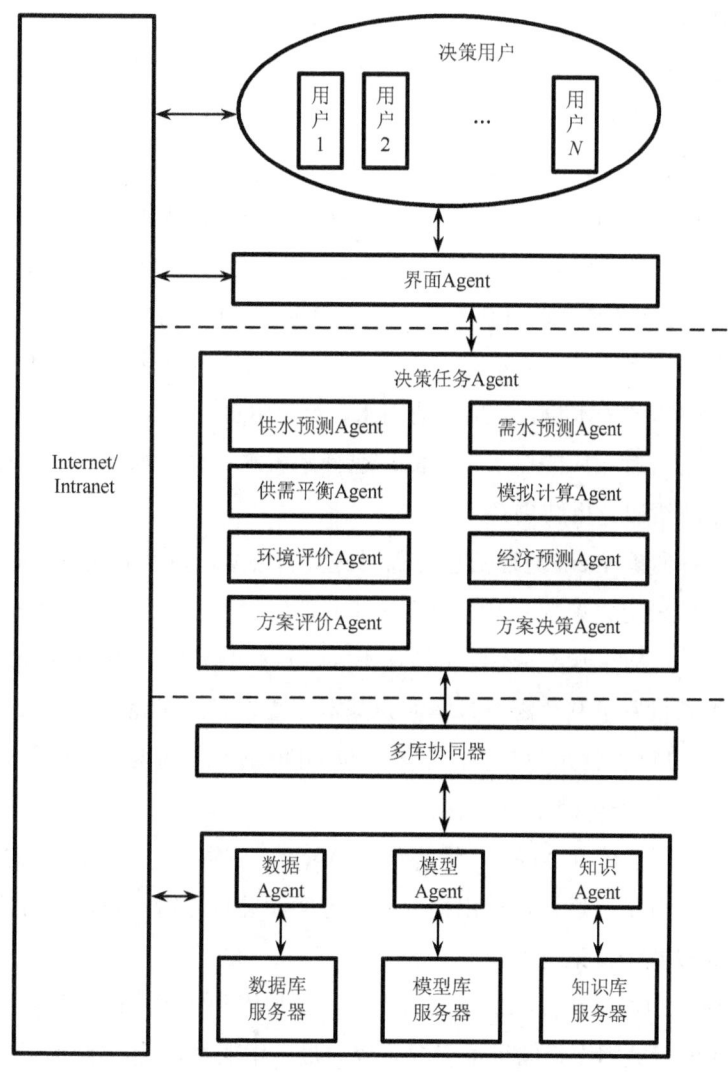

图 7.4 基于 MAS 的群水资源配置决策支持系统

第 2 层为任务求解层，它由供水预测 Agent、需水预测 Agent、供需平衡 Agent、模拟计算 Agent、环境评价 Agent、经济预测 Agent、方案评价 Agent 和方案决策 Agent 组成，是整个决策系统的核心。其主要任务是通过 Internet 建立双向通信连接，实现决策过程中的信息交流和数据传递，根据上一层的指令，选用合适的求解方法，从信息资源层获取必要的数据和知识对问题进行求解，并对初步的预决策方案进行评价、优化，从而得出最终决策方案。

第 3 层为信息资源层，包括数据 Agent、模型 Agent、知识 Agent、数据库服务器、模型库服务器、知识库服务器等。这一层主要是通过多库协同器为前两层的各职能 Agent 提供数据支持，并将前两层分析和求解问题的过程以及获得的知识储存起来，以备后用。

该系统工作步骤如下：

步骤 1：用户通过 Internet 登录、注册。用户权限包括管理员和一般用户。一般用户只可通过界面提出水资源配置决策任务请求，由管理员管理整个系统。

步骤 2：界面 Agent 针对决策任务和用户反复交互获取更多相关信息，建立相关数据库和知识库，同时在知识库服务器中以及网络资源中进行决策方案查询。如果找到目标，则提供给用户，如果没有，则进行任务分解并分配任务给任务求解层。

步骤 3：用户通过界面 Agent 激活需水预测 Agent，由信息资源层提供相关数据，计算得出人口预测、用水定额、耗水系数、经济预测、城市发展规划 5 个预测参数项，以及相应区域某水平年的需水量，包括工业用水、农业用水、城市生活用水和生态需水等。供水预测 Agent 也进行相应的供水量预测，包括地表水、地下水、外来水及中水等。供需平衡分析 Agent 给出分析结果。

步骤 4：模拟计算 Agent 通过信息资源层提供的数据，基于水资源的实际供需情况，对水资源优化配置采用大系统分解协调方法建立两级模型，实现多水源联合调度和多用户间的优化配水，以及各子区内不同水源在不同用户间的分配，得出预决策的推荐方案。然后根据人口增长设置了 9 个配置方案作为基本配置方案，在此基础上从总需水量的变化，总需水量与 GDP 弹性系数分析，以及单位 GDP 需水量角度进行配置方案比选，得出推荐配置方案作为下一步优化的依据。

步骤 5：通过环境评价 Agent、经济预测 Agent、方案分析 Agent、方案决策 Agent 对推荐方案进一步分析、优化，得出最终决策方案，并传递给用户，同时建立相应数据库和知识库，完成整个决策过程。

在此决策过程中，信息资源层中的数据库、模型库和知识库以服务器的形式进行管理。其中，系统信息数据库存储了水资源系统中最基本的物理量，包括水库、分水口门、提引水河道、子区信息表；水库上下游、中线上下游、子区上下游关系表；系统内的行政分区、水资源利用分区信息；系统内的水系、河流信息；系统的需水部门分类、供水部门分类等。原始数据库内存放来自于实际观测和统计分析的基础数据表，各地区水利部门再根据实际情况得出规划数据表，包括人口增长、经济发展、城市规划、用水定额表；地下水资源量、分区降雨量表；河网水量、南水北调中线水量、南水北调中线水量排频、水库入流水量表；水库水位库容关系、污水处理回用表等。计算输出数据库包括单元工业需水量、单元生活需水量、单元生态需水量、地下水开采量、供需平衡结果表；多年平均供需平衡表；水库调度结果表；中线调水分水结果表；子区城镇分水结果表和子区汇总表等。

 本章小结

本章主要介绍基于协作的群决策支持系统的原理、组织、结构及功能，从协作概念、基本的通信支持工具、群决策的类型和方法、运作过程等各个方面对 GDSS 的内涵加以诠释。

由于群决策支持系统能够较好地解决群体分布式决策问题，因此目前群决策支持系统已经广泛地被认可并应用到了诸多领域，并且随着不同领域对复杂问题决策需求的增加，随着智能决策技术的快速发展，群决策支持系统提供的应用前景将更加的广阔。

 本章习题

1. 试简述协作的概念及其类型。
2. 试简述支持协作的基本通信支持工具。
3. 试简述群决策支持系统的概念以及特点。
4. 群决策支持系统有哪些类型？分别简述之。
5. 群决策支持系统由哪几个部分组成？分别简述之。
6. 试简述群决策支持系统的运作过程。

第8章 决策支持系统开发

本章学习重点

  本章重点学习决策支持系统的开发。决策支持系统开发遵循一般信息系统的开发要求。但是由于决策支持系统的特殊性,本章仅就其中的一些特殊问题进行介绍。首先,对决策支持系统的计算结构设计进行介绍,然后介绍决策支持系统的一般开发过程,重点学习生命周期法和原型法,重点介绍基于C/S模式的决策支持系统环境CS-DSSP和基于Web Service的决策支持系统开发过程。

  本章要求掌握决策支持系统的计算结构,了解决策支持系统开发过程,掌握决策支持系统开发中的关键技术,了解决策支持系统主要开发模型,掌握CS-DSSP的结构和主要功能,了解可视化流程编辑环境和集成语言的功能,了解Web Service技术的主要概念,了解基于Web Service技术的开发决策支持系统的优势。

8.1 决策支持系统计算结构

计算结构决定了决策支持系统的运行模式,即决策支持系统的各种不同的功能部件如何进行部署以支持系统的有效运行。在决策支持系统开发中,主流的计算结构包括基于 C/S 的计算结构、基于 B/S 的计算结构、基于 Web Services 的计算结构和集中式计算结构四种。其中基于 C/S 的计算结构、基于 B/S 的计算结构、基于 Web Services 的计算结构的决策支持系统称为基于网络的决策支持系统。

基于网络的决策支持系统是随着计算机网络技术的迅速发展而产生的,它弥补了传统的集中式或者手持式决策支持系统在决策过程中所需决策资源有限、多人参与决策困难的不足。决策人员在任何地方都可以通过网络来使用决策支持系统,通过网络实现不同企业、不同部门之间的资源共享,实现群体决策。

但是由于决策支持系统与问题领域关联紧密,所以在决策支持系统的市场上,面向问题的决策支持系统很常见,而通用的决策支持系统工具推广却有一定的难度。目前,在决策支持系统领域中,采用集中式计算结构的决策支持系统仍然占有绝大部分的市场。

由于集中式计算结构的决策支持系统结构与第 3 章介绍的决策支持系统概念模式类似,所以就不再重复介绍。本节主要介绍另外三种决策支持系统,即基于网络的决策支持系统。

8.1.1 基于 C/S 的计算结构

在基于 C/S(Client/Server,客户/服务器)的计算结构下,系统被分为前端(即客户部分)和后端(即服务器部分)。客户部分运行在微机或工作站上,而服务器部分可以运行在从微机到大型机等各种计算机上。正如名称所指出的,客户机和服务器工作在不同的逻辑实体中,它们协同工作。客户机发送请求,索取信息,请求服务器执行客户方不能完成(如大型数据库存储、模型运算等)或不能有效完成(如很费时的复杂运算)的工作。服务器方随时等待客户提交申请的信息,它们用预先指定的语言与客户进行信息交互。

C/S 计算模式最大的技术特点是系统使用了客户机和服务器两方的智能、资源和计算机能力来执行一个特定的任务,也就是说负载由客户机和服务器双方共同承担。

基于 C/S 的决策支持系统体系结构如图 8.1 所示。

基于 C/S 计算结构的决策支持系统计算模式主要包括:① 服务器端,除了包括模型库管理系统、数据库管理系统以及其他资源管理系统,另外还提供接口用于处理客户端发送过来的命令。② 客户端，客户端即人-机交互系统，包括扩展系统结构中的语言系统和展示系统，它通过 TCP/IP 网络协议以消息的形式与服务器端集成在一起。基于 C/S 的决策支持系统比传统的决策支持系统最大的改进是通过局域网上的数据共享实现了决策资源的远程过程调用。在这种模式下，服务器端一直处于循环等待客户请求的状态，由客户端发出服务请求，服务器端与客户端协商好信息通信方式后，接收客户端申请，解释客户端请求并给出应答，即为客户端提供所需服务，而客户端与服务器端信息交换便是以远程过程执行来实现的。由于这种方式注重进程之间的通信和同步，可以使几个进程共同协作来完成同一任务，因此可以由多个用户通过多个终端共同进行决策。基于 C/S 的决策支持系统的不足就是系统维护量大，任何一个服务器端的修改将影响所有客户端程序的修改；同时，难以满足分布较广的客户决策需求。

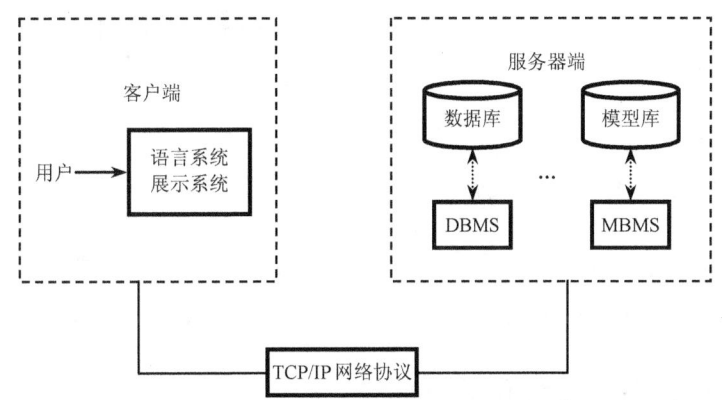

图 8.1　基于 C/S 的决策支持系统体系结构

8.1.2　基于 B/S 的计算结构

B/S（Browser/ WebServer，浏览器/服务器）结构是以 Web Services 为中心，采用 TCP/IP、HTTP 为传输协议，客户端通过浏览器访问 Web Services 及与 Web Services 相连的后台数据库系统，有时也称为 BWD（Browser，Web Server，Database Management System）模式，逻辑上，它是一种三层结构的 C/S 模式。在决策支持系统领域，Web Services 还可以访问除数据库之外的其他决策资源。

图 8.2 所示为基于 B/S 的决策支持系统计算结构。

该结构与基于 C/S 的体系结构最大的区别在于多了 Web Services、应用服务器等中间层。其中浏览器为用户提供了一个统一的浏览文档的窗口，用户通过它向 Web Services 发送请求，Web Services 响应浏览器的请求，并根据请求与应用服务器发生信息交换。应用服务器是处理用户决策需要的一个综合服务单元，Web Services 根据用户要求向应用服务器提出决策需求,应用服务器根据此需求向模型库和数据库要求相应的模型和数据,做处理后以 Web 页面的形式提供给用户。基于 Web 的决策支持系统体系结构对决策模型使用分布式的对象模型,如 DCOM、CORBA 或 RMI。通过使用这种基本结构,决策支持系统开发人员可使用本地模型所提供的丰富资源,并可将模型服务置于远程系统中。而决策过程中所使用的模型资源可以通过分布式对象模型充分利用 Internet 上的模型信息资源,实现了决策资源的传递与共享。

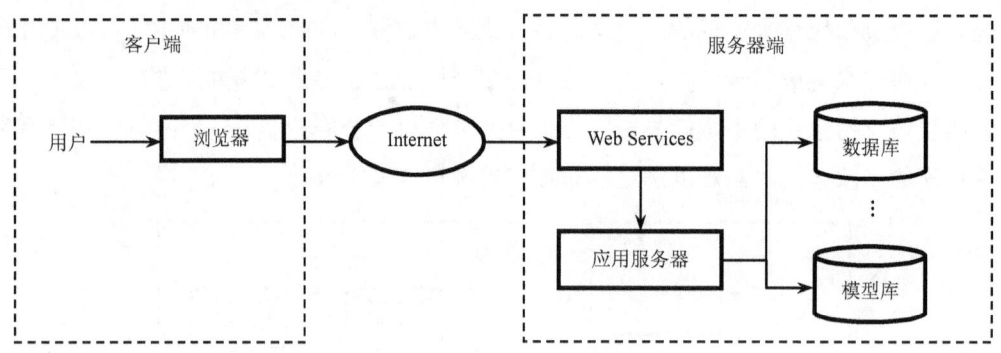

图 8.2 基于 B/S 的决策支持系统计算结构

基于 B/S 计算结构的决策支持系统的优势在于浏览器的标准化为用户端的部署带来了极大的方便,在服务器端,其本质上还是基于 C/S 计算结构的决策支持系统。

8.1.3 基于 Web Services 的计算结构

随着网络技术的不断发展以及相关协议的不断更新,近两年发展起来的基于 Web Services 的决策支持系统计算结构是一种新的面向服务的体系结构。它与分布式的对象模型相比,定义了一组标准协议,用于接口定义、方法调用、基于 Internet 的构件注册以及各种应用的实现。这为分布式模型之间的组合提供了技术上的可能,使不同模型的应用系统之间的通信和集成更加便捷。

图 8.3 所示为基于 Web Services 的决策支持系统的计算结构。

可以看到,基于 Web Services 的决策支持系统的计算结构是对基于 C/S 的决策支持系统的计算结构的增强。在基于 Web Services 的决策支持系统的计算结构中,服务器端的管理是松散的,是分布于 Internet 上的任何提供公共接口的 Web Services;但是正因为如此,它也是开放的,为决策资源的共享提供了极大的便利。另外,基于 Web Services 的决策支持系统的计算结构提供了标准的服务协议,此协议已经被采纳为 W3C 国际标准;而基于 C/S 的决策支持系统的计算结构中,客户端和服务器之间交互协议一般是自定义的。

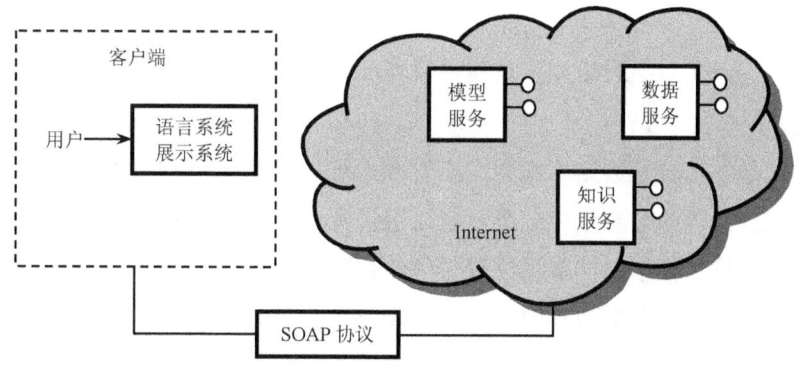

图 8.3 基于 Web Services 的决策支持系统计算结构

8.2 决策支持系统开发过程

目前，主流的信息系统开发过程模型主要有生命周期法和原型法。对于决策支持系统来说，这两种方法同样适用，其中生命周期法主要适合集中式计算结构的决策支持系统，其问题结构和决策资源等都需要进行由底向上的逐步分析、设计和集成；而快速原型法比较适合基于网络的决策支持系统，可以在已有的决策资源（以服务的形式存在）基础上，快速地构建、评估和改进一个决策支持系统原型，直至得到一个比较满意的系统。

8.2.1 基于生命周期的开发过程

陈文伟教授提出了基于三部件的综合决策支持系统开发过程，此开发过程是采用生命周期法，是生命周期法在决策支持系统开发领域的应用。

本节主要讨论由综合部件、模型部件、数据部件三大部分所组成的决策支持系统的开发方法。

（1）综合部件需要完成对模型部件和数据部件的控制、调用和运行，并完成人-机交互功能。

（2）模型部件主要由模型库和模型库管理系统组成。

模型分为数学模型（以数学结构为基础，以数值计算为特征的模型）、知识推理模型（以专家的定性知识和推理机相结合的专家系统模型）、数据处理模型（以非数值计算为特点的数据处理模型是以数据库语言对数据进行管理和处理的模型）、图形、报表等形象模型（对用户能直观显示，增强实用的模型），以及其他模型。

模型库包括方法模型（目前解决特定问题已成熟的标准方法）和组合模型（由多个模型组合而成，能解决更复杂的实际问题）；模型库管理系统实现对模型的管理和模型的运行。

对模型的管理又包括对模型字典库的管理和对模型文件的管理，这些都是由模型的特点形成的。

（3）数据部件主要是数据库和数据库管理系统，它是管理信息系统的核心。同样，它也是决策支持系统的重要组成部分。它以提供数据的形式为辅助决策起一定的作用。但是，它更多的是为模型提供数据，提供的数据除完成数值计算以外，还要帮助完成数据处理功能，从而扩大模型运行的功能，增加决策效果。

决策支持系统的开发，是围绕着决策支持系统的特点和组成而进行的。决策支持系统开发的主要步骤如下：

（1）需求分析，包括确定实际决策问题和目标，对系统进行分析论证。

（2）初步设计，包括把决策问题进行分解以及对问题的综合控制设计。

（3）详细设计，包括各个子问题的详细设计（数据设计和模型设计）和综合设计。数据设计包括数据文件设计和数据库设计；模型设计包括模型算法设计和模型库设计。综合设计包括对各个子问题的综合控制设计。

（4）各部件编制程序，包括建立数据库和数据库管理系统；编制模型程序，建立模型库和模型库管理系统；编制综合控制程序（又称为总控程序），由总控程序控制模型的运行和组合，对数据库数据的存取、计算等处理，设置人-机交互功能等。

（5）三部件集成为决策支持系统，包括解决部件接口问题，由总控程序的运行实现对模型部件和数据部件的集成，形成决策支持系统。

决策支持系统的开发流程如图8.4所示。

1. 需求分析

对于实际决策问题，进行科学决策的重要一步就是确定决策目标。所谓目标是指在一定的环境和条件下，在预测的基础上要追求达到的结果。目标代表了方向和预期的结果，目标一旦错误，实际决策问题可能导致失败。目标有4个特点：① 可计量的，能代表一定水平；② 规定其时间限制；③ 能确定其责任；④ 具有发展的方向性。有了明确的决策目标，才能有效地开发决策支持系统来达到这个目标。

在系统分析中还需要对整个问题的现状进行深入了解，掌握它的来龙去脉、它的有效性和存在的问题。在此基础上，对建立新系统的可行性进行论证。对于建立新系统，提出总的设想、途径和措施。在系统分析的基础上提出系统分析报告。

2. 系统初步设计

决策支持系统的初步设计需要完成系统总体设计，并对问题进行分解和综合。

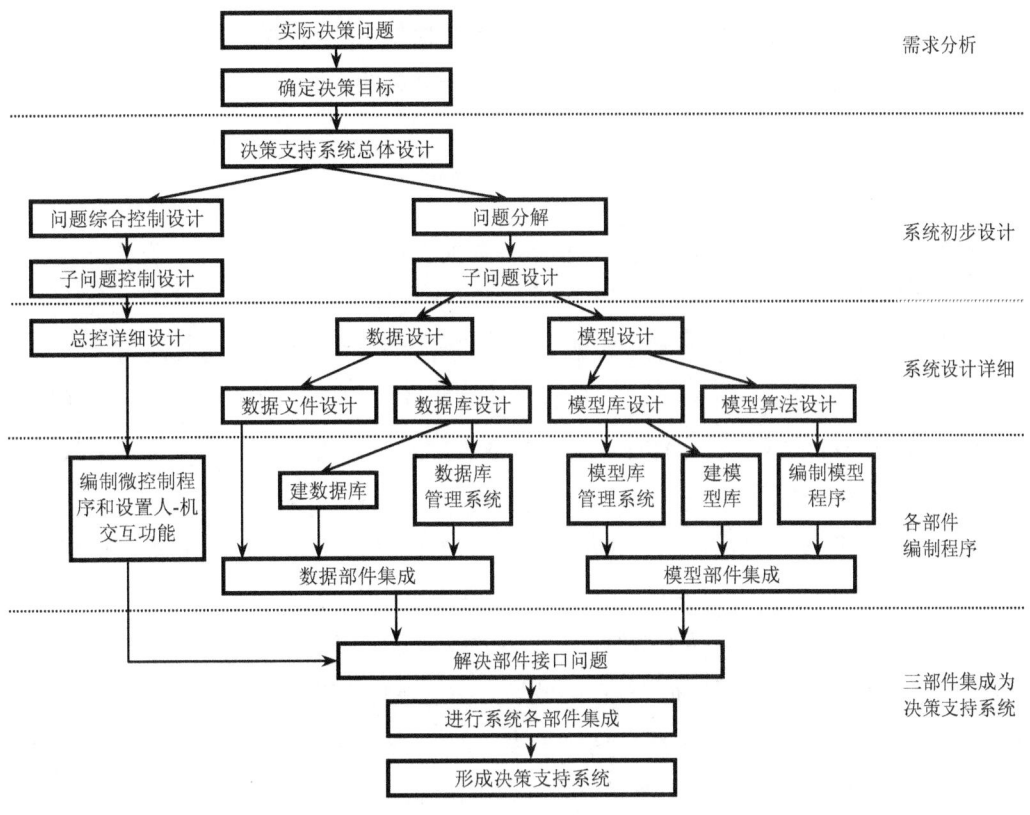

图 8.4 决策支持系统的开发流程

对于一个复杂的决策问题,总目标比较大,就要对问题进行分解,分解成多个子问题并进行功能分析。在系统分解的同时,对各子问题之间的关系以及它们之间的处理顺序进行问题综合控制设计。

对各子问题要进行模型设计,首先要考虑是建立新模型还是选用已有的模型。对于某些新问题,在选用现有已成功的模型都不能解决问题的情况下,就要重新建立模型。建立新的模型是一项比较复杂的工作,具有一定的创造性。

对于选用已有成功的模型,是采用单模型还是采用多模型的组合,这需要根据实际问题而定。对于数量化比较明确的决策问题,可以采用定量的数学模型;对于数量化不明确的决策问题,可以采用知识推理的定性模型;对于比较简单的决策问题,可以采用定量模型或定性模型来加以解决;对于复杂的决策问题需要把多个定量模型和定性模型结合起来。

对各子问题还要进行数据设计,主要考虑两方面问题:

(1)为辅助决策提供的特定要求的数据,如综合数据或者对比数据等给决策者建立总的概念或某个特定要求的数据。

（2）为模型计算提供所需要的数据。这需要和模型设计结合起来考虑，特别是多模型的组合，模型之间的联系一般是通过数据传递来完成的，即一个模型的输出数据是另一个模型的输入数据。

3．系统详细设计

各子问题的详细设计，具体是对数据进行详细设计和对模型进行详细设计，问题综合的详细设计需要对决策支持系统总体流程进行详细设计。

对数据的设计，包括数据库和数据文件的设计。若数据量小，而且通用性要求不高，为便于模型程序的直接存取，一般设计成数据文件形式；对数据量大，且通用性较强的，为便于对数据的统一管理，设计成数据库形式。目前，通常采用关系数据结构形式。

对模型的详细设计包括模型库和模型算法的设计。模型库不同于数据库，模型库是由模型程序文件组成的。模型程序文件包括源程序文件和目标程序文件。为便于对模型的说明，可以增加模型数据说明文件（对模型的变量数据以及输入/输出数据进行说明）和模型说明文件（对模型的功能、模型的数学方程以及解法进行说明）。对于模型的这些文件如何组织和存储是模型库设计的主要任务。对于数学模型一般是以数学方程的形式表示。如何在计算机上实现，需要对模型方程提出算法设计，而算法设计必须设计好它的数据结构（如栈、队列、链表、矩阵、文件等数据结构形式）和方程求解算法（数值计算方法）。计算机算法涉及计算误差、收敛性以及计算复杂性等有关问题。当模型在设计了有效的算法后，才能利用计算机语言编制计算机程序，在计算机上实现。

4．各部件编制程序

编制程序阶段，对决策支持系统三大部件要进行不同的处理。

1）数据部件的处理

数据部件中编制程序的重点是数据库管理系统。目前，各种类型计算机都配有成熟的数据库管理系统，自行设计和开发的数据库管理系统从功能和运行效果上，一般赶不上成品软件，而且开发一个数据库管理系统需要花费较多的人力、物力。采用这些已成熟的软件产品可以大大节省开发时间。在选定数据库管理系统以后，针对具体的实际问题，需要建立数据库。建立数据库一般包括建立数据库结构和输入实际数据。对数据部件的集成主要体现为实际数据库和数据库管理系统的统一。要利用数据库管理系统提供的语言，建立有关数据库查询、修改的数据处理程序。

2）模型部件的处理

模型部件中编制程序的重点是模型库管理系统。模型库管理系统现在没有成熟的软件，需要自行设计并进行程序开发。模型库的组织和存储，一般由模型字典和模型文件组成。模型库管理系统就是对模型字典和模型文件进行有效管理。它是对模型的建立、查询、维护和运用等功能进行集中管理和控制的系统。

开发模型库管理系统时，首先要设计模型库的结构；再设计模型库管理语言，由该语言来实现模型库管理系统的各种功能。模型库管理语言的作用类似于数据库管理语言，但是模型库语言的工作比数据库语言更复杂，它要实现对模型文件和模型字典的统一管理和处理。模型主要以计算机程序形式完成模型的计算，利用计算机语言（如FORTRAN、Pascal 等语言）对模型算法编制程序。模型部件的集成，主要体现为模型库和模型库管理系统的统一。

3）综合部件的处理

编制决策支持系统总控程序是按总控详细设计流程图，选用合适的计算机语言，或者自行设计决策支持系统语言来编制程序。编制决策支持系统综合控制程序的计算机语言需要有数值计算能力、数据处理能力、模型调用能力等多种能力。目前的计算机语言还不具备这么多种综合能力，但可以利用像 Pascal、C 这样的语言作为宿主语言增加决策支持系统中欠缺的功能（如数据处理以及模型调用等）。要使编制综合控制程序有效地完成，可以采用自行设计决策支持系统语言来实现决策支持系统综合控制程序的作用。

5. 三部件集成为决策支持系统

决策支持系统的三部件集成，首先要解决三部件之间的接口，其次对三部件进行集成，最后形成决策支持系统。

1）接口问题

第一个接口问题即最基本的接口问题，是指模型对数据库中数据的存取接口。模型程序一般是由数值计算语言如 FORTRAN、Pascal、C 等来编制，它不具备对数据库的操作功能，而数据库语言等适合数据处理又不适合数值计算，故它不便用来编制有大量数值计算的模型程序。数值语言编制的模型程序所使用的数据通常是自带数据文件的形式。在决策支持系统中要求数据有通用性（即多个模型共同使用），将数据放入模型程序的自带数据文件中就不合适了。而把所有数据都放入数据库中，也便于数据的统一管理。在这种要求下，就需要解决模型和数据库的接口问题，也就是说，数值计算语言具有对数据库操作的能力。

第二个接口问题是综合控制程序对数据库的接口问题。综合控制程序有时需要直接对数据库中的数据进行存取操作，这个接口和模型与数据的接口处理方法相同。

第三个接口问题是综合控制程序对模型的调用，根据综合控制程序的需要，随时要调用模型库中某些模型的程序来运行。由于模型库的存储组织结构形式，实际上综合控制程序对模型程序的调用需通过模型字典作为桥梁，再调用模型执行程序文件，如图 8.5 所示。这相当于由综合控制程序调用模型程序运行。决策支持系统控制权交给模型目标程序，当模型目标程序执行完后，又返回到决策支持系统综合控制程序，控制权又返回到决策支持系统综合控制程序。目前计算机语言的发展一般都具有这种调用控制程序的功能，不过在调用过程中，涉及模型程序的大小、在内存中运行是否放得下，以及模型程序的运行所使用数据量的多少；而对于大型矩阵的运算，则需要采取一定的措施来保证在给定的内存中，大型模型以及大型矩阵数据可以有效运算。

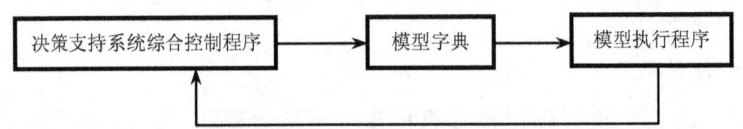

图 8.5　决策支持系统综合控制程序调用模型程序的运行过程

2）集成问题

三部件的集成就是把三个部件有机地结合起来，按决策支持系统的总体要求，三部件有条不紊地运行。在解决了三部件之间的接口后，如何有机集成？这主要反映在决策支持系统的综合控制程序上，它是集成三部件有机运行的核心。决策支持系统综合控制程序是由决策支持系统语言来完成的，即决策支持系统语言是一种集成语言，它必须具备几个基本功能：人-机交互能力、数值计算能力、数据处理能力、模型调用能力。目前各类计算机中还未配备这种多功能的决策支持系统语言，自行设计决策支持系统语言，将针对这几种能力把它们集成为一体，以有效地完成决策支持系统的集成。

这样工作量比较大，要设计一套决策支持系统语言，就需要有一套完整的编译程序，把它的源程序编译成目标程序，让计算机运行。虽然这种方法工作量较大，但却是一种有效的完成决策支持系统的途径。还有一种方法是利用目前的计算机语言，比较适合的语言有 Pascal 和 C 语言，它们的人-机交互能力、数值计算能力、模型调用能力都比较强；唯一缺乏的是数据处理能力，这需要在以 Pascal 和 C 语言为宿主语言的基础上，增加对数据库操作的能力，设置接口程序，使它们具有决策支持系统集成语言的水平，才能完成决策支持系统综合控制程序的需求。

3）形成决策支持系统

利用决策支持系统集成语言编制决策支持系统综合控制程序，模型库系统（模型库和模型库管理系统）和数据库系统（数据库和数据库管理系统）也同时建成，这样便可以进行联合调试和运行，同时在调试中发现问题并给予解决，最终形成有机整体的决策支持系统。

8.2.2 基于原型法的开发过程

1. 基本概念

20 世纪 80 年代兴起的快速原型（rapid prototyping）法和 20 世纪 90 年代初提出的快速应用开发（rapid application development，RAD）方法论是为了克服生命周期开发方法中存在的缺点，而发展起来的软件工程新方法。

快速原型开发法主要用于决策支持系统中，按决策问题处理过程快速生成对多模型的组合，以及大量数据库数据的存取并进行集成的决策支持系统。

生命周期开发方法是由系统分析、系统设计、系统开发、系统运行和维护等过程所组成的一个完整的周期。它存在的缺点为：

（1）系统开发前，用户对系统的功能很难提出明确的要求。

（2）系统开发出来后，很难满足用户的要求。

（3）系统开发时间过长，一般都在一年以上。在这段时间中，用户和开发者很少交流，当开发出的系统用户不满意时，要修改一个庞大的系统将是非常困难的。

快速原型开发法根据系统的需求能迅速产生出系统的原型，该原型能表现出系统的功能、行为特性，但不一定符合其全部要求。当用户对原型运行结果不满意时，能迅速修改原型，经过几次反复修改将可得到用户满意的应用系统。

快速原型开发法能使用户对系统的需求，通过原型的运行和修改很快明确下来。最终系统也能通过快速原型开发法很快产生出来。这种方法大大缩短了系统的开发周期。

快速原型开发法的实现需要一个很好的支撑环境来保证软件原型的快速生成。

2. 开发过程

快速原型开发法的开发过程具体分为四步骤。

1) 确定用户的基本要求

用户在设计系统时，注意力应集中在最基本且至关重要的要求上，忽略次要细节。在这一步中，要完成对数据及数据间关系的调查，确定信息处理过程，设计输出报告格式和屏幕显示界面及各种基本结构。

2) 开发初始原型系统

开发初始原型系统的目标是建立一个能运行的交互式应用系统（初始原型系统）来满足用户的基本信息要求。

开发初始原型系统时，要进行以下工作：

（1）设计数据库。

(2) 构造数据产生模块。

(3) 开发原型数据库。

(4) 建立合适的菜单或命令语言和系统控制结构。

(5) 提供友好的用户输入/输出接口。

(6) 装配和编写所需的应用程序模块。

把初始原型交付给用户（设计者），并且进行以下工作：

(1) 演示如何工作。

(2) 确定是否满足设计者要求。

(3) 解释接口和特点。

(4) 确定用户/设计者是否能很方便地使用系统。

开发初始原型系统的要求如下：

(1) 建立模型的速度是关键因素，而不是运行的效率。初始原型交付越快，就越好。

(2) 初始原型必须满足用户/设计者的基本要求。

3）实现并使用原型系统

实现并使用原型系统是用户/设计者使用原型的过程，这一过程的关键是得到设计者关于系统的想法，让用户/设计者键入信息，并使用原型本身来得到他们的想法。然后，用户/设计者负责把那些不适合的地方、不合要求的特征和在现在系统中看到的不足建立文档。

这一过程是为了确定用户/设计者是否对现存的原型感到满意。

4）修改和完善原型系统

修改和完善原型系统的目标是修改原型以便纠正那些由用户/设计者开发出的不需要的或错误的特征。在这一步中，要进行以下活动：

(1) 装配和修改程序模块，而不是编写程序。

(2) 如果模块更改很困难，则把它放弃并重新编写模块。

快速原型开发法中，实现并使用原型与修改和完善原型是循环反复的，反复次数各不相同，但一般平均略大于 5 次。在几次反复之后，如果建造者认为为了改善其效率或修改的容易程度在原型中做一些修改是适当的，那么这样的修改对用户应该是透明的。

3．快速原型开发法的支撑环境

快速原型开发法需要很强的支撑环境来产生软件原型，该支撑环境由开发工具、可重用程序库、程序接口及应用部件集成四部分组成。

1）开发工具

开发工具用于支持一般应用系统中最常用的功能模块的生成。开发工具包括以下

两类:

(1) 数据库管理系统 (DBMS)。数据库管理系统可以提供很多工具，如用于数据库定义、查询、修改、维护、控制等完整数据库功能的工具或生成工具。

(2) 通用的输入/输出工具。通用的输入/输出工具包括以下三种：

① 报表生成工具，用于报表格式编辑与设计、数据提取以及生成打印程序等。

② 屏幕表格生成工具，用于表格编辑、定义、生成，数据输入和正确性检查等。

③ 图形生成工具，用于生成直方图、曲线图、线条图、分布图和饼图等。

2）可重用程序库

对于标准的计算或处理过程，应预先编制好程序，放入程序库中。可重用程序库可以减少程序员的重复劳动，便于快速原型的使用。

IBM 对商用应用系统软件的调查表明：为用户所写的专门应用代码不超过总代码的 15%，其余 85%的代码大致是相同的，如输入例程、屏幕格式化处理、数据库操作、报表生成等。这说明大约有 60%～85%的代码可由基本的标准模块或标准工具来生成。

要按照用户的要求，利用各个工具生成应用部件以及可重用程序库中所需的程序，再按照实际问题的处理流程或逻辑关系，把它们组合起来，形成一个完整的应用系统，即原型系统。

3）程序接口

快速原型开发法一般要提供以下四种接口：

(1) 宿主语言接口，用于与高级语言连通，利用高级语言来完成快速原型法中现有工具不能完成的特殊应用需求。

(2) 命令语言接口，用于与命令语言相结合。

(3) 查询语言接口，用于与 SQL 语言相结合。

(4) 屏幕表格语言接口，用于与二维屏幕和表格语言相结合。

4）应用部件集成

由应用部件集成各个应用模块，使各个应用部件组成一个完整的应用系统，并维护系统的有效性和可靠性。

应用部件集成功能是从系统整体角度来管理系统的数据和应用模块，掌握系统的流程，对于产生系统文档说明和用户文档说明提供支持。

4. 决策支持系统的快速原型开发

决策支持系统是利用多个模型程序组合而成的解决问题的方案，模型程序所需要的数据取自于数据库。模型库中的模型程序和数据库中的数据都是共享资源。模型库实质上是可重用程序库，数据库通过数据库管理系统（DBMS）可以有效地完成对数据的存取。模型库和数据库为决策支持系统的快速原型开发奠定了很好的基础。

决策支持系统快速原型开发的关键是如何快速地生成系统的控制程序。决策支持系统的系统控制程序需要完成模型程序的调用和运行、数据库中数据的存取、模型组合形式（顺序、选择、循环）以及人-机交互等工作。系统控制程序是一个比较规范的程序，它的结构相对简单，其本身没有复杂的运算和复杂的逻辑结构。只要能实现对系统控制程序的自动生成就能实现对决策支持系统的快速原型开发。

8.2.3 决策支持系统开发关键技术

由于决策支持系统的特殊性，决策支持系统的开发也有别于其他信息系统，其主要开发关键技术包括建模技术、模型库系统、接口技术及集成技术。

1．建模技术

1）建模概念

模型是对客观实际系统的特征和变化规律的一种科学抽象。凡是用模型来描述系统的因果关系或相互关系都属于建模。建模就是对一个实际系统进行模型化的过程。

在探索一些较复杂的现象和过程时，根据已经掌握的事实材料，首先建立一个适当的模型，加以描述，从而认识和掌握其变化规律，分析各个因素对决策问题的影响程度，为确定最优决策提供定量依据。在科学研究中，往往是先提出正确的模型，然后才能得到正确的运动规律和建立较完整的理论体系。它在探索未知规律和形成正确的理论体系过程中，是一种行之有效的研究方法。

系统建模目的主要在于：

（1）分析和设计实际系统。在分析设计一个新系统时，通常先进行数学仿真实验，再到现场做实物实验。用数学仿真来分析和设计一个实际系统时，必须有一个描述系统特征的模型。对许多复杂的工业控制过程，建模往往是最关键和最困难的任务。对社会和经济系统的定性或定量研究也是从建模着手的。例如，在人口控制论中，建立各种类型的人口模型，改变模型中的某些参量，可以分析研究人口政策对于人口发展的影响。

（2）预测或预报实际系统的未来发展趋势。例如，根据以往的测量数据建立气象变化的数学模型，用于预报未来的气象。

（3）对系统实行最优控制。利用控制理论设计控制器或最优控制律的关键是有一个能表征系统的数学模型。在建模的基础上，再根据自组织、自适应和智能控制等方法，设计各种各样的控制器和控制律。

2)建立模型步骤

建立模型主要完成以下两项工作。

(1)建立模型的数学结构,即建立模型中变量之间的方程形式,如线性方程、非线性方程、微积分方程等。

建立模型的数学结构要完成:① 大量的样本数据进行功能分析;② 建立以系统输入/输出变量为组成要素的结构模型。

所谓结构模型,是描述系统结构形态,即系统的组成要素、要素之间的关系,以及各要素与外界之间的关系的模型。这里所说的关系,包括因果关系、顺序关系、隶属关系、连接关系等,且不涉及关系的性质和数量的大小。

结构模型有多种表示法,具体如下:

① 有向图表示法,用于描述系统要素之间的关系,如发电量、用电量、工厂数、人口、电价等要素之间的关系图。

② 邻接矩阵表示法,用矩阵中的行列代表系统的一个组成要素;矩阵中的元素 a_{ij} 表示行元素 s_i 和列元素 s_j 的关系,若 $a_{ij}=1$,表示 s_i 对 s_j 的有影响;若 $a_{ij}=0$,表示两元素无影响。

(2)确定模型的参数。确定模型的参数包括:① 确定变量,包括输入/输出和中间变量。② 确定变量的系数和有关常数。在确定具体的变量以及变量之间的函数关系后,通过大样本数据来确定变量的系数和有关常数。例如,线性回归方程中的变量系数和有关常数。③ 完善模型。模型的基本方程确定以后,对于不同类型的模型,需要完善。如果建立优化模型,还需根据问题建立目标函数(或者从约束方程中选择);如果建立仿真模型,则要将基本方程转换成输出与输入之间的函数关系。

(3)验证模型。验证模型的方法有两种:

① 用样本数据验证模型。模型是以样本数据为依据而建造的。建造出的模型必须要满足这些样本数据,并使产生的误差在规定的范围内。

② 用实际例子验证模型。用样本和数据以外的实际例子检验模型,更能真实考验模型。只有当模型适应大量的各种不同的实际例子时,该模型才能被认可。

建立模型需要进行创造性思维活动,特别是建立模型的数学结构,这往往要进行长期艰辛的劳动。在人类历史上,很多科学家为了寻找自然界的规律付出了心血,如开普勒为了求得行星离开太阳的距离(运行轨道长半轴)与行星运行周期之间的规律,详细分析了他的导师第谷 20 年来对行星的观测数据,花了毕生精力,得出了著名的开普勒定律。随着科学技术的发展,利用计算机进行建模也取得了很多成就。例如,1980 年,P.Langly 研制的 BACON 系统能对大量的物理学定律进行重新发现,开普勒第三定律也能由 BACON 系统很快发现。BACON 系统是利用了人工智能的启发式搜索技术，通过若干精练算子，对实验数据进行反复试算后获得公式的。

对于大量的复杂问题利用计算机来建模还是有一定差距，但是在已知模型数学结构后，针对实际问题确定模型参数（确定变量以及求变量系数等）的建模工作，利用计算机来完成还是很有效的。

3）决策问题的建模技术

对决策支持系统而言，建数学模型的目的是利用该模型去辅助决策，而不可能花很多时间和精力去建模型的数学结构，再花时间去验证该模型的正确性。除非某决策问题有这种需要去新建模型的数学结构，在证实该模型之后再去使用它。

决策支持系统建模的主要问题是如何选择多个模型组合形成解决实际问题的方案，也可以认为该方案是解决实际问题的大模型。每个具体的小模型又涉及所需要的数据。多模型的组合表现为用模型资源和数据资源来组合成实际问题方案。模型资源和数据资源是共享决策资源，它像房屋建筑中的砖和瓦，用相同的砖和瓦可以搭建不同样式的房屋。同样，用模型资源和数据资源可以构建不同的方案，用来解决同一实际问题。决策支持系统就是利用模型库（模型资源）和数据库（数据资源），通过问题综合来组合多模型并通过大量数据形成解决实际问题的方案。这种方案可以是一个或者多个，通过方案的计算和比较，达到辅助决策的作用。

组合多模型的方案是需要决策支持系统设计者利用他们的智慧来完成的。

2．模型库系统

模型不同于数据，由众多的模型组成的模型库也不同于数据库。如何表示模型，如何组织模型库，模型库管理系统的功能要求有哪些，这些问题就成为决策支持系统开发的关键。目前，已经进行了对模型库系统的研究，但还未出现成熟的商用软件，关于模型库系统的统一标准还没有。这样，模型库系统的开发就由研制者自行完成。

模型种类很多，有数学模型、数据处理模型、智能模型、图形模型和图像模型等。其中，数学模型可以用数学方程形式表达，也可以用算法形式描述；数据处理模型一般用数据处理过程来说明：它们在计算机中均用计算机程序形式表示。而图形模型、图像模型等在计算机中均以数据文件形式表示。

用计算机程序表示的模型，由于计算机语言种类较多，就存在用不同计算机语言编制的程序。程序在计算机中又分为源程序和目标程序两种，用不同语言编制的程序就必须用不同语言的编译程序。这些问题都增加了模型库的复杂性。

模型库既包含程序文件又包含数据文件，为了对它们进行管理，需要设计统一的格式进行存储，以便模型库管理系统实现有效管理。

模型库管理系统功能可以参照数据库管理系统功能，如库的建立，模型的查询、增加、删除和修改等功能。由于模型比数据复杂，因此模型库要比数据库复杂得多，模型库管理系统功能随之复杂。

数据库管理系统通过数据库语言来完成各项管理功能，模型库管理系统同样需要设计一套语言来完成模型库的各项管理功能，但模型库语言比数据库语言更复杂。

3．接口技术

在数据库系统和模型库系统建立以后，部件之间的接口技术就是一个关键的技术。决策支持系统由多种结构和操作差异很大的部分组成，部件之间存在着多种接口，典型的有模型部件和综合部件存取数据库的接口、综合部件对模型的接口两种。

1）模型部件和综合部件存取数据库的接口

决策支持系统需要把数值计算和数据处理两者结合起来，而目前还没有一种规范的标准可以同时实现模型管理与存取功能。

数值计算语言编制的模型程序所用到的数据一般以文件形式输入和输出，每个模型程序自带所需的数据文件。在决策支持系统中，大多数决策问题都是多模型的组合，各模型之间是通过数据来相连的，即一个模型的输出数据是另一个模型的输入数据。这样，每个模型程序自带数据文件就不合适了。在决策支持系统中，把所有公用的数据都放入数据库中，这既便于数据库共享，又便于数据的统一管理。

当各模型程序所需的数据都放入数据库后，模型存取数据库的接口就显得特别重要。模型程序用到数据时，需要通过这个接口去存取所需数据。

2）综合部件对模型的接口

综合部件对模型库的接口体现在综合部件对模型的扩展运行以及多模型的组合上。按计算机程序形式来组织模型，一般采用"顺序、选择、循环"结构以及嵌套组合结构模式来组合模型。

4．集成技术

决策支持系统由多部件/系统组成。如何使各部分有机集成为系统又是一个关键技术。这里语言系统和展示系统是关键，它要真正达到控制单模型运行以及多模型的组合运行，控制大量的数据库数据的存取，动态展示知识，并进行交互式推理，以及实现决策支持系统的系统集成。

集成的关键是要利用一种计算机语言，针对具体的决策问题，编制或者自动生成决策问题的总控程序，将所需要的模型库、数据库、知识库进行集成，形成一个实际的决策支持系统。

人-机交互系统从功能上是完成人-机对话功能，即对数据或信息的输入、显示和输出。

人-机对话的信息输入、显示和输出，是人-机界面问题。目前，计算机的人-机界面技术有了很大发展，多窗口技术、菜单技术、多媒体技术（即图形、图像、声音、文字和数据的集成技术）为人-机交互提供了更友好的环境。在开发决策支持系统中的人-机交互系统更应该充分利用这些新技术。

对实际决策问题，完成组织和控制模型的运行和对数据的存取，需要一种计算机集成语言，它需要具有人-机交互、数值计算、数据处理、模型调用、交互式知识推理等多种综合功能。

8.3 基于 C/S 的决策支持系统快速开发平台 CS-DSSP

基于 C/S 的决策支持系统快速开发平台 CS-DSSP 是由国防科技大学陈文伟、黄金才等人开发的一个基于 C/S 计算结构的决策支持系统快速开发平台，支持基于原型法的决策支持系统开发，在中科院遥感所等单位得到了推广。

8.3.1 CS-DSSP 概述

基于 C/S 的决策支持系统快速开发平台（Client/Server Decision Support System Platform，CS-DSSP）的开发环境分为硬件和软件两种环境。

1．硬件环境

该系统开发是在局域网环境下进行的，其中包括数据库服务器一台，广义模型服务器一台，客户计算机若干台，集线器一台。

2．软件环境

客户端计算机运行的操作系统是 Windows XP，模型服务器运行在 Windows NT 4.0 以上版本的操作系统上，数据库服务器选用 Microsoft SQL Server。

系统开发语言选择 Visual C++ 6.0。

CS-DSSP 是客户端交互控制系统、广义模型服务器、数据库服务器三层客户/服务器结构，如图 8.6 所示。其中，广义模型服务器包括模型库、算法库、知识库、方案库和实例库等，通过统一的广义模型库管理系统进行管理。这些库提供各种通用算法、模型、知识，以及若干方案和实例，它们是共享资源，是解决实际问题的基础，本书这里定义模型是算法和数据的组合。数据库存放各类实际问题的共享数据；客户端提供开发实际问题的可视化系统开发工具、对广义模型服务器的操作和对数据库服务器的操作等。

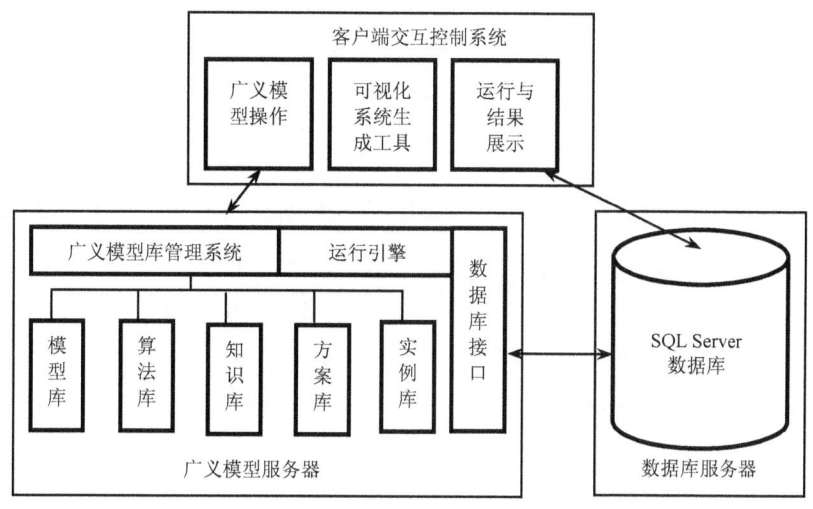

图 8.6　基于 C/S 的决策支持系统平台 CS-DSSP 结构图

实际问题的决策支持系统是多模型的组合系统，其模型种类除数学模型以外，还包括数据处理模型、图形图像及多媒体的人-机交互模型等，其中数据处理模型和人-机交互模型是连接多个数学模型的桥梁。

CS-DSSP 能快速开发出针对实际问题的基于 C/S 的决策支持系统的多个方案，通过这些方案的计算将为决策者提供更多的辅助决策信息。

8.3.2　CS-DSSP 的使用过程

利用 CS-DSSP 针对实际问题的开发过程可分为问题分解、算法选择、建立数据库、单模型生成、方案生成和实例生成六个步骤。

1．问题分解

对一个实际决策问题由开发者进行问题分解，将一个大的实际问题分解成若干子问题，子问题又可以分解成更小的子问题，直到各个子问题可直接进行模型开发。

2．算法选择

目前，已经有大量成熟的模型算法，并已存入算法库中。按照实际子问题的性质、规模和目标，在算法库中选择合适的可计算模型算法。这些选择的算法可以是单个或多个，也可以是同类的或者相连的。对同类的算法需要进行比较，对相连的算法需要考虑连接方式。

3．建立数据库

对于各选定的模型算法需要确定其数据，这需要从实际子问题中提取数据。当这些数据只是该算法所特有时，可将它们以文件的形式存放；如果这些模型数据是由多模型算法所共享，就该建立数据库并存入这些数据。

4．单模型生成

由于规定模型是算法和数据的组合，因此在选定算法并已建立该算法的数据库后，就可对单模型进行调试了；而当计算结果不理想时，马上改变算法或参数，直到单模型计算合理时，该模型确定下来，在模型库中建立该模型。所以单模型生成需要进行反复的模型调试。

按模型的定义，当相同的算法使用不同的数据时，可以认为这是不同的模型。这种规定方便对算法和模型的管理和使用。而如果模型中数据只有少量改变或者系列变化时，仍可认为是同一个模型。

5．方案生成

在客户端上使用可视化系统生成工具针对实际决策问题的处理过程，制作该系统的框架流程。按系统的层次关系，各子问题的框架流程就是子框架流程，它还可以分解成更小的框架流程，而整个问题的框架流程是主框架流程。主框架中的一个框代表了它对应的子框架流程。它们之间是"主、子"关系。这种"主、子"关系结构的框架流程构成了系统方案。

整个系统的主、子框架流程是方便用户理解的可视化框架流程图，这种框架流程也便于方案改变时对框架流程的修改。

6．实例生成

对框架流程图中的每个框连接相应的模型，即指定算法库中的算法，并连上该算法所需的输入/输出数据（含数据库），该实例化的框架就是可执行的了；子框架流程中每个框架都连上模型后，子框架流程就实例化了。

各子框架流程都实例化后，再进行"主、子"框架流程的连接；各框架连接相应的子框架流程后，整个系统的框架流程就实例化了。

在子框架和主框架流程实例化的同时，CS-DSSP 将生成该问题用集成语言构成的控制程序。

实际决策问题本质上是多模型组合的系统，框架流程的实例化就是组合各框架对应的模型并进行有机的组合。在多模型组合中，多个数学模型的连接需要增加数据处理模型或者多媒体交互模型。

8.3.3 CS-DSSP 可视化决策问题建模环境

系统可视化框架流程编辑环境能够帮助决策用户把复杂的现实决策问题及其处理流程表现出来。因此，编辑环境要能够提供足够多的框架元素（图标）来表示复杂问题的各种组成、变化及处理要素，同时这些框架元素要能够充分体现用于决策的各种资源的特性。图 8.7 说明了系统可视化框架流程编辑环境的作用，即系统开发流程。它是用来生成表现实际问题的结构及其处理流程的一种可视化工具。框架经过实例化后生成实际可执行的决策支持系统。

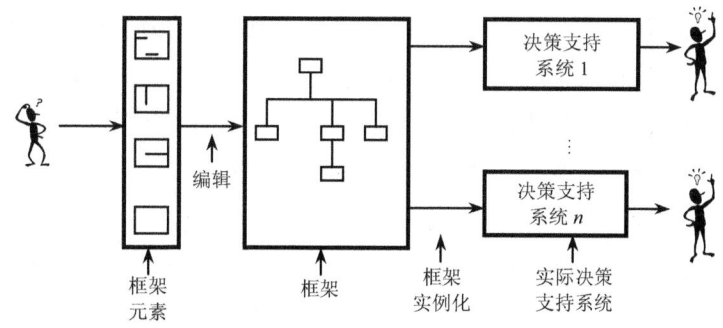

图 8.7 系统开发流程

要适应各种复杂的决策问题，框架元素要能够体现如下三种特性。

（1）模型操作。模型是决策的核心。例如，在全国农业投资问题中，规划和预测是整个系统的基础，所有的对话、数据准备都是针对这两个模型进行的。不管模型管理采用的是本机模式还是服务器模式，一般都提供操作接口。在框架流程中，用户需要的是模型的输入/输出数据格式描述。框架的宗旨是表现出模型的输入/输出与其他模型的输入/输出、系统数据以及用户交互之间的关系。模型的操作包括模型管理、模型数据存取和模型运行等。

（2）数据操作。数据是决策的基础，数据本身也是一种重要的决策资源。它的可视化表现和信息抽取（知识发现/数据开采）是一种重要的决策支持方式。近年来，数据开采领域发展迅速，已经成为决策支持领域发展的重要方向。数据操作主要体现在两个方面，一是能够以各种形式表现数据的内涵，二是能够采取典型的数据挖掘方法，如关联分析方法，从数据中抽取出有用的信息。

（3）人-机交互。决策支持系统处理问题的过程是一个人-机共同参与解决问题的过程。因为人的定性逻辑判断能力远远高于计算机，因此人-机交互不仅能够以一种方便易于理解和操作的方式展现需要定性逻辑判断的决策问题，而且要能够体现决策中的各种人-机交互种类。

框架流程控制。控制有顺序、循环、选择三种基本类型，这三种基本类型控制可以嵌套地进行组织。控制元素把模型、数据、知识、人-机交互等决策支持资源按照用户解决问题的流程集成起来，从而构成问题的概念框架和实例流程框架。控制涉及逻辑表达式、数学表达式和字符串表达式等计算。

在系统中，框架的元素表现为一个图标。编辑环境的主要功能就是辅助用户构筑实际问题的框架（概念框架和实例框架），具体地说包括：移动图标、增加新图标、删除已有图标、建立各图标间连接和修改分支选择等。作为一个决策支持系统框架编辑工具，编辑环境要能够充分体现上述各种元素自身的决策特性。

系统框架只是在概念上对系统进行了描述。有了概念性的方案框架，还要对其中的每一个子问题进行实例框架生成或者确定框架元素对应的模型、数据及其表现和运行模式，从而生成实际可以执行的决策支持系统。这个过程称为实例化。实例化是针对每个图标一一进行的。根据每个图标类型的不同，实例化的方法及步骤是不同的。

实例化的过程可能是一个反复调整、反复调试的过程。由于问题本身的复杂性以及模型参数、数据形式的多样性，用户在解决问题之前一般不能确定选择哪种算法、选用何种数据。例如，对于"农业分区"问题，用户在解决问题之前可能只知道它是一个分区聚类问题，至于选用系统聚类算法、K-聚类算法还是其他聚类算法则依靠实际数据的不同以及应用效果及要求来定。实例化工具为决策用户提供了灵活的方案框架实例化的各种功能手段。

实例化是确定解决问题的各种模型、用到的多种数据及其表现给决策用户的形式、人-机对话的内容以及整个系统的控制流程（循环的条件定义和选择分支的数目等），实例化后的框架是可以执行的一个决策问题解决方案。即使是同一个框架由于采用不同的实例化方法，可能会得到问题的不同解决方案。此时由于有了用于决策的各种资源，有了解决问题的处理流程，因此可以链接用到的系统资源，生成一个可以脱离编辑/实例化环境运行的一个决策支持系统。框架实例化和系统生成如图 8.8 所示。

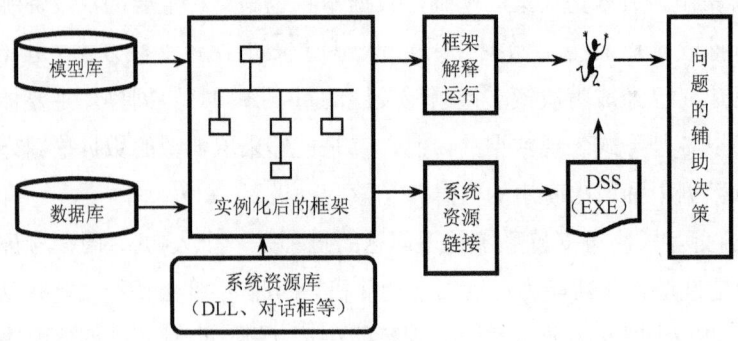

图 8.8 框架实例化和系统生成

由于框架有开始/结束元素,因此系统核心程序完全可以按照框架本身的控制流程进行解释运行。系统可以提供一种具有直观形象的解释运行过程表现,使得用户能够确定其设计的控制流程是否正确以及如何修改。解释运行为用户调试系统框架提供了一种有效的技术手段,从而也帮助用户逐步明确问题,建立决策问题的正确解决流程。这是决策支持系统快速原型开发环境的本质要求。当决策用户确定了问题及其解决流程之后,可以链接相关的系统资源生成可以脱离集成环境运行的决策支持系统。

8.3.4 CS-DSSP 集成语言

决策支持系统总控程序的主要实现手段是 CS-DSSP 集成语言。

1. CS-DSSP 集成语言运行环境

CS-DSSP 作为一种决策支持系统集成语言,首先应该具有一般语言的功能,如循环、选择、顺序控制、变量定义、结构描述、表达式计算、函数调用和子控制调入等;更重要的一点是它要能够有效地集成各种决策资源,并最终形成一个可以独立运行的决策支持系统。为了能够有效地集成决策各种资源,集成语言应该具有方便的数据存取功能、灵活的模型访问(信息的检索、参数的修改、查询及存取、模型运行和结果查询)功能、各种类型的人-机交互机制等。由于是 C/S 模式,集成还应该具有网络连接功能,并能够管理多个模型服务器和数据库服务器的连接。集成语言对数据的存取是通过 SQL 完成的,对模型的存取是通过管理命令语言(MML)完成的。CS-DSSP 集成语言的运行结构如图 8.9 所示。

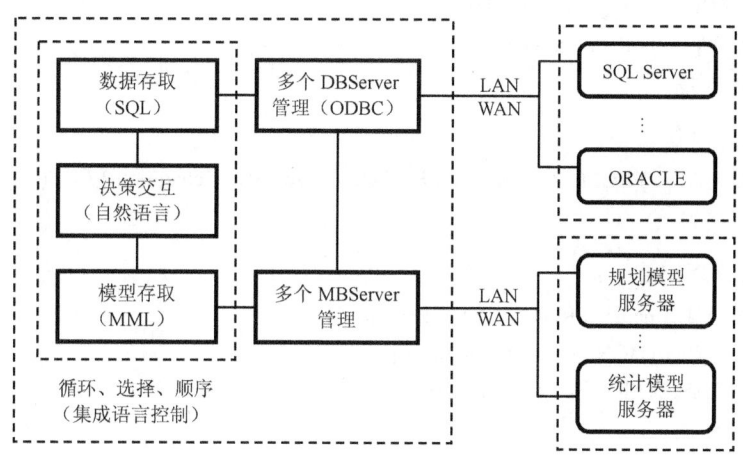

图 8.9 CS-DSSP 集成语言的运行结构

数据库服务器目前在市场上已有成熟的商品软件,而且功能、性能都达到相当的高度，对数据库服务器访问的结构化查询语言 SQL 也已经标准化。因此在实现基于 C/S 模式的决策支持系统时，没有必要自己开发数据库服务器。作为系统重要组成部分的模型服务器还没有成熟的可用商品软件，可以采用自行开发的模型服务器，在对模型的输入/输出标准化的基础上通过模型管理命令语言实现对模型、算法（模型=算法+数据）的统一管理。模型管理命令语言是客户应用程序对模型服务器进行访问的工具，其功能相当于数据库服务器中的 SQL 语句。它也是集成语言对模型服务器上的模型进行访问控制的基础，是集成语言的重要组成部分。

基于 C/S 模式的决策支持系统具有如下优点：

（1）数据、模型等决策资源可以进行集中有效的管理。

（2）数据、模型等决策资源可以在网络环境下共享。

（3）C/S 模式的决策支持系统的开发效率高，开发周期短。

（4）C/S 模式的决策支持系统是分布式群决策支持系统的技术基础。

2. 模型管理命令语言 MML

模型管理命令语言是集成语言访问服务器模型的工具和手段，它也可以单独使用，就如同 SQL 访问数据库服务器一样。MML 具有模型创建、模型删除、模型修改、模型查询、模型运行和其他一些辅助功能。

1）模型创建

模型创建语句如下：

  CREATE {name} INTO MODELBASE
  [INFORMATION { information }]
  [PARAMETERS { parameters }]

2）模型删除

模型删除语句如下：

  DELETE　FROM　MODELBASE　FOR　{ sql syntax condition } [DFILE= true |false]

3）模型修改

模型修改语句如下：

  UPDATE { name } FROM　MODELBASE　[
  INFORMATION　　{ information }]
  [PARAMETERS　　{ parameters }]

4）模型查询

模型查询，如查询模型的信息、参数数据和运行结果如下：

  QUERY_INFO　{ info-index } FROM　MODELBASE
  WHERE　　{ sql syntax condition }
  QUERY_DATA　FROM　MODELBASE

```
        WHERE        { sql syntax condition }
             QUERY_RES     FROM     MODELBASE
        WHERE        { sql syntax condition }
```

5）模型运行

模型运行语句如下：

```
        RUN [ name ] IN MODELBASE
```

6）其他辅助功能

其他辅助功能如 CREATE–INTERFACE（生成交互接口）、CONNECT（连接服务器）、DISCONNECT（断开服务器）、SET（设置系统参数）、BROWSE_SHARE_DIR（浏览共享目录）、BROWSE（浏览库）、COPY_SVR_FILE（复制文件）、DLT_SVR_FILR（删除文件）、RENAME_SVR_FILE（重命名文件）等都能够辅助完成对模型的管理。

MML 在设计和实现上具有如下特点：

（1）每条命令语言的实现都是采用原语方式，即每条命令要么成功，要么失败，不存在命令语言运行的临时结果在命令执行完后仍然存在。这是为保证多个客户同时操作时互相之间不受影响，也是为客户端第三方应用程序的开发提供方便。

（2）从外部来看，广义模型是一个对象。用户可以像使用高级语言一样来操纵广义模型，如对模型输入部分的某一项进行修改的命令为：

```
        Model1.Input.Subsection2.Item1  = '12345'
```

其中，Model1 为广义模型，Item1 为 model1 输入中 Subsection2 部分的某一项。上述命令的意图是把 model1 输入的某一输入项修改为'12345'。

（3）命令语言采用规范化的格式，这一方面有易于用户使用的需要，另一方面是为了有益于命令的扩展。例如，查询模型的特征信息的命令语句为：

```
        Query_info   模型名,类别   FROM   ModelBase
             WHERE      模型创建日期 >= '1999/02/01'
```

它与数据库的 SQL 语句很相似。而模型库以后还可以扩充到工具库和知识库等。

（4）命令语言支持模型之间以及模型与应用系统之间的交互。由于每个广义模型被看做一个对象，且库中的模型都用规范化的接口予以包装，因此其他模型或应用系统可以方便地访问以对象方式对模型进行的操作。

3. 集成语言功能

集成语言功能体现在以下 4 个方面。

1）一般语言功能

（1）定义变量。DSSBuilder 为系统控制提供了以下类型的变量类型，分别为 INT（整型）、STRING（字符串）、REAL（实型）、CHAR（字符型）、BOOL（布尔型）、ARRAY

（数组型）、LABEL（标志型）、MODEL（模型型）、MODELSERVER（模型库服务器）、TABLE（数据表型）和 DATABASE（数据库型）。

（2）控制语句。DSSBuilder 决策流程的控制有 IF-THEN-ELSE-ENDIF（选择）、FOR-DO-ENDFOR（循环）和 GOTO（跳转）三种结构。

（3）程序结构描述。以 BeginMainControl-EndMainControl 和 BeginSubControl-EndSubControl 来描述主控程序和子控制程序，以 DefineVar 来定义控制流程所需要的变量。

（4）子流程与函数调用。子流程调用的格式为：
　　　　CALL　子流程名称;

（5）函数调用的语法同 C++语言函数的调用。系统可为用户提供 38 个可使用的 API 函数，其范围包括模型管理、数据存取、人-机对话、网络连接以及系统功能函数。

（6）表达式语法。表达式包括逻辑表达式、数学表达式和字符串表达式。

2）数据存取操作

底层的数据存取采取标准的 ODBC，应用程序通过 SQL 语句完成对数据的访问。但是对于用户来说，SQL 语言对于数据库的操作还太复杂。而数据存取操作主要是封装 ODBC 功能，为用户提供灵活的数据库访问功能。具体地讲，其语法功能如下所述。

（1）定义查询表。其语法为：
　　　　query_table_variant_name := database_variant_name.DBQuery(sql_syntax string express);
查询的结果存放在 table_variant_name 中。

（2）查询表操作。查询表是一个数据距阵，可以以 table_variant_name[row_num, col_num]方式获得查询表的值或以此方式修改数据；也可将查询表看做一个对象，其操作有 Add、Delete、Commit、GetRowNumer、GetColumNumer 和 GetCount 等。

（3）数据库定义。数据库定义其语法为：
　　　　database_variant_name := ConnectDatabase With DSN=dsnName , User = userName , Pwd = pwd;
在系统中，可以同时连接多个数据库（服务器）。

（4）数据库操作。数据库操作包括数据库连接、断开、查询表的建立、数据表的创建、删除以及执行通用 SQL 语句的功能。

3）模型存取操作

底层的模型存取通过模型管理命令语言（MML）语句完成，而 DSSBuilder 模型的存取操作主要是封装 MML 的功能，为用户提供灵活的程序级的模型操作及其服务器访问功能，其具体语法功能如下所述。

(1)存取模型属性及数据。其语法为：

model_variant_name.property_name（存取模型属性，如编码、对应的算法等）或 model_variant_name.section_name.item_name（存取模型数据，section_name 为 input 或 output，item_name 为参数项）；

这里，模型被看做一个对象。

(2)模型的操作。有关模型的操作有 Update、Query 和 Run 等。

(3)模型服务器连接。连接模型服务器语法为：

modelserver_variant_name := ConnectModelServer With IP=ipAdress ,Port = portNumber , User=userName , Pwd = pwd;

在系统中，可以同时连接多个模型服务器。

(4)模型服务器操作。模型服务器操作包括数据库的连接、断开、模型的建立、删除以及执行通用 MML 语句的功能。其执行通用的模型服务器 MML 的语法如下：

modelserver_variant_name.MBMng(MML_syntax_express)

其中，括号内为 MML 语法的表达式。

4）对话

对话主要体现决策者在决策支持系统决策流程中的参与。由于用户在决策流程中的参与方式及内容是各式各样的，任何决策支持系统集成系统都不能够完全体现决策者所有的参与方式及参与内容。DSSBuilder 的对话功能主要有以下三种：

(1)输入，包括变量取值、SQL 语句、MML 语句等的输入以及对各种方案、选项、数据或模型的选择输入。输入方式可以是键盘或鼠标等。用户可以订制自己的输入格式。

(2)输出，包括变量取值、查询表、模型参数表、模型属性表、模型执行结果等输出，输出媒体可以是打印机、显示器或文件。用户可以订制自己的输出格式。

(3)决策控制流程的干预，如根据上一个模型运行结果（输出）来决定下一个模型的运行方式，或者强制终止一个或整个流程，如询问：

ASK_DECIDER //征询决策者的意见

4．集成语言的解释

系统程序生成既可以在系统集成环境下解释运行，也可以进行链接，生成脱离环境运行的可执行文件。集成语言的解释架构如图 8.10 所示。该图中的"决策流程框架编辑"、"集成语言程序抽取"功能部件属于 DSSBuilder 集成环境中的其他部分；"系统资源"主要指对话的相关交互对话框、图像、图标等及系统所使用的动态链接库，如通信接口库（cscomm.dll）、模型数据存取接口（ModelObject.dll）、MML 解释器库

（mmlInterpretor.dll）等；中间语言是指序列化集成语言程序，其本身并不是机器代码。

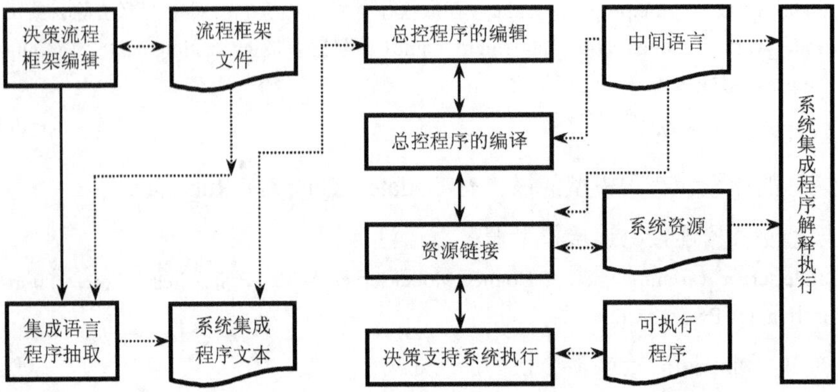

图 8.10 集成语言的解释架构

集成开发环境是一个庞大的系统，用户事实上没有必要每次都启动开发环境来运行自己的决策流程（决策支持系统）。用户完全可以在集成环境下把自己的决策支持系统集成程序编译链接为一个可以脱离集成环境运行的可执行文件，并把决策支持系统的可执行文件及其相关文件安装到其他计算机上，以执行自己的决策程序。

8.4 基于 Web Services 技术的决策支持系统开发

Web Services 技术为决策支持系统的开发提供了新的手段。本节对基于 Web Services 技术的决策支持系统开发相关问题进行介绍。

8.4.1 Web Services 技术架构

Web Services 就是用标准的 Internet 技术建立的、提供应用程序功能的一种网络访问接口技术。如果应用程序能够在网络上通过 Web Services 协议被访问，那么这个应用程序就是一个 Web Services。

1. Web Services 的基本原理

如图 8.11 所示，Web Services 是位于应用程序代码和应用程序用户之间的一个接口。它的作用相当于一个抽象层，将应用平台与编程语言相关的细节（如怎么样调用应用程序代码）分隔开。这个标准化的抽象层意味着任何支持 Web Services 的编程语言都可以访问应用程序提供的功能。

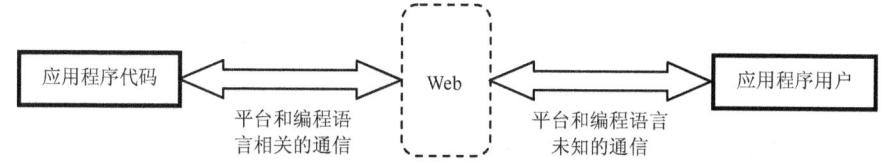

图 8.11 Web Services 在应用程序用户和应用程序代码之间提供了一个抽象层

目前在 Internet 上已有的 Web Services 应用是 HTML 网站。这些网站提供的应用服务（发布、管理、查找和检索内容的机制）通过标准的 HTTP 协议和 HTML 数据格式被访问。支持这些标准协议和数据格式的客户端程序（Web 浏览器）可以与服务器上的应用服务进行交互，完成诸如订购书籍、发送贺卡或阅读新闻等任务。

正是由于基于标准的接口所提供的抽象功能，才使得具体的平台信息不重要了。不管是用 Java 编写的应用服务程序，还是用 C++编写的浏览器功能程序，或是应用服务部署在运行 UNIX 系统的机器上而浏览器运行在 Windows 的环境中，Web Services 都予以支持。Web Services 以一种与平台无关的方式提供了这种跨平台的互操作性。

互操作性是实现 Web Services 获得的重要好处之一。

2．Web Services 概貌

Web Services 实质上是一个消息处理框架。对 Web Services 的唯一要求只是能够使用标准 Internet 协议的组合发送和接收消息。Web Services 最常见的形式是调用运行在服务器上的过程，发送和传递的消息包含着如下的含义："采用某某参数调用某某子程序"和"返回子程序调用"。

图 8.12 显示了一个 Web Services 的响应流程。应用程序包含所有的业务逻辑和完成各项任务的代码；服务监听者（Service Listener）将这些请求解码成对应用程序代码的调用；服务代理有可能为服务监听者准备一个回答，但也可能省略这一步。

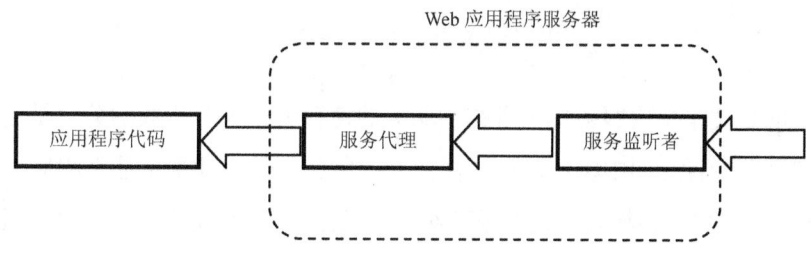

图 8.12 Web Services 的响应流程

服务代理和服务监听者组件既可以是独立的应用（如 TCP 服务器或 HTTP 服务器后台进程），也可以运行在其他类型的应用服务器环境中。例如，IBM 公司的 WebSphere

应用服务器内建支持通过 HTTP 接收 SOAP 消息并调用部署在 WebSphere 中的 Java 应用程序。

Web Services 的运行不要求一定是服务器环境，它可以部署在任何标准 Internet 技术被使用的地方。这意味着拥有或使用 Web Services 的可以是应用程序提供商（ASP）巨大的服务器机群，也可以是小小的 PDA 的任何环境。

尽管 Web Services 的应用常常采用传统的 C/S 模式（服务器存储和处理数据）或多层模式（数据存储、应用逻辑和用户界面分离），但 Web Services 并不要求一定采用这种体系结构。Web Services 可以以任意的形式、在任何地方、为任何目的而服务。例如，对等系统（P2P，分散的数据和处理）与对等端使用标准 Internet 协议并为其他对等端提供服务的 Web Services 有很多相似之处。

3. Web Services 体系结构

Web Services 体系结构由服务提供者（Service Provider）、服务注册（Service Registry）和服务消费者（Service Consumer）组成。在 Web Services 体系结构中，服务提供者通过服务注册发布关于服务的描述。服务消费者通过搜索服务注册找到满足他们需要的服务。服务消费者可以是一个人或一个程序，Web Services 体系结构如图 8.13 所示。

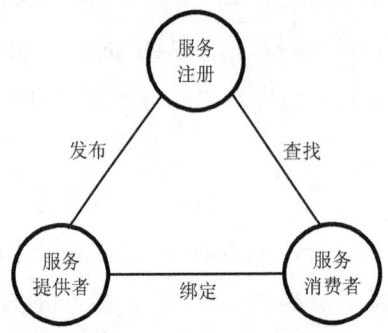

图 8.13　Web Services 体系结构

绑定指的是真正使用服务提供者提供服务的消费者，即时集成的关键是它可以在任意时间，特别是运行时间中发生。这与面向对象编程中的后期绑定非常相似。

Web Services 体系结构是面向对象和组件化的逻辑演化，它的一个基本概念就是"服务"。这些服务封装了实现细节，并发布一个 API 供网络中的其他服务使用。Web Services 是 Internet 上提供的一个自包含模块化的服务程序，它通过 Web 向外界发布服务的接口（调用其功能的说明）供客户端应用程序访问。

Web Services 的体系结构是由五种类型的技术层次实现的，这些技术堆叠在一起，一种技术依赖相邻的下一种技术,如图 8.14 所示。

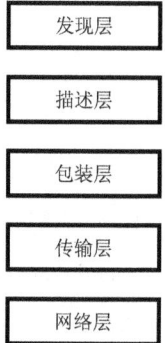

图 8.14 Web Services 的技术层次

1) 发现层

发现层为客户提供了一种获得服务提供者描述的机制。一种被广泛认可的发现机制是统一描述、发现和集成协议（Universal Description Discovery and Integration，UDDI）。UDDI 提供了一个保存 Web Services 目录的机制，用来登记和发布 Web Services，便于 Web Services 程序的统一管理。它定义了一个用 XML 表示服务描述信息的数据结构标准。Web Services 程序提供者必须在 UDDI 注册中心服务器上注册，并通过该服务器对外发布。而服务请求者若搜索某服务，可到 UDDI 注册中心查询，发现所需的服务后取得 WDSI 文档并通过 SOAP 来调用该 Web Services。UDDI 中心也会依据协议来维护服务的 UDDI 信息，包括服务的位置，这样 Web Services 的提供方和访问方就可以保持稳定的连接。IBM 公司和微软公司还联合提出一种可替代 UDDL 的 Web Services 检查语言 WS-Inspection。

2) 描述层

在实现一个 Web Services 时,必须在各个技术层次上决定是否对它们给予支持,如网络层、传输层以及包装协议。服务的描述代表了这些决定,用户可以根据这些描述来接触和使用这些服务。

Web Services 描述语言（Web Services Description Language，WSDL）是提供这些描述的事实上的工业标准。WSDL 用标准的、规范的 XML 语法来描述服务中可供调用的函数名称、参数形式和返回值类型等,为如何调用服务提供了足够信息。由于 WSDL 独立于系统平台和程序语言,WDSL 形式的 Web Services 接口可以由任何程序工具在任何平台上发布,通过 Web 传输,以便让异构平台上的不同系统共享服务和数据。任何人从任何地方只要能够取得 Web Services 的 WSDL 文档,就可以了解它提供的服务以及如何调用这个 Web Services。

3）包装层

由传输层在网络中传递的应用程序数据必须以各方都能理解的格式进行包装，这包括选择可以理解的数据格式和值的编码等。

HTML 是一种包装的格式，但是由于 HTML 偏重于信息的表现形式而不能很好地表达信息的含义，所以不适合于 Web Services。XML 现在是绝大部分 Web Services 包装格式的基础，因为 XML 适合表达传递信息的含义，而且 XML 分析器也很普遍了。

简单对象访问协议（Simple Object Access Protocol，SOAP）是一种基于 XML 的常见的包装格式，它是一种调用 Internet 上 Web Services 程序，进行数据交换的协议。SOAP 的机制是简单的基于 XML 的机制，包括一个描述消息整体结构的封装信息，一组表示应用程序定义的数据类型实例的编码规则和表示远程过程调用（RPC）和响应的约定。SOAP 建立在网络协议之上，因此可以通过各种 Internet 协议进行传输。目前已经实现了基于 HTTP 的 SOAP 协议，基于 SMTP、FTP 和 IIOP 的 SOAP 协议也正在努力开发中；所以客户端仅需具备 TCP/IP 网络环境，即可连接全球的 Web Services。

4）传输层

传输层提供在网络层之上支持从应用到应用的通信的各种技术。这些技术包括像 TCP、HTTP、SMTP 和 Jabber 这样的协议。传输层的主要任务是在网络的两个或多个地点之间传递数据。Web Services 可以建立在几乎任何传输层协议之上。

传输层协议的选择在很大程度上取决于要实现的 Web Services 的通信需求。例如，HTTP 协议提供了最普遍的防火墙支持，但是不支持异步通信；而 Jabber 协议虽然不是标准的，却提供了一种很好的异步通信手段。

5）网络层

Web Services 技术层次中的网络层与 TCP/IP 网络模型中的网络层完全相同。网络层提供了支持基本通信、寻址和路由的关键功能。

8.4.2 基于 Web Services 模型访问

所有能访问 Web Services 的客户端都可以访问上述实现的面向对象的服务。对于需要进行远程对象访问的客户，要构建一个远程对象的代理。创建一个代理的目的是让客户透明的、以本地对象的方式访问远程服务对象。

为了让客户以对象的方式访问，客户代理应设计成类的形式。代理类中必须有一个成员变量，用于存储远程服务对象标志。代理类的构造函数向服务器端发送一个要求得到服务对象标志请求，用返回结果初始化对象标志成员变量。代理类的析构函数向服务端发送一个可以销毁服务对象的请求。此外，代理类的每个成员函数需要把客户的实际请求转换成 SOAP 请求发送到服务器端，还要把返回请求转换成本地结果返回给客户。

客户端还可以在构造函数中加入用户验证信息进行初始化。构造函数将验证信息发送到服务端，服务端根据验证信息是否有效来判断是否返回一个新的对象实例标志给该客户，然后提供该对象中的所有服务。

客户端要实现真正异构环境的服务集成和互操作功能，下面分别介绍由 VB、ASP、和 Java 为主要语言编写的三种方式，这些实现都是向服务器端提交数据功能，从而获得决策支持。

1. VB 调用 Web Services 的基本代码

```
Private Client As SoapClient          '设置 SOAP 服务器对象的变量
Private sConnectedWSDL As String      '保存 SOAP 服务器 WSDL 文件的变量
Private Sub Connect()
    '连接 SOAP 服务器
    Set Client= New SoapClient
Clientmssoapinit sConnectedWSDL.
End Sub
Private Sub Form_Load()
    sConnected WSDL = "http: //" + serverip + ";
7001/login/loginContract. wsdl"
    Connect
End Sub
```

2. ASP 调用 Web Services 的基本代码

```
<% Dim soapclient
'设置 wsdl 文件路径变量
Const WSDL-URL="G：  Myproject server   mainContract.wsdl"
'创建 SoapClient
set soapclient= Server. CreateObject("MSSOAP.SoapClient")
soapclient. ClientProperty("ServerHTTPRequest")=True
soapclient. mssoapinit WSDL-URL% >
```

3. Java 调用 Web Services 的基本代码

```
/**
* @jc:location http-url= "http://Localhost/VBCOM/Apply.WSDL"
```

```
* @jc：wsdl file= ApplyWsdl"
* @editor-info:link autogen-style="java" source="Apply.wsdl"autogen= true"
*/
/**,
* @jc：protocol soap-style="rpc"form-post="false"form-get="false"
*/,
/** @common:define name="ApplyWsdl"vauel::
* ::
*/
```

8.4.3 基于 Web Services 的模型管理

基于 Web Services 的模型管理的核心是模型 Web Services 的构建，即模型通过 Web Services 协议对外提供服务。

一个完整的 Web Services 服务端的实现由消息侦听线程、存根（Stubs）和具体的模型三部分组成。模型存根由消息侦听线程动态加载，而模型是由模型对象来动态激活。基于 Web Services 的模型服务器管理结构如图 8.15 所示。

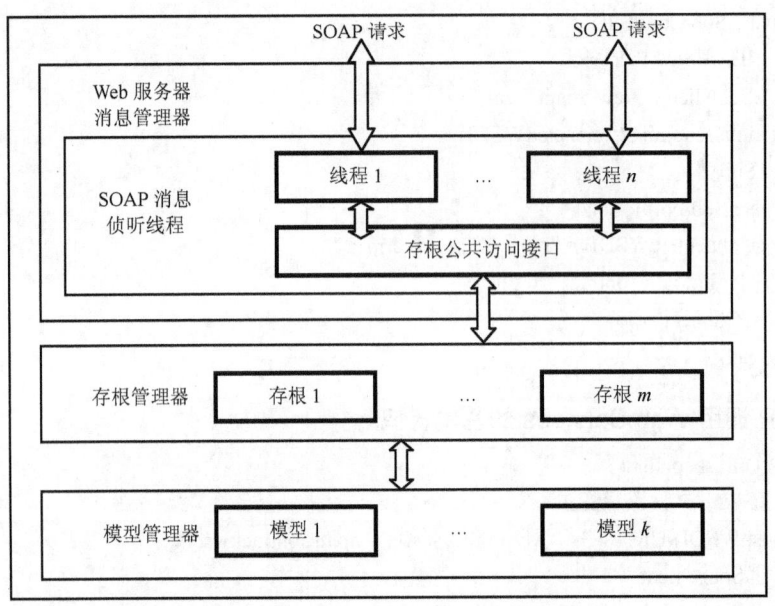

图 8.15　基于 Web Services 的模型服务器管理结构

Web 服务器接收远程的 SOAP 请求，针对每一个请求启动一个处理 SOAP 消息侦听线程。该线程根据 SOAP 请求 URL 或 HTTP 报头，在已加载存根管理器中查找存根。如果存根没有加载，则找到存根位置并动态加载，并把已加载的存根存入存根管理器，以后对该存根的请求就不用再重复加载,由此提高服务端执行效率,节约内存空间。

每个加载的存根都有一个静态的存根对象,所有访问该存根的请求都由该存根对象处理。存根对象中保存有已激活的模型,存根对象会根据请求的 SOAP 报头找到对应的模型,各模型保存有对应客户的状态。

侦听线程通过公共访问接口访问对应的存根,每个能工作的存根都必须导出该公共访问接口。通过公共访问接口,服务器端保证能对兼容的存根即插即用,因而提高了服务端开发的灵活性。存根分析 SOAP 消息报头,然后确定是返回一个新实例的模型标志,还是调用对应实例的方法;或是在没有报头的情况下,创建一个临时对象,调用响应方法。这样实现的服务器端不仅可以实现模型访问,也可以同非模型访问的方式兼容,对于客户来说都是透明的。

最后,在服务接口的描述 WSDL 中,除了需要对模型服务中的每个服务进行描述,还应该有对如何得到模型标志和如何销毁模型进行描述。在得到模型标志的描述中,还可以加入客户的验证信息描述,服务器端可以通过验证信息来确定是否创建新的模型实例。

在上述结构中,Web 服务器已经实现了对于 SOAP 消息的处理以及存根的管理,用户需要做的就是使用相应的工具,如Axis开发自己的模型程序,并进行发布即可。

 ## 本章小结

随着决策问题的日益复杂化以及网络技术的迅速发展,分布式的体系结构将是决策系统发展的一个重要趋势,本章重点对基于网络的决策支持系统进行了介绍。

本章主要介绍了决策支持系统的开发,包括基本的计算结构、开发过程和关键技术;对基于 C/S 的决策支持系统开发平台 CS-DSSP 进行了全面的介绍,重点是可视化编辑环境和集成语言,对基于 Web Service 的决策支持系统开发也进行了概述性介绍。

 ## 本章习题

1. 简述基于 C/S 的决策支持系统的体系结构。
2. 简述基于 B/S 的决策支持系统的体系结构。
3. 简述基于 Web Services 的决策支持系统的体系结构。
4. 简述决策支持系统开发中的关键技术。

5. 论述基于生命周期法进行决策支持系统开发的过程。
6. 论述基于原型法进行决策支持系统开发的过程。
7. 简述 CS-DSSP 的架构。
8. 论述 CS-DSSP 的开发决策支持系统的过程。
9. 简述 CS-DSSP 的可视化框架流程编辑环境的功能。
10. 什么是决策支持系统集成语言?
11. 集成语言的主要功能是什么?
12. Web Services 的概念是什么?
13. 简述基于 Web Services 进行决策支持系统开发的优势。

第 9 章

决策支持系统案例与发展趋势

本章学习重点

本章学习决策支持系统的案例与发展趋势。首先对决策支持系统在国内的主要应用进行了综述,然后就面向服务网络规划的智能决策支持系统、全国农业投资空间决策支持系统两个典型案例进行了分析。最后,探讨了决策支持系统的智能化、网络化和综合化发展趋势。

本章要求了解决策支持系统在各行业的应用情况,掌握面向服务网络规划的智能决策支持系统解决的主要决策问题、用到的优化模型、知识组织以及应用效果等,掌握全国农业投资空间决策支持系统的开发和应用过程;掌握决策支持系统的智能化发展趋势,掌握决策支持系统的网络化发展趋势,重点掌握决策支持系统综合化集成化的模型。

9.1 决策支持系统在中国的应用

由于决策支持系统在实践中对解决决策问题，特别是对于复杂系统和问题的求解，具有重要作用和意义，所以受到各国政府和各管理层的重视。在中国，对决策支持相关领域的研究也特别活跃，形成了中国决策支持系统应用开发和研究的许多重要成果。西安交通大学的田军等人对决策支持系统在中国的应用进行了综合分析，将其归纳为以下六个方面：① 在政府宏观经济管理和政府公共管理中的应用；② 在水资源规划和防洪防汛中的应用；③ 在产业或行业规划与管理中的应用；④ 在生态和环境控制管理中的应用；⑤ 在金融和投资领域的应用；⑥ 在企业生产运作中的应用。下面对这些应用进行简要介绍。

9.1.1 在政府宏观经济管理和政府公共管理中的应用

20世纪80年代开始，中国政府投巨资对国家经济信息系统（SEIS）进行开发，以支持宏观经济管理。该系统包括了分布于全国各省、市、乡村的100多个相对独立的子系统，用于评估和比较不同区域或整个国家的社会、经济和生态系统指标，模拟、预测发展趋势并分析政策所产生的影响。同时，许多不同层级的政府公共管理部门也开始开发决策支持系统以支持他们的工作和决策，如税务管理、劳动就业、产业管理、城市环境管理和土地管理等，这些应用为决策支持系统的发展提供了机遇并产生巨大的影响。该领域的决策支持系统如表9.1所示。

表9.1 政府宏观经济管理和政府公共管理决策支持系统

类型	内容	特点	典型应用	应用状况
宏观经济	评估和比较区域社会、经济和生态系统指标，模拟并预测发展趋势并分析政策产生的影响	智能化、综合化、可视化的信息管理与组织；模拟分析、预测和评价模型	陕西省发展决策支持系统；安徽省GODSS；辽宁省PADDS，湖南经济发展决策支持系统；陕西SES-DSS	逐步开发，部分已投入使用
区域发展	就业信息、消费品交易价格和灾难等信息的查询，辅助农业决策和预测经济危机	采用人工神经网络（ANN）预测模型	北京区域经济BSS；区域经济社会发展决策支持系统；郊区经济发展决策支持系统	已投入使用
税务管理	税收管理、数据分析、税收预测、税赋核查等	利用AI和ANN分析和预测税收	智能税务决策支持系统	在21个省和73个城市已投入使用，占国家总税收的30%
劳动就业	存储所有大城市的劳动就业信息，支持政府微观调控	信息存储，统计、预测、模拟和指标控制	城市劳动与就业决策支持系统	在全国建立了5个大的信息数据库

续表

类　　型	内　　容	特　　点	典型应用	应用状况
产业管理	帮助政府管理主要的产业群	使用投入产出模型	产业结构调整决策支持系统	北京水资源消耗综合指数
环境管理	城市环境信息，分析、监督和控制环境发展趋势，分析环境政策	地理信息系统（GIS）和动态仿真多媒体	城市环境管理信息和决策支持系统（上海）	环境质量、效应、参数与政策
土地管理	城市土地信息，土地利用规划，商业用地价值评估	GIS，规划与决策模型，数据库技术	全国土地动态监测决策支持系统，城市地价评估与规划决策支持系统	利用决策进行土地规划和开发

9.1.2　在水资源规划和防洪防汛中的应用

中国南方地区洪涝灾害频发，国家各级政府和机构一贯对防治洪涝灾害十分重视。与此同时，中国北方的大部分地区又干旱缺水，水资源的合理规划利用与调配，也一直是国民经济发展中急需得到关注的问题。在 20 世纪 80 年代中期，国内学者开始将决策支持系统的方法应用于水资源规划和管理。到目前为止，在该领域已有许多成功的应用，主要包括以下 4 个方面。

1．水资源数据库系统

水资源数据库系统用于收集水资源数据以进行综合管理和识别，用于防止或控制洪水，供应城市需求和农业灌溉等。如许新宜的水资源管理数据库。

2．防洪预报与预警系统

防洪预报与预警系统能根据洪水预报迅速计算不同防洪调度方案的后果，供防汛决策者进行方案选择。例如，长江防洪决策支持系统、黄河防洪决策支持系统、基于卫星遥感的河道防洪信息系统、浙江省防洪决策支持系统、安阳市防洪决策支持系统、江西省用于决策指挥决策支持系统等。

3．水资源规划与调度

根据水资源优化配置理论，由社会经济、生态环境与水资源组成一个宏观经济水资源大系统，它们之间具有广泛的联系性，互为制约因素，因此水资源配置问题具有多层次性，评判系统发展的优劣程度具有多目标性。比较有代表性的是水资源优化配置决策支持系统，该系统包括一个装有上百万数据的数据库、一个由概念化模型组成的模型库系统和灵活方便的人-机交互系统，可帮助决策者对水资源规划中的决策问题进行辅助决策。例如，翁文斌开发的京津唐水资源规划决策支持系统，可对方案进行多目标分析并给出优劣排序；联合国开发计划署（UNDP）资助的华北平原地区水资源规划，采用微观经济模型和系统仿真模型,已扩大应用到全海河流域;黄河管理委员会建立的决策支持系统,可对黄河水资源利用规划方案及水分配政策做出科学的选择。

4．水资源管理调度系统

由于各地区水资源分配的不平衡状况,该领域的研究应用越来越受到重视,特别是一些跨区域的大型项目,如天津滦河引水项目中水库群调度、丹江口水库优化调度、三峡工程决策支持系统、南水北调中东线工程中的水资源规划决策支持系统,以及城市供水仿真决策支持系统等。

9.1.3 在产业和行业规划与管理中的应用

针对中国近海渔业资源的可持续利用,外海渔场的开发及中国海洋专属经济区、中日和中韩水域管理的需求,"863"计划设立专题开发海洋渔业和地理信息决策系统。该系统将遥感、地理信息系统、全球卫星定位系统和专家系统等技术综合应用于海洋渔业,开发了基于规则的模型自动拟合选择资源的评估系统,成功地应用于东海海区主要经济鱼种的资源量评估及可能渔获量预报,对全面规划渔业生产,合理开发海洋渔业资源,促进海洋渔业的可持续发展,辅助国际渔业谈判发挥了决策支持的作用。

国家"十五"科技攻关计划针对金属矿产资源保障程度与开发利用问题开发了辅助决策系统,该系统可预测未来10年中国黑色和有色金属的资源特性和保障程度,分析影响中国主要金属资源保障程度的技术和财务因素,系目前国内外预测分析功能较强、包含分析数据较齐备的金属资源战略决策支持系统,较好地解决了中国在制定重大经济发展决策时一直缺乏强有力辅助决策工具支持的问题。

9.1.4 在生态和环境控制管理中的应用

国家"863"计划中针对西部地区生态系统保护开发的决策支持系统,可以综合评价影响生态系统的因素,分析政策的影响力,对促进西部地区生态系统及可持续发展发挥了积极的作用。程红光开发的用于地方水污染控制的决策支持专家系统,可辅助环保部门改善城市水质量。张朝圣等人开发的环境地质与化学管理信息系统,采用环境模型,将地理信息系统与统计方法相结合,并通过专家系统进行分类分析,以便对环境的改变进行研究,并提供决策支持。安徽省使用的疾病防治决策支持系统,用于流行性传染病形势预测和"SARS"通告,对"SARS"疾病的控制和预防起到了一定作用。

9.1.5 在金融和投资领域的应用

决策支持系统在金融与投资领域的典型应用如表9.2所示。

表 9.2 决策支持系统在金融与投资领域的典型应用

应用类型	应用领域	主要功能	特 点
项目投资决策	房地产投资	投资收益、组合投资策略、筹资方案及成本、期房定价等	采用技术经济模型
	工业企业投资	扩建、新产品开发、设备更新	采用智能化部件
	港口投资	投资方式与投资规模	事例库和知识库
	石油工业投资	预测、决策与评价	与专家系统结合
	农业投资	农业空间投资分配决策	GPS 和 GIS
	风险投资	投资风险、投资额、预期收益	与专家系统结合
	项目投资决策支持系统	预期收益投资经费划分与收益分析	数据仓库技术
证券投资分析	公共投资决策支持系统	进款分析和股票筛选	Web 技术
	股市分析系统	优化投资组合	数据挖掘
金融预警	金融预警系统	宏观经济金融预警	建立评价指标体系
	金融决策	金融风险分析、宏观调控策略	数据仓库和数据挖掘
银行管理	银行安全评价	负债管理、危机预警和风险分析	数学模型
	银行决策支持系统	运营监控、客户信用评估等	三库系统
	筹资决策支持系统	筹资决策分析	推理机

9.1.6 在企业生产运作中的应用

面向企业的决策支持系统分为两种类型：一种是针对特定行业的业务模式而开发的决策支持系统，如针对证券业务的决策支持系统和应用于水电企业的决策支持系统等；另一种是针对企业运作中的某一方面，如财务管理、营销管理或人力资源管理等开发的决策支持系统。企业可以根据其实际情况选用不同的决策支持系统或将多个决策支持系统集成。

表 9.3 列举了一些决策支持系统在企业中的应用实例。

表 9.3 企业生产运作管理的决策支持系统

类 型	开发与应用	内容和特点
跨国公司决策支持系统	跨国公司 GDSS	支持跨国企业运作管理，促进国内企业的国际化进程
财务会计	天极发展信息公司	模型与用户共同驱动
生产计划	大庆炼油企业管理 长沙烟厂管理	使用线性规划模型制定生产计划
人力资源管理	安利芳服装公司	统计过程控制
营销管理	中都企业大厦	产品定价、促销、客户分类及物流模式选择
客户关系管理	鹏华证券公司 北京汽车销售公司	分析顾客特点、检查客服质量
金融管理	上海电力公司	管理公司金融信息，控制现金流

续表

类型	开发与应用	内容和特点
组织管理	为小型制造企业开发的组织管理决策支持系统	许多中国香港制造公司将生产移到内地,在香港保留支持部门,这些决策支持系统试图解决生产计划和控制的集成问题
农村水电企业	农村水公司运作管理	价格管理、电流规划管理和负荷平衡

9.2 城市旅游行程规划决策支持系统

下面介绍一个用于城市旅游行程规划的智能决策支持系统。该系统是一个基于Web的系统,可根据用户的个人兴趣和偏好,提供个性化的城市旅游规划。

9.2.1 问题描述

在诸如巴黎、巴塞罗那或伦敦这样的大城市,游客如果想要去观光每一个旅游景点,需要大量的时间。然而大多数游客的时间和预算是有限的,因此必须选择最感兴趣的景点去参观。游客通过多种不同的渠道收集感兴趣的景点信息,然后考虑可利用的时间和这些景点的开放时间,对这些景点进行选择和规划路线。通常,这会是一个相当复杂和耗时的过程。

城市旅游行程规划系统就是用于解决这类问题的决策支持系统,它通过综合考虑天气、开放时间、拥堵情况和个人偏好,向用户推荐景点的最佳选择和它们之间的路线。系统的实现需要以下关键步骤:

(1) 用户偏好和兴趣的获取与量化。
(2) 景点信息的获取与量化。
(3) 旅游行程规划问题的算法设计。
(4) 系统的实现框架。

9.2.2 决策支持系统的开发

下面介绍用于比利时法兰德斯地区的旅游行程规划系统 City Trip Planner 的系统结构和关键设计与实现方法。

1. 系统结构概述

City Trip Planner 系统是一个基于Web的旅游专家系统,其工作流程如图9.1所示。首先,获取用户的个人数据,包括个人旅游兴趣(类型、集合、关键词)和行程约束条件(时刻、天数等)。其次,根据个人数据与兴趣点(POI)数据库进行兴趣评估打分。

再次，根据兴趣评分及兴趣点数据库进行旅游行程设计。这个问题被表达为组合优化问题并求解。最后，建立个性化旅游行程建议，并通过下载或打印方式供用户使用。

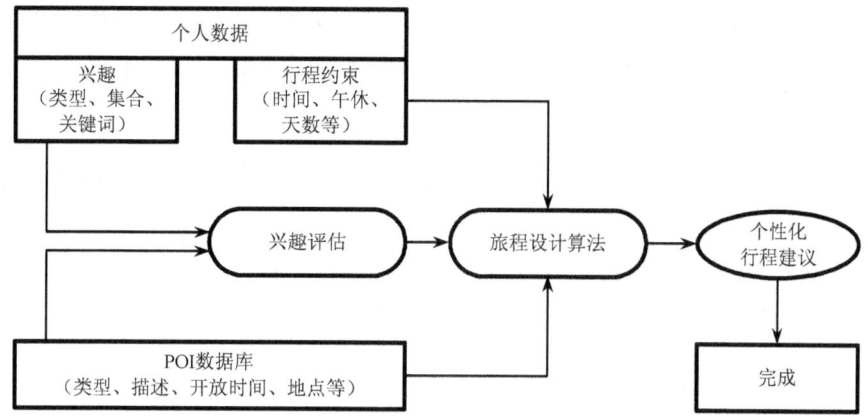

图 9.1　City Trip Planner 系统工作流程

2. 兴趣点（POI）数据库构建

City Trip Planner 系统具有一个地理空间数据库，其包含比利时法兰德斯地区 5 个具有历史名城的旅游兴趣点。其中各城市兴趣点数量为：安特卫普 170 个，布鲁日 143 个，根特市 216 个，鲁汶 83 个，梅希林 109 个。存储的每个兴趣点数据包括：GPS 坐标、开放时间表、平均参观时间及该景点的英语和荷兰语的文字描述。兴趣点被分为不同类型，如修道院、城堡和教堂等。此外，兴趣点还有考古、建筑、古典艺术、当地市场和街道、现代艺术、自然、宗教艺术和科学等属性集合。对于每一个属性，每个景点都由当地旅游办公室管理员确定隶属度：无、部分、主要或完全。同时，管理员可以推荐至多 5 个兴趣点为该城市的招牌景点，作为系统默认值向旅客推荐的初始行程的一部分。

系统中所有兴趣点数据由各城市的旅游部门提供并实时更新，数据可直接通过 Web 进行编辑录入。

3. 用户个人数据录入

游客首先输入一系列旅行约束，包括城市的选择、到达日期、计划旅行天数等。其次，对每一天的旅行，游客选择起始点和起始时间。起始点的选择可以从预定义的地点集合中选取（如火车站、公交站），也可以输入任意地址名（如旅馆名）。在一天的行程中，用户可以指定具体的休息、午餐时间段，如某用户指定在 13:00—15:00 预留 1 h 的午餐时间。基于上述用户数据，City Trip Planner 系统进行数据库查询，找出所有满足时间、距离约束的兴趣点集合。

然后，City Trip Planner 系统根据用户偏好创建用户配置文件。该配置文件包含兴趣点类型、兴趣点属性集合、关键词三个部分。用户对于兴趣点属性的偏好程度分为：无、部分、主要、全部四类。对于不同兴趣点类型的用户也有其偏好程度。此外，用户可以通过增加任意关键词的方式完善其配置文件，如添加关键词足球、战争或中世纪等。最后，用户有权限创建一个个人账户以便于个人偏好配置文件的存储和重用。

4．兴趣评估

在用户输入旅行约束及偏好信息之后，系统将评估用户对于各个兴趣点的偏好程度，并据此对各兴趣点进行打分。该兴趣分数包含类型分数、属性分数、关键词分数三个方面的内容。每个兴趣点属性隶属度分值分别为：0分（无）、1分（部分）、2分（主要）、3（全部）。对于其他分数采用同样的打分机制。

兴趣点的类型分数设置为用户对该类型兴趣点偏好度的3倍。如果该用户对该兴趣点不感兴趣，则其类型总分是0，该兴趣点将被移除出兴趣点集合，不再作为备选兴趣点。兴趣点的各属性分数计算如下：每个兴趣集合中的数值隶属度乘以用户对相应属性的兴趣值。

关键词分数的计算采用向量空间模型，该信息检索技术被广泛应用于搜索引擎。可将兴趣点数据库中的文字描述进行预处理和标签化，形成文件向量。用户以关键词的形式描述偏好，在系统中被转换为检索向量。这些检索向量用于与不同兴趣点的文件向量进行匹配。通过这种匹配完成关键词评分，并归一化为0~36分。

上述三种分数相加形成该用户对于该兴趣点的个人兴趣分数。表9.4以一个大修道院为例，计算了该兴趣点的兴趣分数。

表9.4 兴趣分数计算实例

		POI分	游客分	小 分	总 分
类型集合	大修道院		3		12
	考古	3	2	6	
	建筑	2	1	2	
	古典艺术	1	2	2	
	当地市场	0	0	0	20
	现代艺术	0	2	0	
	自然	1	1	1	
	宗教艺术	3	3	9	
	科学	0	1	0	
关键词搜索	"历史"				15
总分					47

5．旅游行程的算法设计

在上述数据支持下，系统对于游客行程的设计是对经典的具有时间窗的团队定向问题（Team Orienteering Problem）的拓展。在此问题中，每个兴趣点具有不同的时间窗，同时不同日期的时间窗也不同。此外，在该问题中增加了休息时间的规划，该规划没有固定的地点和时间。这些拓展性条件也增加了问题求解的复杂度。

时间窗问题是典型的组合优化问题。由于诸如整数规划的确定性解法需要消耗大量的计算资源和时间，在系统中寻求该问题的次优解更为合理。因此系统实现中采用了启发式算法以求解问题的次优解。

在对系统推荐的方案进行修改和调整后，用户若对方案满意，即完成方案制定。用户可以打印详细的游览行程表，包含所有景点的到达与离开时间、相关景点的完整文字描述和详尽的地图和路线。这些信息也可以下载到移动 GPS 设备，以精确定位用户位置。此外，通过社交网站，用户可以与家人、朋友分享其行程规划。

6．系统的实现

City Trip Planner 系统通过基于 Web 的应用程序实现。所有的数据被存储在一个具有空间地理信息扩展（PostGIS）的 Postgres 数据库上。用户交互是通过在 ApacheWeb 服务器上使用 php 和 java 脚本的动态网页来实现。得分预测和旅程设计算法通过 Java 1.6 编程实现，并且通过 Web 服务将结果反馈给系统用户。

9.2.3　系统的应用

为了说明 City Trip Planner 系统的各个计划步骤，下面用一个案例进行说明。某用户计划去布鲁日进行为期一天的旅程，从火车站出发，在布鲁日的中心市场结束，要求在 12:00—14:00 要有 60 min 的午休时间，用户行程约束编辑界面如图 9.2 所示。

图 9.2　用户行程约束编辑界面

接下来，用户输入偏好信息。其中，对于用户兴趣点属性偏好的编辑界面如图 9.3 所示。其中，用户对"宏伟的建筑"和"城市宫殿"有极大的兴趣，对"雕像"和"城市公园"没有兴趣。

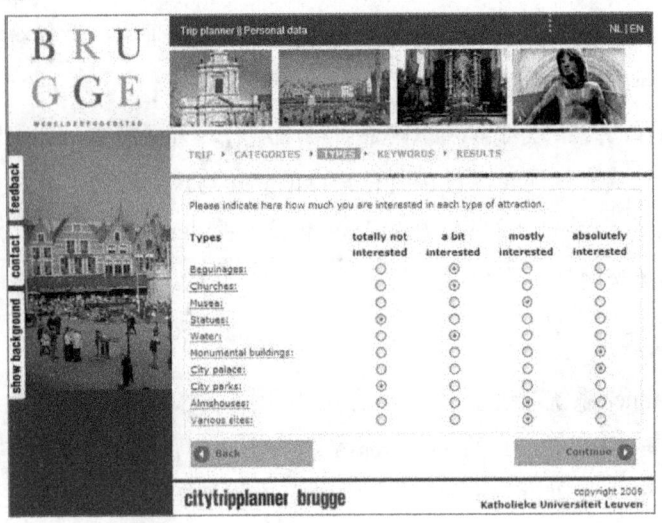

图 9.3　用户兴趣点属性偏好编辑界面

生成的旅行行程建议显示在一张表（见图 9.4）和一张地图（见图 9.5）上。在这个案例中，行程不包含雕像或城市公园，但是有许多广场、建筑和城市宫殿。得分最高的感兴趣景点是"音乐厅"。这与用户偏好是高度相关的。在这个界面上，用户可以对系统推荐的方案进行进一步的手工调整。

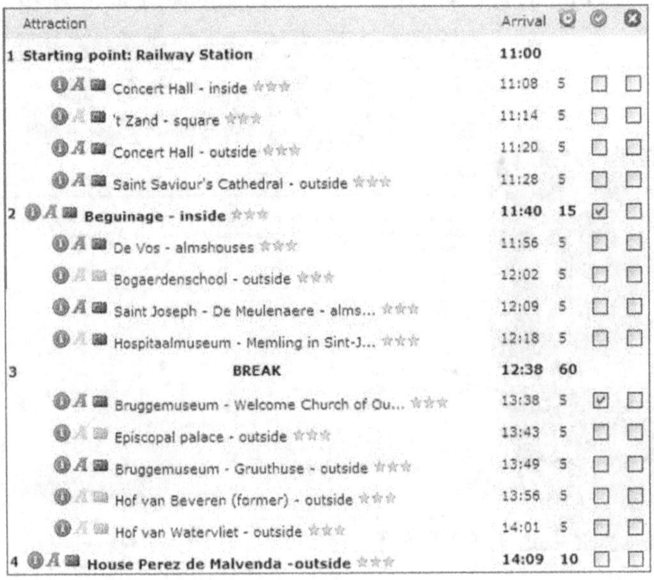

图 9.4　旅行行程建议

图 9.5 给出了这次行程的部分地图,如行程的结束地到达"中心市场"。最终确定好行程后,用户可以下载或打印具有详细感兴趣景点信息的完整的地图。

9.3 面向服务网络规划的智能决策支持系统

下面介绍一个用于航空快递服务网络规划的智能决策支持系统。该系统使用了基于最优化模型和仿真模型的两阶段模型辅助决策方法,并将基于模型的决策支持系统和专家系统结合,为航空快递服务网络的规划提供辅助决策。

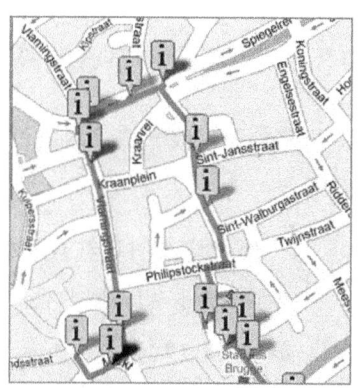

图 9.5 旅游行程图

9.3.1 问题描述

1998 年 7 月,中国香港国际机场已从接近市中心的位置迁到赤鱲角岛上,并完善了相关的主要基础设施,以便支持搬迁后的后勤服务并满足旅客不断变化的需求。机场位置的变化也给航空运输行业带来了一定的影响,为应对这一变化,世界著名的航空快递服务商敦豪快递公司(DHL)从降低成本、提高服务质量的角度出发,重新设计自身在香港的分发网络。

敦豪快递公司(香港)的服务网络主要由需求地域、仓库、服务中心和机场构成。需求地域是事先划定的服务区域,根据用户的需求水平和地理因素进行划分。在繁华的商业区需求区域较多,这些地方的服务订单比较集中。为了对敦豪快递在香港的分发网络设计进行决策支持,需要理清其业务流程。首先,当需求区域的邮递员拿到包裹后,便将其送到覆盖几个区域的仓库。在仓库中,包裹被统一整理,然后被传送到负责该仓库的服务中心。一个服务中心负责几个仓库,并在功能上与一般仓库类似。所有主要处理过程都是在服务中心执行的,诸如贴签、X 光透视、重新称重和文件资料整理等。最后,货物员进一步将包裹整理到航空货箱或袋子里,运送到机场并转装到相应的飞机中。

敦豪快递公司(香港)需要有效地管理从收包裹、统一整理、集中处理、再统一整理直至装载到飞机上的全过程。服务网络是这一过程的核心,与仓库和服务中心的选址相关联的决策是服务网络设计工作的关键。因此在服务网络设计中需要对以下四方面进行优化:

(1) 仓库的地点、每个仓库负责的需求区域及其覆盖范围。
(2) 服务中心的地点及其负责的仓库。
(3) 仓库和服务中心的容量。
(4) 仓库和服务中心的建设进度。

9.3.2 决策支持系统的开发

下面介绍敦豪快递服务网络设计决策支持系统开发中采用的一些关键方法、技术及措施。

1. 最优化与仿真结合的辅助决策方法

敦豪快递服务网络设计决策支持系统使用由最优化模型和仿真模型组成的两阶段方法提供辅助决策（如图 9.6 所示）：首先使用最优化模型搜寻在 10 年的跨度范围内能够满足需求的最低成本的分发网络，然后使用仿真模型在日常运营层面对网络进行验证和评估。

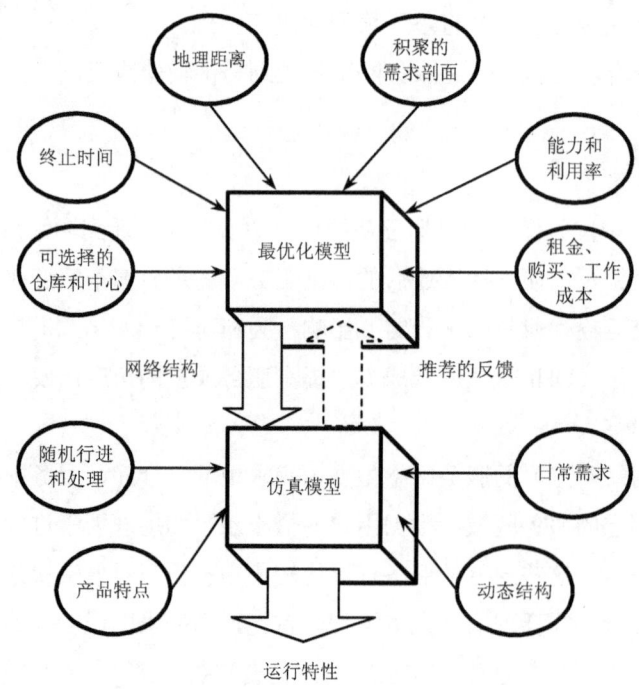

图 9.6 两阶段网络规划方法

1）最优化模型

敦豪快递服务网络设计决策支持系统使用的最优化模型是一个混合整数规划模型（MIP），目标是在满足用户需求、设备能力和反应时间的条件下，搜寻总体成本最低的分发网络。需要做出的最主要的决策是两类设施（仓库和服务中心）的选址、它们相应的容量、安置的年份，以及邮包投递的任务分派。规划模型由基于个人计算机的混合整数规划软件 MPSIII 实现，该模型包括 45 900 个连续变量、1050 个 0～1 的整数变量和 820 个约束条件。

2)仿真模型

最优化模型使用诸如年份约束和平均成本等聚合数据搜寻优化的网络结构,但并不考虑快递服务的波动性和随机性。因此,敦豪快递服务网络设计决策支持系统进一步使用仿真软件 ARENA 来模拟航空邮递服务网络的日常运营行为,通过业务过程仿真来验证并评估最优化模型得到的服务网络的性能。服务网络的验证包括对 MIP 模型和仿真模型计算结果中每一处设施利用情况的检查,以及网络成本的比对。服务网络的性能测量标准包括以下两方面:

(1)服务覆盖率——邮包在规定时间内运到指定地点的概率。

(2)服务可靠性——投递的包裹能够搭乘当天航班运走的概率。

3)计划的迭代过程

上面的两阶段方法是一个迭代过程。决策者首先使用混合整数规划模型获得一个 10 年范围内的最优分发网络。然后,使用仿真模型对该网络进行仿真。在仿真结果的基础上,决策者对最优化模型使用的输入数据进行验证,评定网络中设施的利用情况,并对网络的性能(即服务覆盖率和可靠性等)进行评估。验证和仿真的处理过程通常要求决策者在两个模型之间迭代,直至决策者对相关的性能评估数据满意为止。图 9.7 阐明了敦豪快递服务网络设计的计划迭代过程。从仿真中收集的网络工作特性结果将反馈到模型的下一轮运行中。

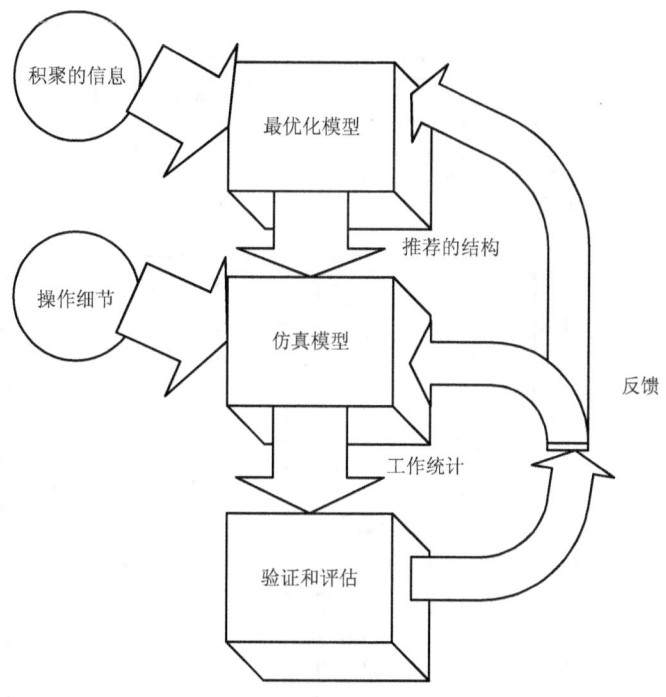

图 9.7 计划的迭代过程

2. 系统的结构

敦豪快递服务网络设计决策支持系统采用了基于模型的决策支持系统与专家系统结合的结构。其中,基于模型的决策支持系统负责数据和模型的操作,而专家系统则为计划迭代提供领域知识并推荐解决方案。

图 9.8 给出了系统的结构。其中,数据和模型的操作由数据库管理系统和模型库管理系统分别完成。数据更新和模型运行的指导工作由专家系统在界面直接完成。模型库管理系统从数据库管理系统获得相关输入数据来运行模型,而模型运行所产生的结果则返回到数据库管理系统中储存起来。数据库也作为知识库为专家系统提供素材。专家系统的推理机根据领域专家的要求,使用这些事实和预先设定的规则进行模型验证和计划评估。

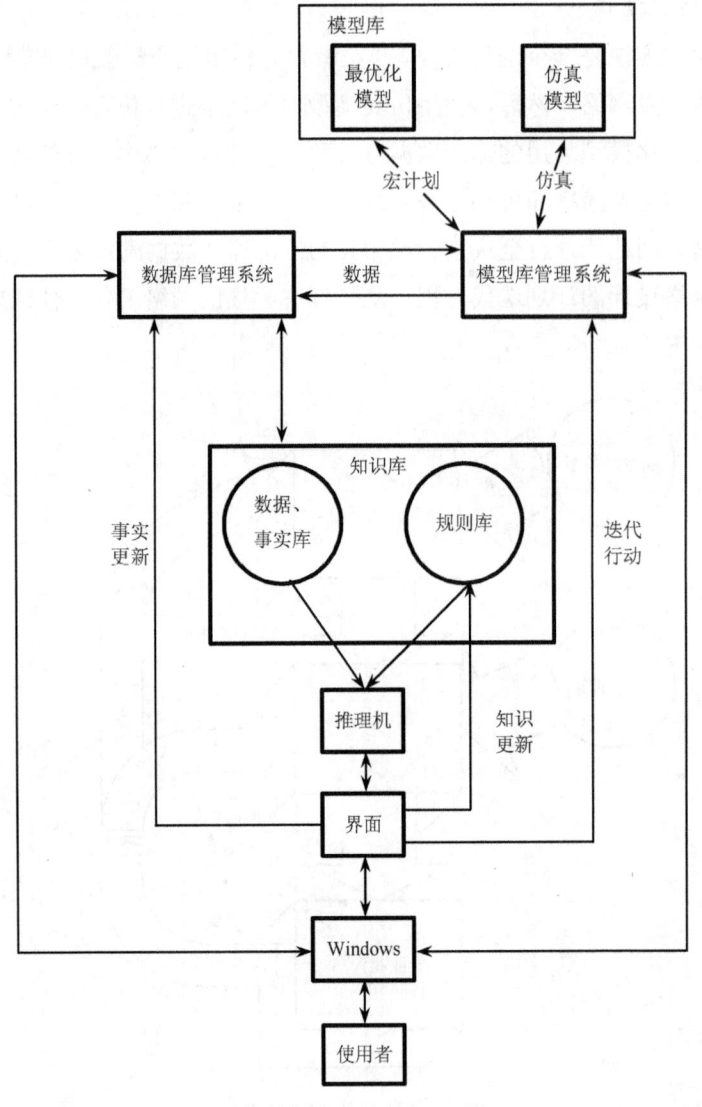

图 9.8 系统的结构

3. 系统中的模型操作

敦豪快递服务网络设计决策支持系统采用基于个人计算机的数据库管理系统 Microsoft Access 管理所有数据，并响应来自模型库管理系统和专家系统界面的请求，数据和模型操作如图 9.9 所示。许多初始需求和操作数据存储在 Microsoft Excel 表格中，使用 Access 的一个好处在于 Access 具有将数据存入 Microsoft Excel 并进行管理的能力。

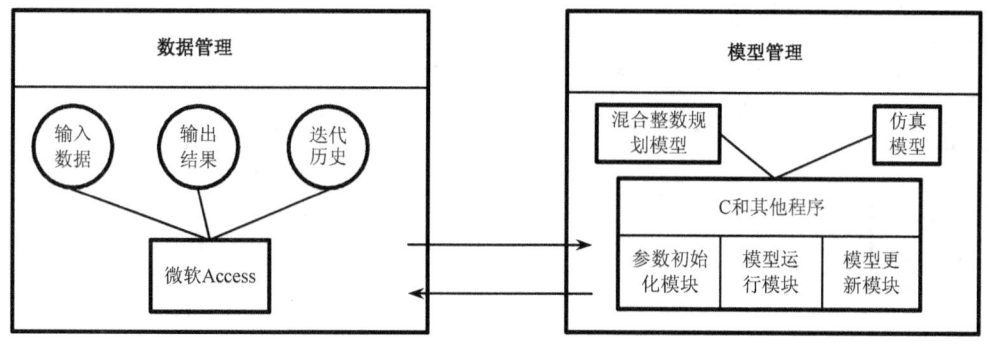

图 9.9 数据和模型操作

输入数据，指数据的聚合，如为最优化模型准备的所有区域以年为单位的需求数据和各种设施、活动的工作成本数据，还有为仿真模型准备的工作参数诸如运行时间和日常需求的样本。

输出结果，指两个模型每次迭代得到的网络结构和多次迭代后得到的最终网络结构（即网络结构和仿真统计）。

迭代历史，指贯穿于计划过程的活动记录，包括每次迭代中的模型更新和数据变化情况。

利用敦豪快递服务网络设计决策支持系统进行网络规划时，模型库管理系统依据从决策制定者和专家系统界面接收到的指令来进行不同模型的操作。参数初始化、模型运行和模型更新是模型库管理系统中三个程序模块分别提供的主要功能。参数初始化模块负责从数据库中找到需要的数据和参数，并转换成为需要的格式；模型更新模块负责在验证和工作仿真的过程中更新数据的设置和参数；模型运行模块负责调用仿真模型进行仿真。

4. 系统中的知识处理

知识库以"If-Then"的形式存储从专家那里获得的领域知识和计划演练中积累的知识。在推理机的帮助下，敦豪快递服务网络设计决策支持系统对以下任务提供智能指导：① 解释和验证两个模型生成的计划结果；② 以服务覆盖率和可靠性为标准评价网络的性能；③ 在迭代的计划过程中确定下一步的工作。决策支持系统的知识处理在第三步中执行。

网络规划的整体逻辑流如图 9.10 所示，其中涉及知识处理的四个主要任务是：① 单个运送成本验证；② 设施利用率验证；③ 服务覆盖率评估；④ 服务可靠性评估。每次迭代一般包括基于特定的标准对完成的任务进行评价、行动序列（包括模型）的更新和运行以及下一个任务的处理。

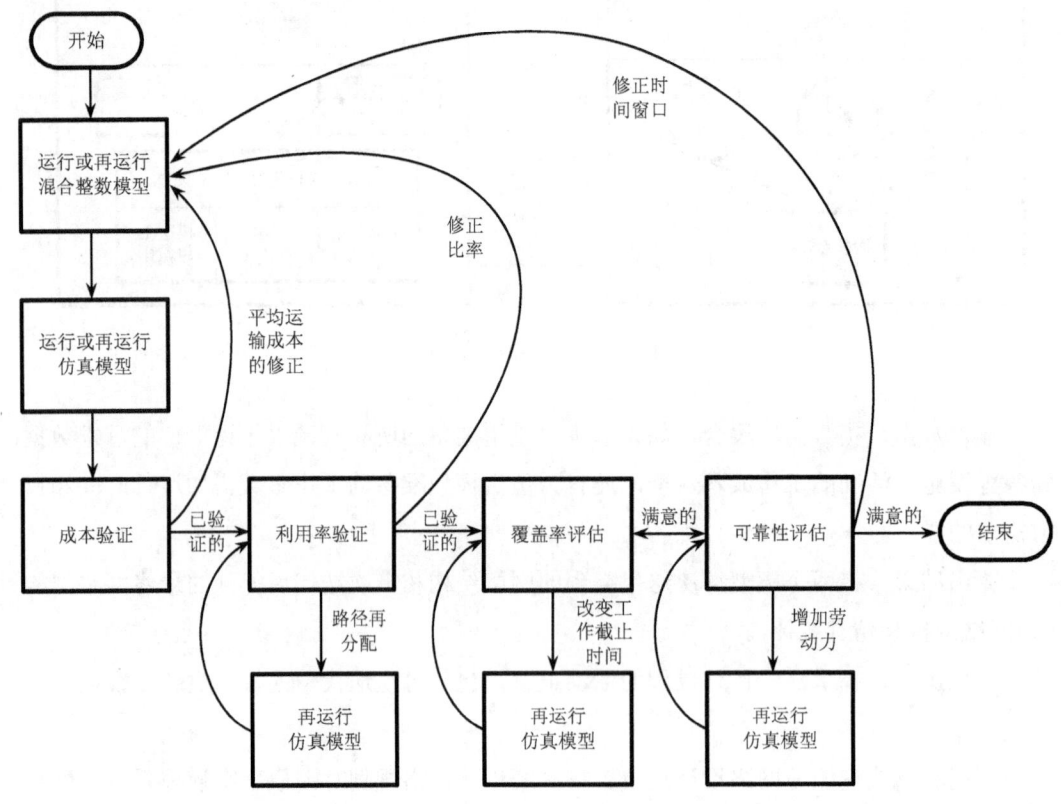

图 9.10　网络规划的整体逻辑流

在验证任务中使用知识进行的推理过程由依赖图、反射条件以及目标行为之间的因果关系组成。图 9.11 给出了用于验证单个运输成本的目标依赖图。图 9.11 中每个三角形都对应一组规则，三角形的左侧为规则集的条件，右侧为结论和工作。条件的名称写在箭头线上或矩形内。图中问号表示变量需要进一步的推导，可以从数据库中获得，也可以提示决策者给出确切含义。每个条件和工作的可能取值分别显示在箭头线或矩形下面。推理的目标标记在依赖图中三角形的右侧。这里，如果在所有的有效线路中混合整数规划模型评估出的成本与仿真得到的结果基本一致，则运输成本得到了验证。

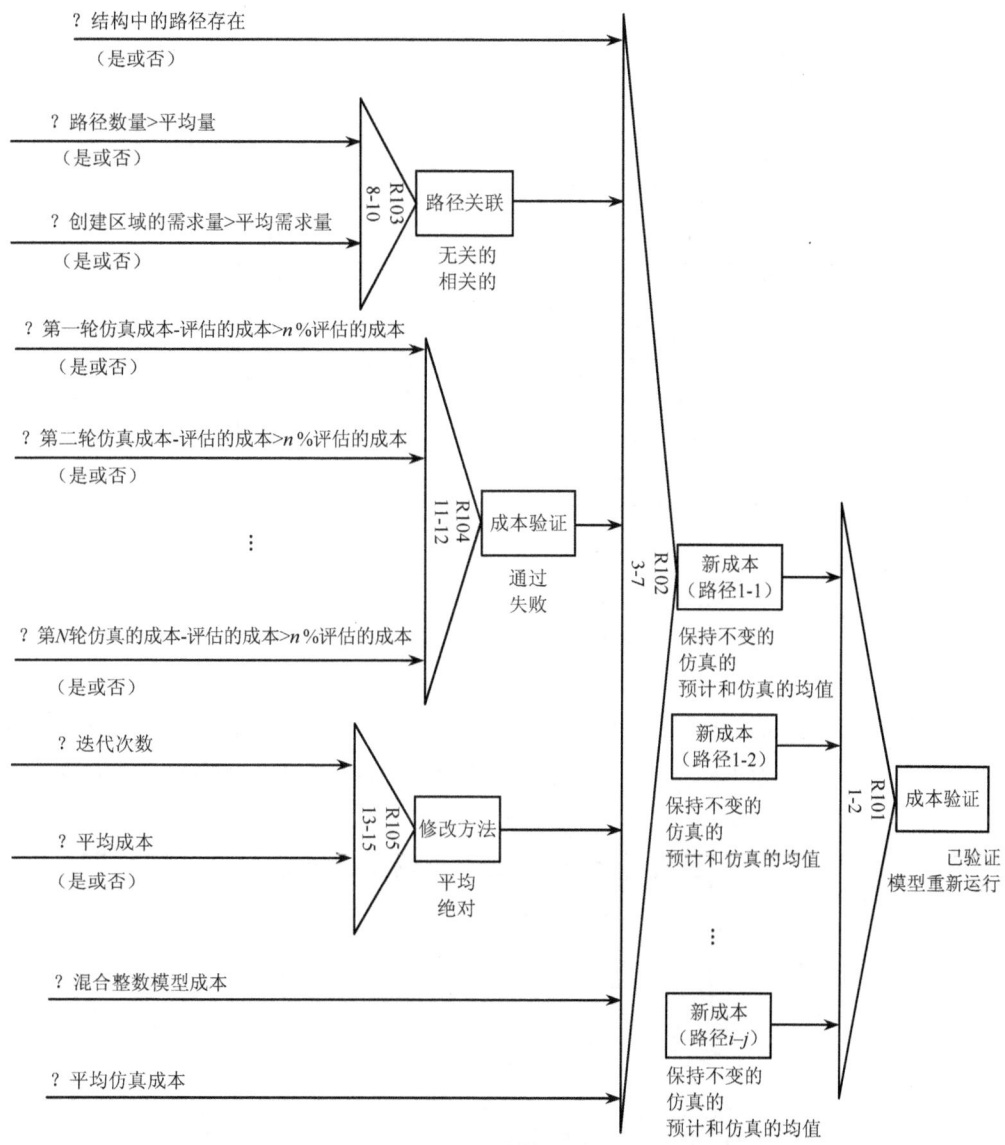

图9.11 用于单个运输成本验证的目标依赖图

每个三角形都关联到一个决策表。图9.11中三角形R102所代表的规则集对应的决策表如图9.12所示。该决策表包含关于规则的两部分信息。首先,除第一列外,表中的每列对应一个规则。如图9.12中的第2列代表的规则为:"如果路径存在状况为'否',则该路径的单个运输成本保持不变(RM)。"表中的第二部分信息则是规则推理时规则序列的触发顺序,即系统由左至右遍历图表中的整个序列,尝试激发每个规则,直至有一个规则被真正激发。

决策表——R102（路径 i–j 的新成本）					
条件/规则	3	4	5	6	7
路径存在	否	是	是	是	是
路径关联		否	是	是	是
成本验证结果			通过	失败	失败
更新方法				ABS	AVG
混合整数模型成本					MIP
平均仿真成本				ASIM	ASIM
（路径 i–j 的新成本）	RM	RM	RM	AS	AT

NA——不可应用的
RM——保持不变
AS——平均仿真成本设定
AT——两个成本的平均
MIP——混合整数模型成本
ASIM——平均仿真成本

图 9.12　决策表——单个运输成本更新

在依赖图和决策表的帮助下，知识按照"if-then"的规则进行编译。图 9.13 给出了从决策表 R102 中抽取的规则。依赖图中每个三角形对应的决策表中的知识抽取都与之类似。

```
/* ------------------------------------ */
/*  Rule Set 102 - New Cost    */
/* ------------------------------------ */

kb3:
  if route_existence-I-J = no
  then new_cost-I-J = remain unchanged

kb4:
  if route_existence-I-J = yes
  and route_relevancy-I-J = irrelevant
  then new_cost-I-J = remain unchanged.

kb5:
  if route_existence-I-J = yes
  and route_relevancy-I-J = relevant
  and cost_validation-I-J = pass
  then new_cost-I-J = remain unchanged.

kb6:
  if route_existence-I-J = yes
  and route_relevancy-I-J = relevant
  and cost_validation-I-J = fail
  and modification_method-I-J = abs
  and average_simulated_cost-I-J = ASIM
  then new_cost-I-J = simulated cost.

kb7:
  if route_existence-I-J = yes
  and route_relevancy-I-J = relevant
  and cost_validation-I-J = fail
  and modification_method-I-J = avg
  and mip_cost-I-J = MIP
  and average_simulated_cost-I-J = ASIM
  then new_cost-I-J = Average of estimated
  and simulated cost.
```

图 9.13　从决策表 R102 中抽取的规则

9.3.3 决策支持系统的应用

下面给出一个测试案例来验证敦豪快递服务网络设计决策支持系统的应用效果。该测试案例包含有 33 个需求区域，其中 15 个作为仓库的候选地点，9 个作为潜在的服务中心所在地。网络运行的约束包括：① 对于所有的仓库和服务中心，设施利用率不超过 85%；② 截止时间不超过下午 17:15；③ 服务覆盖率至少达到 90%；④ 服务可靠性不低于 95%。

决策者可以通过系统界面发出命令，让系统对 MPSIII 的模型运行进行初始化，以开启计划的过程。模型通过计算优化得出的网络结构成为仿真的输入内容。网络的结构和仿真的结论统计随后会传递到专家子系统进行验证和性能评估。在迭代的全过程中，专家系统会一直向决策者提供建议，直至形成决策者满意的网络设计。

在验证中，敦豪快递服务网络设计决策支持系统依据预先设定的规则和方针的结果验证成本和设施利用情况。图 9.14 给出了当系统检查每条路径关联时，执行必要个体成本的计算和比较，然后为未验证的路径推荐行动方向时，系统所给出的一些信息。验证过程会不断重复，直至成本和设施利用率都得到验证。

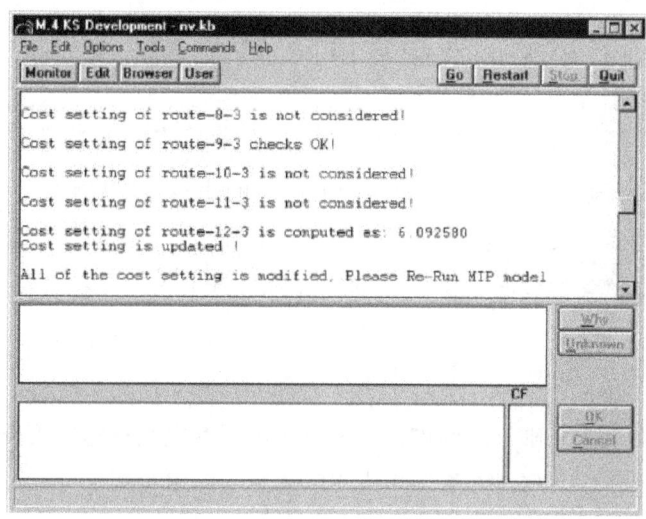

图 9.14　验证单个运输成本

当验证完成时，系统开始检验服务执行情况，并决定网络设计是否需要更新。服务覆盖率和服务可靠性两个性能指标从仿真统计中得来并被显示（见图 9.15）。决策者可以在线更改性能需求，并且专家系统会决定适当的更新并根据反馈结果对必要的迭代进行初始化。

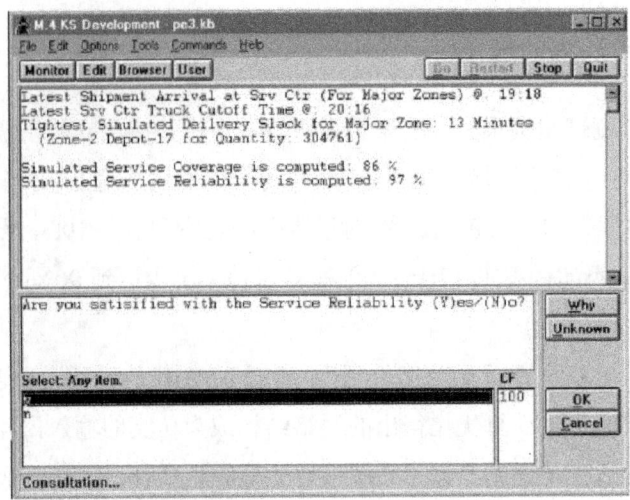

图 9.15 性能评估结果

在测试案例中,系统在搜索到最终网络设计之前进行了 14 次迭代。经过检验,运用系统辅助生成的服务网络设计方案的质量可以与没有智能决策支持系统、用手工完成的方案相媲美,而方案的生成效率得到了显著提高。

9.4 全国农业投资空间决策支持系统

下面介绍中国科学院遥感所开发的"全国农业投资空间决策支持系统(Spatial Decision support System for Agricultural Investment in China,SDSS/AIC)"。SDSS/AIC 涉及的算法主要有聚类、线性回归、投资分配、AHP 和线性规划等运筹学算法,涉及的数据包括全国各县自然条件数据、多年(1980—1996)粮食产量数据、农业生产投入数据、价格换算表等,是一个复杂的、集成多种模型和数据、需要反复测试和调整的决策应用问题。

下面以一个案例为基础,说明如何在网络环境下存取共享的决策资源,以及如何借助模型服务器所提供的共享决策资源生成实际的决策应用实例。

9.4.1 问题描述

中国幅员辽阔,人口众多,自然社会经济条件千变万化。如何在时空上卓有成效地形成"投入最少,产出最大"的局面,是各级管理决策者在其规划、管理和决策工作中不断追求的目标和需要认真解决的问题。SDSS/AIC 的目的就是将巨大的国土范围分解为一些不同的区域。在每个区域内部,其自然和社会条件的相对一致、差别较小;而区域之间,彼此的差异应尽可能明显,SDSS/AIC 的概念框架如图 9.16 所示。这为因地制宜地实施各种方针、政策和规划措施奠定了科学而合理的工作基础。

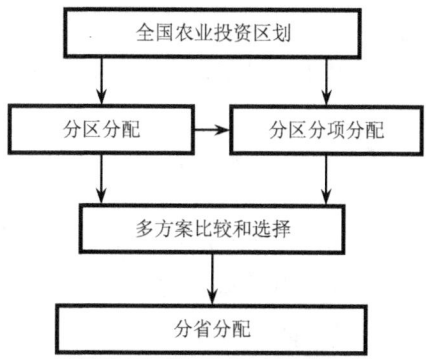

图 9.16 SDSS/AIC 的概念框架

对中国农业投资方案的基本要求是:① 投入最少,产出最多;② 不同地区有不同的投资方案;③ 各地区除总量不同外,分项分配亦应有所不同;④ 投资方案必须按省级行政单元下达,以便执行检查。据此,图 9.17 给出了 SDSS/AIC 的问题处理框架。

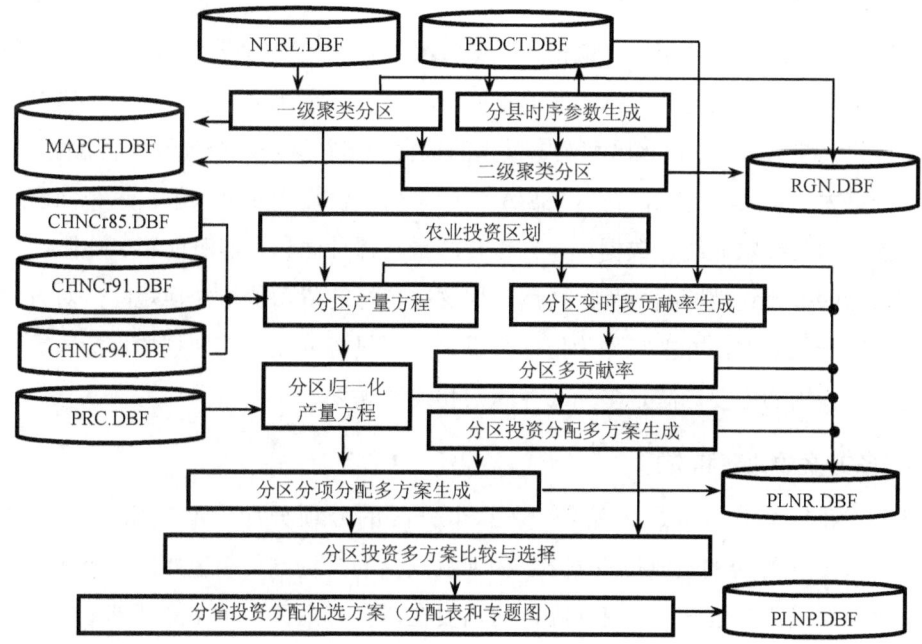

图 9.17 SDSS/AIC 的问题处理框架

1. 投资区划

在 SDSS/AIC 系统中,农业投资区划分两级。一级分区以自然条件为基础。它根据影响粮食生产的气象因子（气压、湿度、风力、光照、降雨和温度等）以及土地状况（土质、地形和水资源等）将全国分为若干个大的一级区。对于每个一级区域，再根据其中各县过去几年的粮食总产水平、变化趋势、稳定程度等参数，进一步分为若干二级区，以区别它们在粮食生产状况上的差异，因地制宜地处理农业投资问题。使用的主要算法为聚类算法和线性回归。

2. 分区分配

在全国农业投资额一定的情况下，如何把它们合理地分配到每个农业投资区划的二级区里去，是一个事关重大的问题。为了确保粮食生产的稳定和提高，采用如下原则：以往粮食产量多、对全国粮食产量贡献率大的区域，相应给它们的投资也就多；产量少、贡献率小的区域，给予投资也应少一些。在计算平均产量及其贡献率时，可以用不同年份长短，如 3 年、5 年或 10 年的时序产量来计算。由此，同一区域可能产生不同的贡献率，进而也可计算出不同的区域投资分配方案。在分区分配中，使用的主要算法是投资分配算法。

3. 分项分配

在完成了分区投资分配后，就得到了各二级投资区相应的投资额度。如何合理地使用这些投资额，使它们能够根据各区的不同情况，按一定比例、有效地用于影响粮食生产的诸多关键领域，以获得该区和全国最大的粮食产出？这是一个分区分项分配的问题，具有十分重大的意义。为此，在 SDSS/AIC 中采用线性规划模型来解决这个问题。首先用多年的全国县级农业统计数据，建立粮食产量与播种面积、灌溉面积、化肥、电力、机械等指标的多元线性回归方程。然后，用这些指标的货币价格转换矩阵，对方程进行货币化的归一化处理，并把它作为依据来设定分项投资分配线性规划的目标函数。在分项分配中，使用的主要算法是多元线性回归和线性规划。

4. 多方案的比较和选择

通过 NF1 个分区分配方案和 NF2 个分区的分项分配方案的组合，可以生成 NF=NF1×NF2 个综合的农业投资方案。如何从众多的投资方案中选择出一个或两个适宜的方案来？这是决策过程的关键所在。这需要在诸多方案评价排序的基础上实现。对于以粮食生产为核心的农业投资决策支持系统来说，除了考虑投入和产出之间的关系外，还要考虑许多其他方面的因素，如投资结构的合理性、分区投资的风险程度、分区粮食供需的状况、粮食生产总体发展趋势以及有关农业的方针政策，以及市场需求等方面的因素。因而，定量、定性评价排序模型以及它们的综合模型都能在不同方面发挥自己的作用。在多方案的比较和选择中，使用的主要算法是层次分析法（AHP）算法。

5. 分省分配

投资方案必须按省级行政单元下达，以便执行检查。因此最后生成的报告是各省的分配总额以及各省在各个影响农业产量的领域（各个指标）中的分配额。在分省分配中，使用的主要是报表生成工具和 SQL 语言。

9.4.2 决策支持系统的开发

SDSS/AIC 的开发主要分为以下几个阶段：模型研制、数据准备、方案生成、方案的实例化、方案的运行和修正。其中模型采用的主要是一些通用的模型，如线性规划、多元线性回归和聚类等。数据是全国各县每年的粮食产量以及各县的空间信息（地理位置和自然条件等）。这些模型和数据由多年从事空间决策研究的中国科学院遥感所提供，其中数据存放在 SQL 服务器中。

这里主要介绍如何使用这些模型和数据生成决策问题的解决方案，对于决策问题的每个步骤如何选择和连接相应的模型与数据并形成实例，则通过运行实例，根据运行结果调整决策方案。

1. 模型和模型服务器

对于研制的各种模型，由服务器统一进行管理和存储，作为共享资源为各种决策支持系统应用开发提供服务，如图 9.18 所示。

图 9.18 模型服务器：资源的存储和共享

决策支持系统开发人员通过网络获得模型等各种公共资源的服务，生成实际的不同的决策支持系统。而模型的运行和维护由服务器统一进行管理，它减少了不同开发人员自己开发模型的麻烦，而且可以充分利用大型机器集中运算的优势，减少了运算设备的重复投资。

服务器启动模型服务之后，客户端的应用程序通过管理命令语言操纵服务器上的各种模型、算法、实例等资源。服务器通过检测模型等资源的调用，完成客户端的服务请求，并把模型的运行状态和运行结果通知用户，启动服务和状态检测如图 9.19 所示。

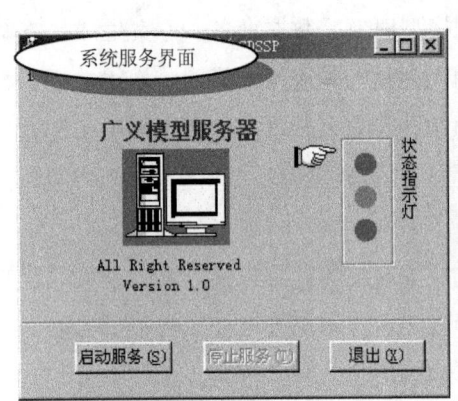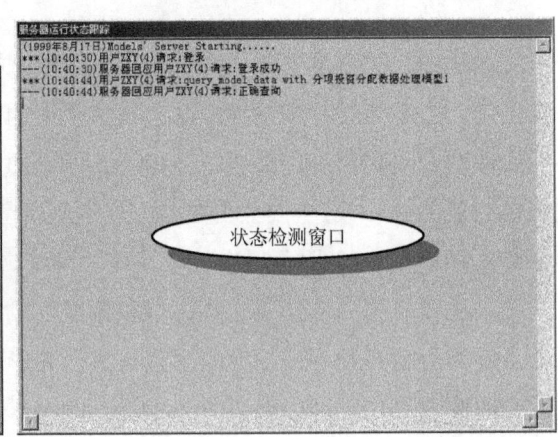

图 9.19　启动服务和状态检测

2. 方案生成

系统方案框架的生成是解决实际问题的首要任务和基础，它是从概念上对实际应用问题进行分解。这种分解是概略的、战略上的和全局的。框架中的每一个步骤都标明了它需要解决的问题，与模型库中的一个模型或一组模型对应。方案框架是决策问题进一步实例化的依据，又是保证用户一步步地去完成整个决策过程的向导，它给予决策用户一个全局的概念。"方案生成"主要体现在要领框架和逻辑方案两个阶段。

1）概念框架阶段

在概念框架生成阶段，最终用户或管理决策人员起着主要或主导的作用。他们从需要解决的决策支持问题出发，可以利用 DSSE（Decision Support System Environment）的可视化流程生成工具构造一个解决问题概略的过程，即解决问题的概念框架。这种框架体现了管理决策者解决问题的处理过程、个人经验和常用办法，也是开发平台能够协助管理决策者完成其决策任务的有力工具。

SDSS/AIC 是一个很复杂的问题。它的解决除了需要借助前人的经验和专业知识外，还需要经过对各种方案的反复实践与不断探索，才能取得较好的结果。因此，在 DSSE 中，完整的 SDSS/AIC 表现为一个很大很复杂的框图。如果先把整个框图都做好，然后再把它一下子全实例化的话,其难度是很大的,有时甚至是不可能的。因此 DSSE 的可视化集成环境为用户提供一种由上至下的应用问题解决途径。

作为 SDSS/AIC 的概念框架,借助 DSSE 的可视化集成环境,领域专家建立了如图 9.20 所示的 SDSS/AIC 的概念框架。

2)逻辑方案阶段

逻辑方案阶段实际上是在概念框架的基础下,通过管理决策者和系统技术人员反复磋商与讨论,使之得以不断细化的过程。这种细化过程一直要进行到概念框架被分解为能从逻辑上与某种模型和数据直接相连的单元时为止。也就是说,由此形成的逻辑方案实际上是解决这个问题的详细处理过程和实际计算。逻辑方案的生成(部分)如图 9.21 所示。

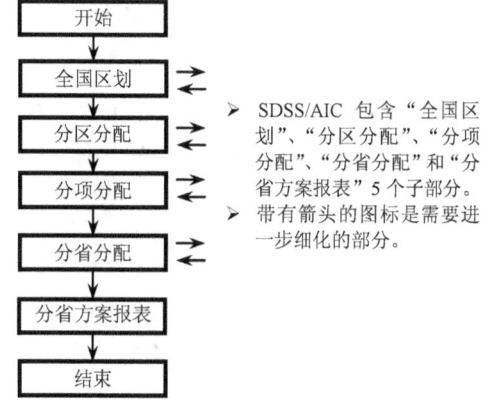

图 9.20 DSSE 中 SDSS/AIC 的概念框架

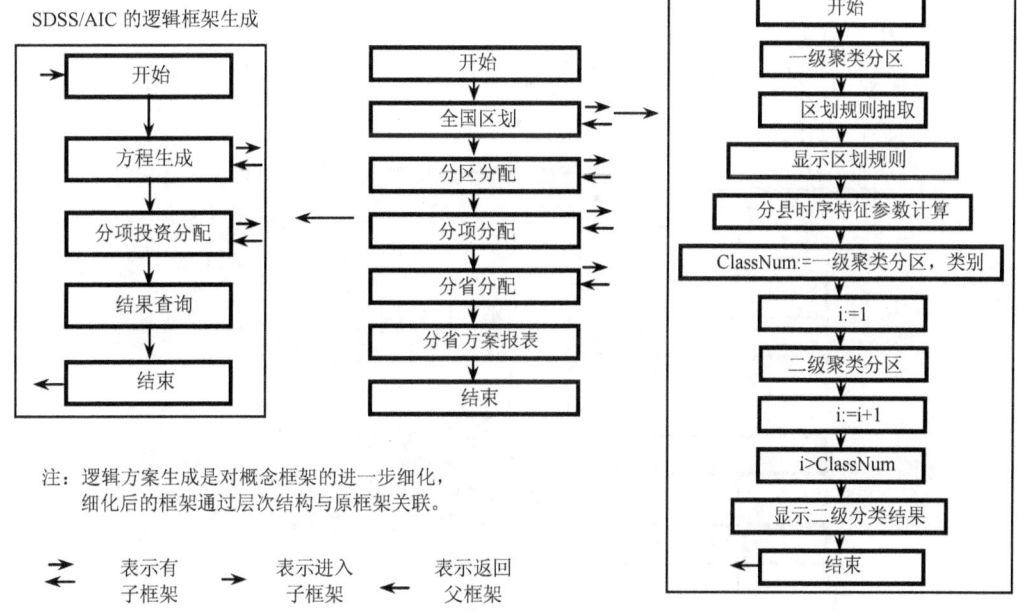

图 9.21 逻辑方案生成(部分)

3)方案实例化

应用系统生成实例是在方案框架的基础上进行的。有了逻辑方案框架,对其中的每一个子问题进行实例框架生成或者对应用模型确定参数并与数据库中的数据相关联,从而生成实例。实例化是针对每个图标一一进行的。根据每个图标类型的不同,实例化的方法和步骤也是不同的。具体地讲，实例化的工作主要包括以下内容：

（1）指定/创建模型、指定模型参数及其数据库。

（2）指定要操作的数据表及相应的 SQL 语言。

（3）指定变量计算的表达式。

（4）指定循环/选择的条件语句。

（5）指定交互控制方式及相应的交互控制语句。

下面主要介绍模型和数据图标的实例化。

（1）模型实例化。

模型实例化主要包括选择模型和指定模型参数。DSSE 提供了灵活的模型选择和模型参数指定方式。模型既可以是交互模型，也可以是直接运行模型；既可以是远程模型服务器上的模型，也可以是本地的工具。对于网络上的远程模型，系统需要连接服务器，并发送 BrowseModel 命令获得远程服务器上的模型列表。

在模型参数指定阶段，如果模型需要数据库信息，则系统要连接数据库服务器系统，获取数据信息。对于修改之后的模型参数，系统通过 UpdateModel 命令把指定的参数发送给相应的模型服务器。

① 选择模型。选择模型主要是针对框架中的模型图标进行的。如果服务器中没有解决该问题的合适模型，则需要选择服务器中的算法建立一个新的模型，如图 9.22 所示。

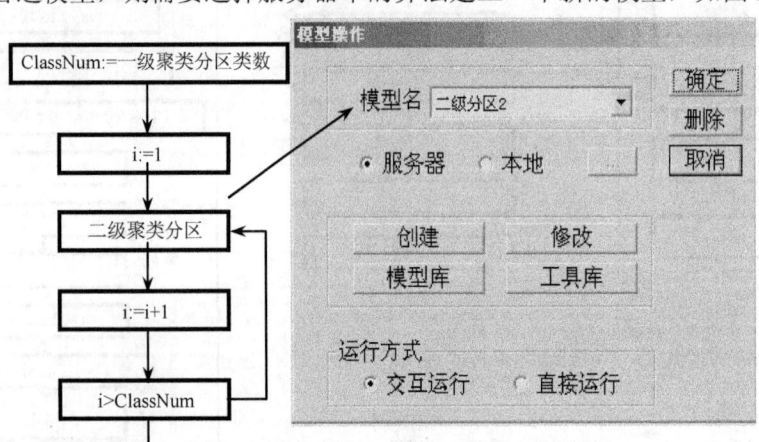

a. 通过连接远程服务器，选择服务器上的模型或者创建一个新模型；
b. "交互运行"允许决策用户在实例运行中动态修改模型参数，而"直接运行"不提示修改参数。
c. 如果不需要远程模型，也可以选择本地工具（如显示图像的工具）。

图 9.22 选择模型

② 模型参数。对于指定的模型，指定运行参数是一个关键的步骤。DSSE 提供了一个可视化的用户界面允许用户输入模型参数，如图 9.23 所示。修改之后的模型参数通过 UpdateModel 命令保存到服务器上。

第 9 章 决策支持系统案例与发展趋势

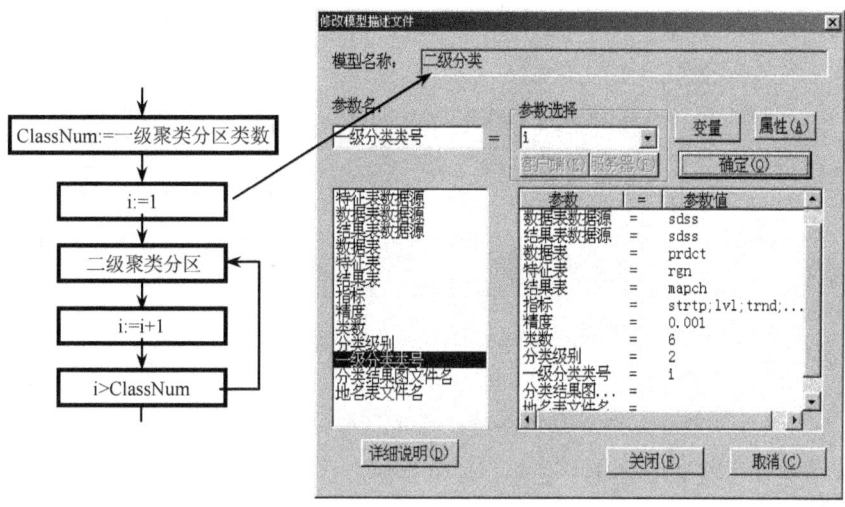

图 9.23 参数指定

（2）数据库连接。

用户在同一框架中可能要用到不同的数据库，系统提供了对于多个数据的访问功能。这些数据库可以位于同一 SQL 服务器上，也可以位于广域网上不同的机器上。DSSE 系统的默认数据库管理系统是 SQL 服务器。

数据库的存取主要包括两个方面：模型数据库的参数选择和直接的数据库操作。

① 模型数据库的参数选择。当模型是对数据库进行操作时，其参数对应的是数据信息（数据库名、表名以及字段信息）。此时决策支持系统连接远程数据库服务器获取这些信息，如图 9.24 所示。

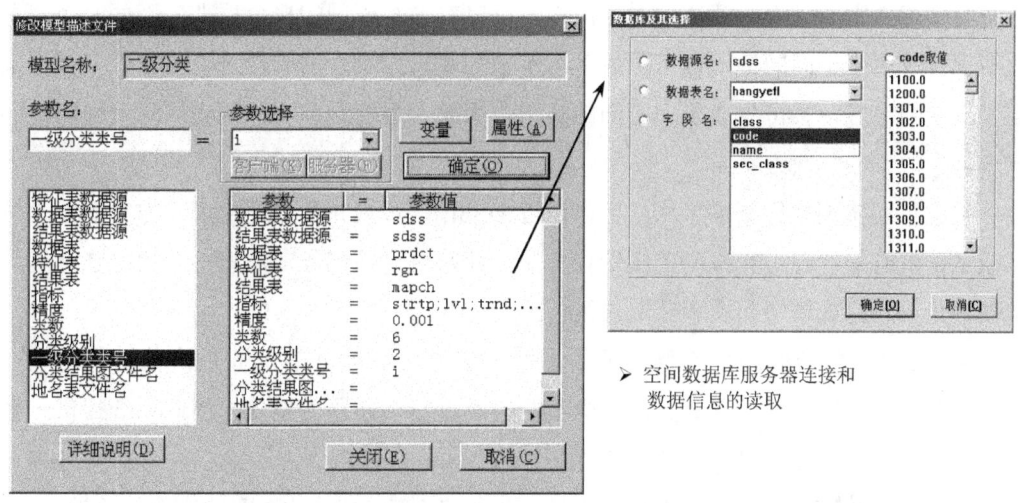

图 9.24 模型数据库的参数选择

② 直接的数据库操作。在对数据库图标进行实例化时，用户可以选择对不同的数据源进行操作，直接数据库操作如图 9.25 所示。

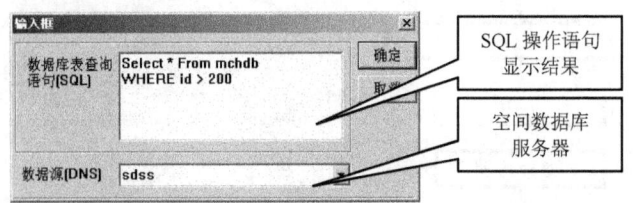

图 9.25　直接的数据库操作

③ 方案的运行和修正。通过方案生成（问题解决的框架流程已经形成）和方案实例化（决策问题与解决问题的决策资源已经进行连接），DSSE 系统就可以生成决策问题的实际决策支持系统了。

在生成实例以后，便可运行实例得到结果。实例框架的运行有单步调试和决策支持系统的自动运行两种方式。单步调试指用户以框架为向导，人为控制流程，对模型逐个进行调试，不断修改模型参数及数据，检查模型的运行结果，直到对结果感到满意为止；再接着调试下一步，直到整个流程中各个框架单独运行正常为止；用户就得到了整个实例的运行结果。这种运行模式反映了决策者解决问题的实际过程。同时 DSSE 系统也向用户提供了自动运行的模式，在实例生成后，也就是每个图标都实例化后，系统可自动控制流程，将实例从头到尾执行一遍，得到实例运行结果。这两种运行机制可以充分满足用户的应用需求。

事实上，所谓的"决策"就是在比较不同方案结果的基础上，从诸多方案中选出一个较为满意方案的过程。解决同一个问题，可以有多个不同的概念框架，而同一个概念框架中若选用了不同的模型也可生成多个不同的逻辑方案，同一个逻辑方案中若模型采用了不同的参数，又可生成多个不同的实例，因此在运行这些不同的实例时可得到对同一个问题的不同解决方案。

对比不同实例运行结果，用户可以通过 DSSE 的可视化集成环境调整方案的概念框架或者逻辑框架以及方案不同的实例化方法，获得对决策问题最满意的解决方法，达到辅助决策用户完成解决问题和获取决策信息的需要。

④ 实例的总控程序。实例化后的方案框架是可以运行的，但是这种运行必须在 DSSE 系统下运行。另外，其灵活性尚不能够满足复杂问题的要求。因此系统提供一套集成语言来生成实际决策问题的总控程序。

系统可以从实例化后的方案框架中抽取出与之对应的、功能对等的实例的总控程序。集成语言提供了足够的灵活性来满足用户对决策系统的需求，包括模型库与数据库的访问、模型库与数据库的接口、人-机交互、系统运行控制等。因此理想的做法是用户对生成后的总控程序进行修改,使之能够实现框架流程不能够实现的控制功能。

实例的总控程序的生成过程首先是对实例化后的整个框架流程进行搜索,在搜索过程中根据图标的类型把其转化为对应的总控程序,如图 9.26 所示。

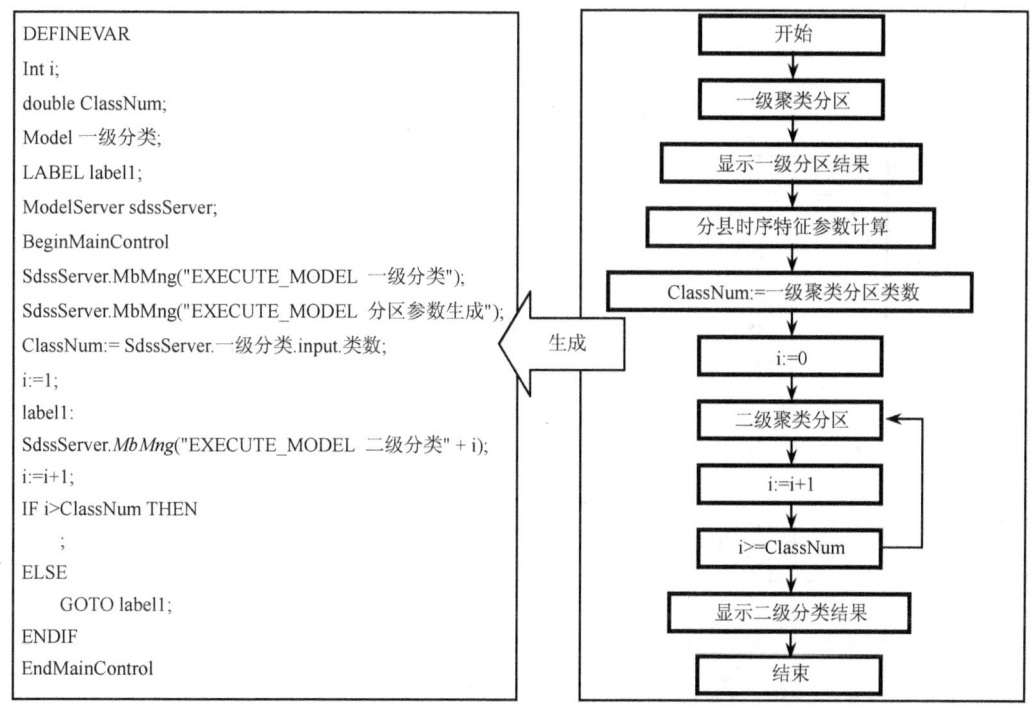

图 9.26　从实例化后的框架中抽取总控程序

对于生成之后的总控程序,如果其不能够满足所要求的功能,用户还可以进行编辑。总控程序采用的是解释运行机制,当完成编辑之后,用户可以运行总控程序获得辅助决策信息。另外,由于系统提供了总控程序的解释引擎,因此生成的总控程序还可以集成到其他决策应用系统中。

9.4.3　决策支持系统的应用

为了便于投资方案在实际工作中的贯彻执行与评估检查,通过比较选出一个适宜的全国农业分区投资方案之后,还要把它转换为分省的分区投资方案。这种投资方案可以用一张分省的分区投资分配表和一组投资分布图来表述。它们不仅能够很好地描述所选中的投资方案,而且也能充分地显示 DSSE 的特点与优势。作为一个开放的系统,DSSE 是可以集成各种信息和图形的显示工具。用户通过这些工具获得对辅助决策信息和决策方案的直观认识,并且这些工具也易于决策信息的文档化。

1. 图形工具显示的"全国区划"

"全国区划"是 SDSS/AIC 的关键步骤，区划的好坏对投资方案影响巨大。

2. 报表工具显示的"分省分配"方案

SDSS/AIC 的目标是获得"分省分配"方案，图 9.27 所示为是 DSSE 中报表工具显示的全国农业分省分配方案（假定总投资为 1000 亿元）。

	总投资额	播种面积	灌溉	化肥	电力	机械
北京	7.25	1.40	1.71	1.41	1.36	1.36
天津	4.58	0.92	0.92	0.92	0.92	0.92
河北	29.83	5.92	6.35	5.89	5.83	5.83
山西	21.93	4.37	7.27	3.62	3.35	3.32
内蒙古	18.49	3.54	4.19	3.86	1.85	5.04
辽宁	22.56	3.06	5.69	3.72	3.29	6.81
吉林	29.66	3.28	5.81	5.62	7.89	7.06
黑龙江	31.45	4.07	7.82	5.36	4.32	9.87
上海	5.14	0.73	1.96	1.02	0.72	0.72
江苏	85.21	15.10	18.25	20.40	16.32	15.13
浙江	45.63	6.41	12.94	7.34	6.00	12.94
安徽	55.16	9.12	15.43	12.06	9.47	9.08
福建	22.35	2.84	5.54	2.51	2.24	9.23
江西	44.49	5.34	17.11	9.76	5.66	6.62
山东	88.01	17.60	17.60	17.60	17.60	17.60
河南	83.82	16.50	17.59	16.75	16.49	1.65
湖北	52.49	8.15	11.91	14.00	9.04	9.38
湖南	74.75	12.23	17.49	16.33	12.61	16.10
广东	35.37	5.05	9.82	4.44	3.54	12.52
广西	35.38	5.11	7.69	3.95	3.54	15.09
海南	2.82	0.36	1.41	0.43	0.28	0.34
四川	89.44	15.00	20.08	13.43	22.23	18.70
贵州	18.05	3.47	4.46	1.82	1.89	6.40
云南	28.19	4.86	6.10	3.01	2.89	11.34
西藏	1.61	0.29	0.16	0.80	0.20	0.16
陕西	29.32	6.13	6.52	4.64	4.34	7.69
甘肃	16.78	3.46	3.51	5.06	1.68	3.08
青海	3.24	0.97	0.32	1.03	0.34	0.58
宁夏	4.62	0.71	0.83	2.01	0.46	0.61
新疆	12.34	1.28	2.42	6.17	1.23	1.23

图 9.27 全国农业分省分配方案

9.5 决策支持系统的发展趋势

决策支持系统自 20 世纪 80 年代提出以后，不断发展演变。随着智能技术、决策技术、信息技术和计算机技术的发展，决策支持系统呈现出新的模式，朝着智能化、网络化和综合化方向深入发展。

9.5.1 决策支持系统概念和技术的发展

决策支持系统是在管理信息系统基础上发展起来的。管理信息系统是利用数据库技术实现各级管理者的管理业务，在计算机上进行各种事务处理工作。决策支持系统要达到具有为各级管理者辅助决策的能力。

早期决策支持系统的定义关注于四个特性：① 是解决非结构化或半结构化问题的方法和工具，促进管理科学领域和运筹学方法论的进步。② 为管理者建立的基于计算机的交互式系统。③ 可以为决策制定提供一个比管理信息系统更好的平台。④ 是数据与模型相分离的计算机应用，支持更加有效的模型建立。

随着信息技术的飞速发展，决策支持可利用的数据、信息和知识持续增长并越发复杂。同时，为了应对快速变化的业务环境，现代企业的组织结构和形式更为灵活，决策者能比以往更加直接的参与问题处理、决策和计划的制订过程。此外，现代企业越来越多的面向全球市场，竞争越来越激烈，计划和开展业务活动的复杂性不断增长，更加需要使用由现代信息技术驱动的决策支持系统来有效地支持制订计划、进行问题处理、决策制定、操作和管理等核心业务活动。因此，决策支持工具将在信息时代发挥越来越重要的作用。

现代决策支持系统研究关注智能系统和软计算的理论和应用，包括但不限于问题求解、计划和决策流程制定等研究领域。研究的背景包括战略管理、业务流程再造、有效协同、人-机交互界面改进、移动电子商务、生产、市场和财务管理等。研究中使用的方法包含面向分析或者面向系统的方法，既可能是基于对行为或者案例的研究来进行，也可能是基于实验或者经验。

除了智能系统和软计算外，Web 技术给决策支持系统带来了重要的影响，也得到了越来越多的关注。Web 的出现为决策支持系统提供了一个十分重要的开发与应用平台。作为用户界面，标准的 Web 浏览器减少了决策支持系统的部署成本，降低了用户使用系统的难度，很大程度上提高了决策支持系统的可用性，使得企业能以更低的成本引进、部署新的决策支持系统技术。同时，各类基于 Web 的系统开发技术为决策支持系统的开发提供了更加灵活、开放的架构，增强了决策支持系统的开放性和与外部系统的集成性，能够更好地支持交互与协同。Web 技术的运用也提高了决策支持模型的重用性。通过将模型封装为 Web 服务，决策支持系统能够方便地调用部署在 Web 上的外部模型，从而使复杂的决策支持模型资源得到充分利用，并降低了部署和使用的难度。目前，在 Web 技术与决策支持系统的结合方面已经出现了很多的研究，包括人与 Web 的交互、基于 Web 的虚拟团队中的决策支持、电子商务决策支持中的用户偏好、行为和信赖问题等。随着 Web 技术向无线设备和智能终端的延伸，决策支持的内容和手段将更加丰富。

9.5.2 决策支持系统中智能技术应用的发展趋势

自从智能决策支持系统 IDSS 诞生以来，相关的智能决策技术得到了快速发展，智能决策支持系统把专家的定性知识与模型的定量计算有机地结合起来，能够较好地解决现实生活中的半结构化问题。智能技术的进步使决策支持系统朝着智能化方向不断发展。

智能决策支持系统技术的初始目标就是为执行者从海量信息资源中过滤出主要的数据流、信息流和知识。专家系统在 1985—1990 年是风险投资的主要研究领域，人们建立智能系统是为了完成两个方面的功能：① 过滤渐增的海量数据、信息和知识；② 支持高效、多产的执行信息系统（EIS），依据用户需求和特点提供个性化服务。

虽然各种 IDSS 结构和形式不同，但是系统智能的实现是 IDSS 的核心问题，根据 IDSS 智能的实现可将其分为基于专家系统的 IDSS、基于机器学习的 IDSS、基于 Agent 的 IDSS 及基于数据仓库和数据挖掘技术的 IDSS 四种类型。

1. 基于专家系统的 IDSS

近年来，发展专家系统不仅要采用各种定性的模型，而且要将各种模型综合运用，以及运用人工智能和计算机技术的一些新思想和新技术，如分布式和协同式专家系统。这些都是专家系统的发展趋势。随着 Internet 的发展与普及，建立远程分布式专家系统可以实现异地多专家对同一对象进行的控制或诊断，极大地提高了准确率和效率。目前将分布式专家系统与协同式专家系统相结合，提出了分布协同式专家系统。分布协同式专家系统是指逻辑上、物理上分布在不同处理节点上的若干专家系统协同求解问题。现实中，有很多复杂的任务需要一个专家群体协同解决，当单个专家系统难以有效地求解问题时，使用分布协同式专家系统求解是一个有效的途径。

2. 基于机器学习的 IDSS

机器学习在智能决策支持系统中具有广泛应用范围。Holsapple 等将机器学习作为一个新的组件加入到由问题处理子系统、语言子系统和知识子系统组成的传统决策支持系统框架中，对决策支持系统知识库进行求精以加强决策支持系统求解问题的能力。该框架已被应用于生产调度。机器学习是实现适应性决策支持系统的有效方法。智能决策支持系统具有一定的学习能力，可以在领域知识的指导下，将有用的问题求解知识以适当的方式存储起来以备将来使用，使智能决策支持系统能在应用中自我完善。这种由数据到知识再到策略的转变正是决策支持系统获得智能的正确进化方向。

机器学习在智能决策支持系统中的应用研究需要进一步探讨的问题主要包括以下六个。

（1）改善现有的学习算法。现在应用广泛的决策树归纳法（ID3）会因陷入局部最大而导致求解失败或因扩展节点太多而降低搜索效率。

（2）加深理解归纳学习的计算性特点，解决近年来出现的遗传算法或人工神经元网络算法的收敛性和稳定性得不到保证及时间开销大的问题。

（3）用机器学习改善智能决策支持系统的用户界面。

（4）发展适应性智能决策支持系统，使智能决策支持系统经常对解的质量进行观察，不断修正知识库的内容，提高其对环境变化的适应性。

（5）研究知识组织、学习决策策略和基于实例的决策支持，解决不同非结构化决策问题的标准解求解难的问题。

（6）通过机器学习增强群决策支持，在群决策过程中，可以通过直接交换有用的知识和采纳对方有效的策略，或者在对解空间搜索过程中生成的关于解的信息学习中而进行互相交流和学习，提高群决策的质量。

3. 基于 Agent 的 IDSS

Agent 是一个具有自主性、反应性、主动性和社会性的基于硬件或软件的计算机系统，通常还具有人类的智能特性，如知识、信念、意图和愿望等。Agent 理论与技术研究源于 20 世纪 80 年代中期的分布式问题求解。由于分布式并行处理技术、面向对象技术、多媒体技术、计算机网络技术，特别是 Internet 和 Web 技术的发展，使 Agent 成为当今人工智能与软件工程中的研究热点，引起了科学界、教育界及工业界的广泛关注。

基于 Agent 的智能协同决策支持是一种新型的决策支持技术，它利用基于知识的特定领域的智能系统，在一个共同的环境内相互作用，就一个复杂的问题与一个或多个的决策者达成共识。它能够通过智能主体之间以及智能主体与人类之间的协同工作，为人类决策者提供一种解决复杂问题的方法。基于 Agent 的智能协同决策系统，通过模仿和扩展基本的人类解决问题的策略，来解决复杂的决策问题。人类解决问题时，经常涉及决策小组中专家们的相互协作。通过把人类领域专家的知识封装进基于计算机的智能主体当中，并且允许这些主体之间以及主体与人类用户之间互相影响，这样的系统可以显著地提高决策制定过程的生产力。

4. 基于数据仓库和数据挖掘的 IDSS

数据仓库将大量的用于事务处理的传统数据库中的数据进行清理、抽取和转换，将大量数据从传统的联机事务处理系统中分离出来，把这些分散的、难于访问的和质量不高的数据转换成集中统一、高质量、面向决策分析的信息。数据挖掘则是从大型数据库、数据仓库或大数据中发现并提取隐藏在其中的信息的一种新技术，它可以帮助决策支持系统执行者从海量信息资源中过滤出主要的数据流、信息流和知识，寻找数据间潜在的关联，发现被忽略的要素，并通过分析现有的信息来预期将来的行为。

1）决策支持系统中数据仓库应用的发展趋势

数据仓库的数据围绕各种业务主题，以不同的粒度层次，如细节数据、轻度汇总数据、高度汇总数据、聚集数据等建立多维多等级数据模型，极大地方便了数据的分析与处理。数据仓库为决策需求提供了数据分析基础，已显示出强劲的生命力。

随着数据仓库的发展，联机分析处理（OLAP）随之得到了迅猛的发展。建立在数据仓库基础上的 OLAP 分析丰富了数据处理方法，大幅度地提高了 IDSS 对数据的处理能力，为智能决策支持系统从数据中获得新模型提供了强有力的手段。数据仓库侧重于存储和管理面向决策主题的数据；而 OLAP 则侧重于把数据仓库中的数据进行分析，转换成辅助决策信息。OLAP 的一个重要特点就是多维数据分析，这与数据仓库的多维数据组织正好形成相互结合、相互补充的两个方面。OLAP 技术中比较典型的应用是对多维数据的切片和切块（slice and dice）、钻取（drill）、旋转（pivoting）等。它方便使用者从不同角度来提取有关数据。OLAP 技术还能够利用分析过程，对数据进行深入的分析和加工。

数据仓库未来的发展可能集中在以下几个方面：① 并行数据库服务器为数据仓库的实现提供更灵活、更强劲的支持；② 数据仓库处理数据类型更宽，包括传统的、非传统的、多媒体的以及自定义的数据等；③ 更进一步强调可视化工具的使用，寻求数据挖掘过程中的可视化方法，使得知识发现的过程能够被用户理解，也便于知识发现过程中的人-机交互；④ 研究专门用于知识发现的数据挖掘语言，并可能像 SQL 语言一样走向形成化和标准化；⑤ 更紧密地结合 OLAP 和数据挖掘工具。不论怎样，数据仓库作为实用性很强的系统，其技术的进步推动着信息处理领域的扩展和应用层次的提高，反过来，新的应用需求又促进了数据仓库技术的进一步发展。

2）决策支持系统中数据挖掘应用的发展趋势

数据挖掘从兴起至今仍然处于早期阶段，还有很多的研究难题和面临的挑战，如数据的巨量性、动态性、噪声性、缺值和稀疏性、发现模式的可理解性、用户兴趣和价值性、应用系统的集成、用户的交互操作、知识的更新管理、复杂数据库的处理等。下面对数据挖掘在决策支持系统中应用的一些主要发展趋势进行简要阐述。

（1）有效处理巨量和高维大数据。

包含上百万条记录和数千兆字节的数据库已经司空见惯，而大数据时代的到来使得数据的类型、维度和数量进一步增长。数据的巨量和高维性使得数据挖掘时模式的搜索空间异常巨大，同时还可能导致搜索出无意义模式的机会增加。此时，传统的技术已经难以适用。为了解决这些问题，需要有高效的特别是线性计算复杂度的近似算法、抽样方法、大规模并行处理技术、维数消减方法等技术。而实现数据的可视化非常困难。

（2）改进用户的交互性和充分利用背景知识。

目前数据挖掘工作的主要方向还是围绕算法的效率展开研究，大多数数据挖掘系统还没有充分考虑用户的参与，从而使得交互性较差。数据挖掘系统与人工智能有密切的关系，背景知识或领域知识在智能化、自动化的数据挖掘系统中势必扮演着重要的角色，充分使用背景知识可以提高在巨大的模式空间中的搜索效率。

（3）数据噪声与缺值。

在商业数据库及大数据环境中，数据噪声与缺值是一种常见现象。错误或噪声可能来自于数据录入的误操作或实际中不可避免的数据遗失与不一致。如何有效处理数据噪声与缺值成为数据挖掘中的重要问题。

（4）提高模式的可理解度。

很多应用中要求发现的模式具有很好的可理解性。从模式的表示角度看，目前的方法包括可视化方法、图形表示、规则表示和自然语言生成等。但仅有好的表示方法还不够，如何精化表示结果也很重要。例如，系统生成了非常多的规则，而其中很多规则可能是明显或不明显冗余的，因此根据用户的需要自动过滤模式是一项很重要的研究课题。

（5）数据的动态变化和知识的更新维护。

数据的动态变化常常会使得以前发现的模式不再有效，特别是数据库可能增加、删除或更改变量。这些情况的存在要求在设计数据挖掘系统时必须考虑知识的更新维护，如怎样解决知识冲突。另外，数据的动态性也提出了新的数据挖掘问题，如趋势或变化模式的发现以及主动数据库的开发研究。

（6）与决策支持系统的集成。

一个单独的数据挖掘发现系统如果不与具体的决策支持系统集成或结合，将毫无意义。数据挖掘应该与智能决策支持系统集成在一起。目前数据仓库上的OLAP技术可用于典型的集成，但对于其他数据挖掘技术或系统的集成还有相当多的工作要做。

9.5.3 决策支持系统网络化发展趋势

协同决策支持系统的迅猛发展体现了决策支持系统的网络化发展趋势。协同决策支持系统是研究分布于多个物理位置上的决策体如何并行地、协调一致地求解问题。这些分布在不同物理位置上的决策体构成了计算机网络，网络的每个节点至少含有一个决策支持系统或有若干辅助决策的功能。

协同决策支持系统研究的重点是分布性和并发性。人们在研究人类利用知识求解问题的过程中发现，大型复杂系统的求解需要由多个专业人员协作完成。分布式协同决策支持系统正是将"协作"作为一项重要的问题求解方法来研究。由于某些问题的知识和行为在空间上、时间上或逻辑上本身具有分布性，分布式协同决策支持技术可将大型复杂问题分化成多个子问题，使系统易于开发和管理，同时各子系统并行工作可提高整个大系统的求解效率和速度，此外，还有助于增强系统的可靠性、问题求解能力、容错能力和不精确知识处理能力。随着 Internet 的迅速发展，各种局域网、广域网及分布式操作系统、分布式数据库、知识库等技术的发展，微信、维基、众包等协同平台和模式不断涌现，分布式协同决策支持系统将成为今后决策支持系统的一个重要发展方向。

在信息技术飞速发展的今天，分布式协同决策支持系统除了要解决传统决策支持系统的模型和算法问题之外，还有许多新的问题亟待解决，如群体决策任务的分布、群体之间的社会特性（合作、竞争与妥协）、群体的组织及其动态性、适应决策群体结构的企业组织机构动态自组织、人-机交互、以及对不确定性问题的建模等。

分布式协同决策支持系统的发展目前存在两个方向：① 多 Agent 系统技术的使用；② 综合集成研讨厅技术。下面就这两方面的发展进行具体阐述。

当前以协同科学为指导的、以分布式人工智能的理论为基础的多 Agent 系统以及计算机支持的协同工作技术，为协同决策支持提供了强有力的理论基础。在协同决策支持系统中，用分布式人工智能的理论研究智能 Agent 技术，可以解决由新一代人-机界面和人网界面所带来的信息分布、处理分布和决策分布等一系列协同决策的问题。随着 Internet 的迅速发展以及 Agent 技术的日趋完善，将 Agent 技术与分布式协同决策系统相结合，并向 Internet 扩展，也是决策支持系统发展的一个必然趋势。

另外一种新型的分布式协同决策技术是综合集成研讨厅技术。传统决策支持系统处理简单决策任务是成功的，而处理复杂决策任务时，群体会产生大量的信息，在时间较长的情况下会出现信息超载现象，从而导致群体决策满意度下降；同时，研讨个体具有的不同知识背景、兴趣偏好、思维求索过程和求解方法，也增加了研讨过程的复杂性。因此，探索采用简化的和有效的信息组织技术手段来促进交流、启发有意义的讨论、体现民主、博采众家之长，以及通过控制和降低任务的复杂程度，在满足要求的时间内促进共识，使以计算机为沟通媒介的群决策支持系统效率更高，这些研究均具有非常重要的现实意义和实用价值。

在1990年钱学森等专家学者提出了"开放的复杂巨系统"概念，用来描述自然界和人类社会的一些极其复杂的事物，并且指出处理这一类系统的方法论是"从定性到定量的综合集成"，进而提出了构建"从定性到定量综合集成研讨厅体系"。通过运用综合集成方法将人的思维、思维的成果、人的经验、知识、智慧以各种情报、资料和信息的形式统一集成起来，从多方面的定性认识上升到定量认识。所以说综合集成研讨厅体系是复杂决策任务的一种求解方法论，是群决策支持系统的高级发展形式。

9.5.4 决策支持系统综合化发展趋势

不同的辅助决策形式的综合发展是决策支持系统的一个重要发展趋势。

以模型库为主体的决策支持系统已经发展了十几年，对计算机辅助决策起到了很大的推动作用。数据仓库、联机分析处理及大数据等新技术为决策支持系统开辟了新途径。

把数据仓库、联机分析处理、大数据、数据挖掘、模型库结合起来形成的综合决策支持系统是更高级形式的决策支持系统。其中数据仓库能够实现对决策主题数据的存储和综合，联机分析处理可实现多维数据分析，大数据实现对海量非结构化、半结构化数据的管理和利用，数据挖掘可挖掘数据库、数据仓库和大数据中的知识，模型库实现了多个广义模型的组合并进行辅助决策，数据库（DB）为辅助决策提供数据，专家系统（ES）利用知识推理进行定性分析。将它们集成的综合决策支持系统，可以相互补充，发挥各自的辅助决策优势，实现更为有效的辅助决策。

这种综合的决策支持系统体系结构如图9.28所示。

综合决策支持系统的体系结构包括三个主体。第一个主体是模型库系统与数据库系统的结合，它是决策支持的基础，是为决策问题提供定量分析（模型计算）的辅助决策信息。第二个主体是数据仓库与OLAP的结合，它从数据仓库中提取综合数据和信息，这些数据和信息反映了大量数据的内在本质。第三个主体是专家系统与数据挖掘的结合，数据挖掘从数据库、数据仓库和大数据中挖掘知识，放入专家系统的知识库中，由进行知识推理的专家系统实现定性分析辅助决策。

综合决策支持系统体系结构的三个主体既可以相互补充，又可以相互结合。具体情况下，可以根据实际问题的规模和复杂程度决定是采用单个主体辅助决策还是采用两个或是三个主体的相互结合进行辅助决策。

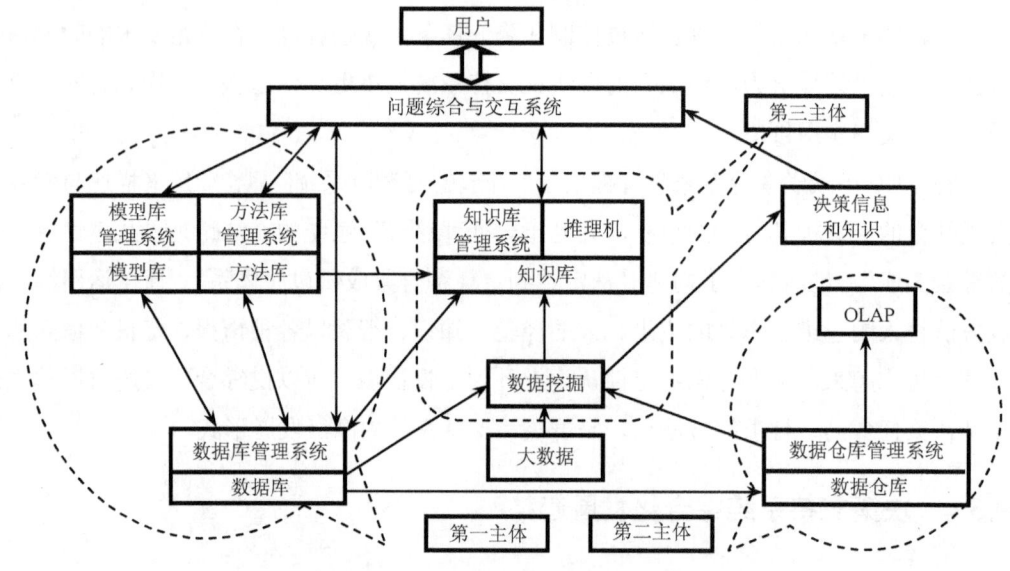

图 9.28 综合决策支持系统的体系结构

1）传统决策支持系统

利用第一个主体（模型库与数据库结合）的辅助决策系统就是传统意义下的决策支持系统。

2）智能决策支持系统

利用第一个主体和第三个主体（专家系统与数据挖掘结合）相结合的辅助决策系统就是智能决策支持系统。

3）新决策支持系统

利用第二个主体（数据仓库与 OLAP 结合）的辅助决策系统就是新的决策支持系统。在 OLAP 中可以利用模型库的有关模型能够提高 OLAP 的数据分析能力。

4）综合决策支持系统

将三个主体结合起来，即利用"问题综合和交互系统"部件集成三个主体，这样形成的综合决策支持系统，是一种更高形式的辅助决策系统，其辅助决策能力将上一个大台阶。由于这种形式的决策支持系统包含了众多的关键技术，因此研制过程中将要克服很多困难。

综合决策支持系统将是决策支持系统今后发展的方向。

 本章小结

本章主要介绍了决策支持系统应用概述和两个典型的决策支持系统案例。对于面向服务网络设计的智能决策支持系统,主要介绍了问题结构、系统结构、模型操作、知识处理及其应用效果;对于全国农业投资空间决策支持系统,主要介绍了系统的开发和运行过程。本章对决策支持系统的发展趋势做了阐述,分别描述了决策支持系统的智能化、网络化和综合化发展趋势。

决策支持系统是管理信息系统发展的高级阶段,随着中国基础信息化水平的提高,随着决策支持系统技术的日益成熟,相信决策支持系统将继续朝着智能化、网络化和综合化方向不断发展,也将有越来越多的决策支持系统在各行各业得到应用。

 本章习题

1. 查找资料,从问题、结构、决策模型、决策知识以及应用效果等多方面对一个成熟的行业决策支持系统进行分析。
2. 结合所学的内容,论述决策支持系统的应用趋势。
3. 决策支持系统中模型管理的发展趋势是什么?
4. 决策支持系统中数据仓库的发展趋势是什么?
5. 决策支持系统中数据挖掘的发展趋势是什么?
6. 决策支持系统中智能决策技术的发展趋势是什么?
7. 分布式协同决策系统的发展趋势是什么?
8. 决策支持系统综合化的发展趋势是什么?

参 考 文 献

[1] 谭跃进，陈英武，易先进. 系统工程原理. 长沙：国防科技大学出版社，1999.
[2] 陈文伟，决策支持系统教程. 北京：清华大学出版社，2004.
[3] 陈文伟，决策支持系统及其开发. 北京：清华大学出版社，2000.
[4] 陈文伟，决策支持系统教程. 北京：清华大学出版社，2000.
[5] 陈文伟，黄金才. 数据仓库与数据挖掘. 北京：人民邮电出版社，2004.
[6] 陈文伟，黄金才，赵新昱. 数据挖掘技术. 北京：北京工业大学出版社，2002.
[7] 张维明，肖卫东，杨强，等. 信息系统工程. 北京：电子工业出版社，2003.
[8] 张维明. 信息系统建模. 北京：电子工业出版社，2002.
[9] 张维明. 语义信息模型及其应用. 北京：电子工业出版社，2002.
[10] 张维明，黄凯歌，朱承，等. 信息技术及其应用. 北京：中国人民大学出版社，2006.
[11] 邓苏等. 决策支持系统. 电子工业出版社，2009.
[12] 苏新宁. 数据仓库和数据挖掘. 北京：清华大学出版社，2006.
[13] 陈晓红. 决策支持系统理论和应用. 北京：清华大学出版社，2000.
[14] 高洪深. 决策支持系统（DSS）理论·方法·案例. 北京：清华大学出版社，2005.
[15] Marakas George M Marakas. 21 世纪的决策支持系统. 北京：清华大学出版社，2002.
[16] 黄梯云. 智能决策支持系统. 北京：电子工业出版社，2001.
[17] 萧浩辉. 决策科学辞典. 北京：人民出版社，1995.
[18] W.E.Leigh, M.E.Doherty. 决策支持系统与专家系统. 沈阳：东北工业大学出版社，1992.
[19] R.H.小斯普拉格，E.D.卡尔逊，著. 决策支持系统的建立. 北京：科学技术文献出版社重庆分社，1990.
[20] 张维明，戴长华，封孝生. 信息系统原理与工程（第三版）. 北京：电子工业出版社，2009.
[21] 邓苏，张维明，黄宏斌. 信息系统集成技术（第二版）. 北京：电子工业出版社，2004.
[22] 黄梯云，李一军. 管理信息系统. 北京：高等教育出版社，2002.
[23] 罗超理，李万红. 管理信息系统原理与应用. 北京：清华大学出版社，2002.
[24] 薛华成. 管理信息系统（第 5 版）. 北京：清华大学出版社，2007.
[25] 陈晓红. 信息系统教程. 北京：清华大学出版社，2003.
[26] 章祥荪，赵庆祯，刘方爱. 管理信息系统的系统理论与规划方法. 北京：科学出版社，2001.

[27] 陈晓红. 决策支持系统理论与应用. 北京：清华大学出版社，2000.
[28] 李劲东，吕辉. 管理信息系统原理（第二版）. 西安：电子科技大学出版社，2007.
[29] 岳剑波. 信息管理基础. 北京：清华大学出版社，1999.
[30] 娄成武，魏淑艳. 现代管理学原理. 北京：人民大学出版社，2009.
[31] 周三多，陈传明，鲁明泓. 管理学——原理与方法. 上海：复旦大学出版社，2009.
[32] 胡荷芬，张帆，高斐. UML系统建模基础教程. 北京：清华大学出版社，2010.
[33] 王延章，郭崇慧，叶鑫. 管理决策方法. 北京：科学出版社，2010.
[34] 陈佳. 信息系统开发方法教程（第二版）. 北京：清华大学出版社，2005.
[35] 陈禹. 信息系统分析与设计. 北京：高等教育出版社，2005.
[36] 陈述彭. 地球信息科学. 北京：高等教育出版社，2007.
[37] 魏宏森. 系统论. 世界图书出版公司，2009.
[38] 王众托. 系统工程. 北京：北京大学出版社，2010.
[39] 赵丽芬. 管理理论与实务. 北京：清华大学出版社，2004.
[40] 李欣苗. 决策支持系统. 北京：清华大学出版社，2012.
[41] 梁郑丽，贾晓丰. 决策支持系统理论与实践. 北京：清华大学出版社，2014.
[42] Bonczek R H, Holsapple C W, Whinston A B. Foundations of decision support systems[M]. Academic Press, 2014.
[43] Pagnoni A. Project engineering: computer-oriented planning and operational decision making[M]. Springer Publishing Company, Incorporated, 2012.
[44] Chen Z. Computational intelligence for decision support[M]. CRC Press, 2010.
[45] Decision making in systems engineering and management[M]. John Wiley & Sons, 2011.
[46] Sauter V L. Decision Support Systems for business intelligence[M]. John Wiley & Sons, 2014.
[47] Sharda R, Delen D, Turban E, et al. Businesss Intelligence and Analytics: Systems for Decision Support-(Required)[M]. Prentice Hall, 2014.
[48] Turban E, Aronson J E, Liang T P, et al. Decision Support System and Business Intelligence[J]. 2012.
[49] Power D J. Decision support, analytics, and business intelligence[M]. Business Expert Press, 2013.
[50] Eksioglu S D, Seref M M H, Ahuja R K, et al. Developing Spreadsheet-Based Decision Support Systems[J]. 2011.
[51] Schuff D, Paradice D, Burstein F, et al. Decision Support[M]. Springer, 2011.
[52] Sugumaran R, Degroote J. Spatial decision support systems: principles and practices[M]. Crc Press, 2010.
[53] Alonso S, Herrera-Viedma E, Chiclana F, et al. A Web based consensus support system for group decision making problems and incomplete preferences[J]. Information Sciences, 2010, 180(23): 4477-4495.

[54] Ho W, Xu X, Dey P K. Multi-criteria decision making approaches for supplier evaluation and selection: A literature review[J]. European Journal of Operational Research, 2010, 202(1): 16-24.

[55] Ngai E W T, Hu Y, Wong Y H, et al. The application of data mining techniques in financial fraud detection: A classification framework and an academic review of literature[J]. Decision Support Systems, 2011, 50(3): 559-569.

[56] Intellectual teamwork: Social and technological foundations of cooperative work[M]. Psychology Press, 2014.

[57] Wikström P, Edenius L, Elfving B, et al. The Heureka forestry decision support system: an overview[J]. Mathematical and Computational Forestry & Natural-Resource Sciences (MCFNS), 2011, 3(2): Pages: 87-95 (8).

[58] Doumpos M, Zopounidis C. A multicriteria decision support system for bank rating[J]. Decision Support Systems, 2010, 50(1): 55-63.